住房和城乡建设部"十四五"规划教材

房屋建筑构造与识图（第二版）

张艳芳　主　编

王新华　副主编

田恒久　弓圆圆　主　审

中国建筑工业出版社

图书在版编目（CIP）数据

房屋建筑构造与识图／张艳芳主编. — 2 版. — 北
京：中国建筑工业出版社，2021.12（2024.8 重印）
住房和城乡建设部"十四五"规划教材
ISBN 978-7-112-26785-9

Ⅰ. ①房… Ⅱ. ①张… Ⅲ. ①房屋结构－高等职业教
育－教材②建筑制图－识图－高等职业教育－教材 Ⅳ.
①TU22②TU204.21

中国版本图书馆 CIP 数据核字（2021）第 211102 号

本教材在第一版教材的基础上修订完成，对部分内容做了删减和修改，部分图片进行了重新绘制，增加了装配式建筑相关内容。根据行业发展和专业人才培养需要，融入了"1＋X"建筑工程识图职业技能等级证书相关内容，做到课证融通。

本教材主要包含以下三大部分：建筑识图基础、建筑构造及识读建筑工程施工图。教材采用大量图纸、照片，部分纸质教材不便展示的知识点采用数字资源方式呈现，以便学生直观掌握相关知识。教材有针对性地融入了课程思政内容。

为更好地支持相应课程的教学，我们向采用本书作为教材的教师提供教学课件，有需要者可与出版社联系，邮箱：jckj@cabp.com.cn，电话：(010)58337285，建工书院 http://edu.cabplink.com。

* * *

责任编辑：吴越恺　张　晶
责任校对：张惠雯

住房和城乡建设部"十四五"规划教材
房屋建筑构造与识图（第二版）
张艳芳　主　编
王新华　副主编
田恒久　弓圆圆　主　审

*

中国建筑工业出版社出版、发行（北京海淀三里河路 9 号）
各地新华书店、建筑书店经销
北京红光制版公司制版
北京圣夫亚美印刷有限公司印刷

*

开本：787 毫米×1092 毫米　1/16　印张：22¾　插页：5　字数：597 千字
2022 年 8 月第二版　　2024 年 8 月第四次印刷
定价：**58.00** 元（赠教师课件）
ISBN 978-7-112-26785-9
（38607）

出　版　说　明

党和国家高度重视教材建设。2016 年，中办国办印发了《关于加强和改进新形势下大中小学教材建设的意见》，提出要健全国家教材制度。2019 年 12 月，教育部牵头制定了《普通高等学校教材管理办法》和《职业院校教材管理办法》，旨在全面加强党的领导，切实提高教材建设的科学化水平，打造精品教材。住房和城乡建设部历来重视土建类学科专业教材建设，从"九五"开始组织部级规划教材立项工作，经过近 30 年的不断建设，规划教材提升了住房和城乡建设行业教材质量和认可度，出版了一系列精品教材，有效促进了行业部门引导专业教育，推动了行业高质量发展。

为进一步加强高等教育、职业教育住房和城乡建设领域学科专业教材建设工作，提高住房和城乡建设行业人才培养质量，2020 年 12 月，住房和城乡建设部办公厅印发《关于申报高等教育职业教育住房和城乡建设领域学科专业"十四五"规划教材的通知》（建办人函〔2020〕656 号），开展了住房和城乡建设部"十四五"规划教材选题的申报工作。经过专家评审和部人事司审核，512 项选题列入住房和城乡建设领域学科专业"十四五"规划教材（简称规划教材）。2021 年 9 月，住房和城乡建设部印发了《高等教育职业教育住房和城乡建设领域学科专业"十四五"规划教材选题的通知》（建人函〔2021〕36 号）。为做好"十四五"规划教材的编写、审核、出版等工作，《通知》要求：（1）规划教材的编著者应依据《住房和城乡建设领域学科专业"十四五"规划教材申请书》（简称《申请书》）中的立项目标、申报依据、工作安排及进度，按时编写出高质量的教材；（2）规划教材编著者所在单位应履行《申请书》中的学校保证计划实施的主要条件，支持编著者按计划完成书稿编写工作；（3）高等学校土建类专业课程教材与教学资源专家委员会、全国住房和城乡建设职业教育教学指导委员会、住房和城乡建设部中等职业教育专业指导委员会应做好规划教材的指导、协调和审稿等工作，保证编写质量；（4）规划教材出版单位应积极配合，做好编辑、出版、发行等工作；（5）规划教材封面和书脊应标注"住房和城乡建设部'十四五'规划教材"字样和统一标识；（6）规划教材应在"十四五"期间完成出版，逾期不能完成的，不再作为《住房和城乡建设领域学科专业"十四五"规划教材》。

住房和城乡建设领域学科专业"十四五"规划教材的特点：一是重点以修订教育部、住房和城乡建设部"十二五""十三五"规划教材为主；二是严格按照专业标准规范要求编写，体现新发展理念；三是系列教材具有明显特点，满足不同层次和类型的学校专业教学要求；四是配备了数字资源，适应现代化教学的要求。规划教材的出版凝聚了作者、主审及编辑的心血，得到了有关院校、出版单位的大力支持，教材建设管理过程有严格保障。希望广大院校及各专业师生在选用、使用过程中，对规划教材的编写、出版质量进行反馈，以促进规划教材建设质量不断提高。

住房和城乡建设部"十四五"规划教材办公室
2021 年 11 月

第二版前言

近年来，国家对于职业教育的重视程度与日俱增，相继出台了一系列政策、方针和规划，对职业教育的改革发展提出了具体要求。教材作为职业教育育人育才的前沿关口，正面临着新时代职业教育改革发展带来的机遇和挑战。

本教材第一版于2017年9月由中国建筑工业出版社首次出版发行，被评为住房城乡建设部土建类学科专业"十三五"规划教材。通过4学年的教学实践，受到了同类院校师生的广泛好评，于2021年获评住房和城乡建设部"十四五"规划教材。本教材第二版编写前，对教材第一版存在的问题和有待改善的地方进行了充分的调研和论证，并参考了兄弟院校同仁的意见，在保留第一版的特色和优点的基础上，进行了优化和提升，主要体现在以下几方面：

（1）本书作为"1＋X"建筑工程识图职业技能等级证书制度对接教材，第二版将《建筑工程识图专业技能等级标准》中要求的知识、技能、素养进一步融入教材内容中，以夯实学生在建筑行业的可持续发展基础。

（2）体现教材"为教师所用、为教学所用"的本质属性，在继续使用与教材进度同步的习题与实训基础上，开发建设了多种形式的数字化课程教学资源，如教学课件、教学视频、习题与实训的参考答案，以方便教学，满足学生多种形式、多种渠道的学习需求。

（3）增加了建筑结构基础和结构施工图识读、设备施工图识读等内容，满足了工程管理类专业学生熟悉和了解相关部分内容的需求。

（4）紧随装配式建筑的发展趋势，将第一版的"第13章单层工业厂房"修订为"第13章装配式建筑与单层工业厂房"，重点介绍装配式建筑，用"装配式"的视角学习工业建筑，使学生通过学校的教育和培养能够掌握行业的前沿技术。

（5）继续执行国家最新的技术标准和规范，教材插图优选了标准图集和工程最新的典型构造做法，增强了教材的实用性和时代性。

本教材由张艳芳组织山西工程科技职业大学的课程教学团队编写而成，由张艳芳任主编，王新华任副主编，其中第1、7、8、11章由张艳芳编写，第2、3、4、12章由陈娟编写，第9、10、14章由王新华编写，第5、6、15章由李彦君编写，第13章由李文华编写，第16章由王文君编写，第17、18章由陈婷婷编写。

本教材由山西工程科技职业大学田恒久、山西远扬钢结构有限公司弓圆圆主审。田恒久教授和弓圆圆高级工程师对该书提出了宝贵的修改意见，在此表示衷心感谢。

由于编者水平有限，书中疏漏和不足之处在所难免，恳请广大同仁提出宝贵意见，敬请赐教。

2021年5月

第一版前言

本书根据教育部、住房和城乡建设部高职土建类专业教学指导委员会工程管理类专业分指导委员会制定的工程管理类相关专业教学基本要求编写而成，已获评住房城乡建设部土建类学科专业"十三五"规划教材。

正确识读和理解建筑工程图样是建筑工程从业者必须具备的基本技能。本书按照最新的技术标准和规范进行编写，充分考虑了高职院校工程管理类相关专业对学生应具备的识图基础知识和技能要求，尊重目前高职学生的基础水平和认知规律，内容组织突出实用性、专业性和职业性，并注重对知识应用和岗位技能的培养。为便于对知识的巩固和技能的提高，编写了与本书配套的习题与实训。

本书可作为高职工程造价、建设工程管理、建筑经济管理、房地产经营与管理、工程监理、物业管理、会计（建筑会计与审计方向）等专业学生掌握识图基础知识和技能的教学用书和参考书，也可作为建筑企业培训和工程技术人员学习用书。

本书由山西建筑职业技术学院张艳芳主编，山西交通职业技术学院杨广云任副主编。其中第1、5、6、7、8章由张艳芳编写，第2、3、4章由山西建筑职业技术学院陈娟编写，第9、10章由山西建筑职业技术学院王新华编写，第11、12、14章由广西建设职业技术学院刘颖编写，第13章由山西交通职业技术学院杨广云编写，第15章由山西建筑职业技术学院李彦君编写，第16章由山西建筑职业技术学院王文君编写，第17、18章由山西建筑职业技术学院陈婷婷编写。

本书由山西建筑职业技术学院田恒久、山西六建集团有限公司高富主审，田恒久教授和高富高级工程师仔细审阅了书稿，并提出了一些中肯的修改意见。本书在编写过程中，参考、借鉴了少量文献资料和教材，已列于书后的参考文献中。此外，各编者所在学院对本书的编写给予了大力支持，在此一并表示衷心感谢。

对本书编写虽倾注全力，但由于编者水平和时间所限，疏漏和不足之处在所难免，敬请广大同仁提出宝贵的意见，使之有机会修订时趋于完善。

2017 年 5 月

思政教学导引

  "建筑构造与识图"是建筑类职业教育受众面最为广泛的专业基础课，开设时间为大一第一学期，是对学生进行人格塑造和"三观"培养的最佳时期。为深入贯彻教育部《高等学校课程思政建设指导纲要》精神，落实立德树人的根本任务，发挥教师队伍"主力军"、课程建设"主战场"、课堂教学"主渠道"的作用，在教材中加入"思政教学导引"，旨在引导教师在课程授课时挖掘思政元素和德育要素，共享经典案例，交流教学技能，提升教学能力，使教材真正发挥出助推课程教学完成知识传授、技能培养和人格塑造的作用。

  一、课程思政建设目标

  课堂思政建设要紧紧围绕坚定学生理想信念，以爱党、爱国、爱社会主义、爱人民、爱岗敬业为主线，围绕政治认同、家国情怀、文化素养、宪法法治意识、道德修养等重点优化课程思政内容，系统进行中国特色社会主义和中国梦教育、社会主义核心价值观教育、法治教育、劳动教育、心理健康教育、中华优秀传统文化教育。使学生养成遵守法规、一丝不苟的习惯，树立勇于创新、敬业奉献的精神，建立起职业自信心和自豪感。

  二、课程教学建议

  1. 授课教师要不断学习党的最新职教理论，转变传统的教学育人观念，提高自身的理论水平，深入挖掘"建筑构造与识图"课程中蕴含的显性或隐性的思政教育元素，挖掘大国重器中蕴藏的思想价值和精神内涵，紧抓时事热点，紧密结合建筑行业特点、专业特色，选择授课内容与思政元素的契合点，以润物无声的方式将课程思政融入教学过程中，切忌生搬硬套。

  2. 授课教师在课程教学前要分析课程的性质和特点，系统梳理课程的教学内容和教学素材，结合思政课程元素，系统设计和组织教学内容和教学素材，并将课程思政落实到课程目标设计、教学大纲修订、教案课件编写等方面，贯穿于课堂授课、实训等各教学环节，创新课堂教学模式，综合运用第一课堂和第二课堂，不断拓展课程思政建设方法和途径。

  三、课程思政教学设计

  现结合建筑构造与识图课程的三大教学模块，梳理出课程教学内容对应的思政建设内容，供教学参考借鉴，见下表。

建筑构造与识图课程思政教学参考

课程模块	教学内容	思政导引
投影理论	1. 建筑制图标准	（1）强调国家制图标准的规范性与强制性，强化遵纪守法意识； （2）通过规范制图训练，养成"工程素养"
	2. 建筑形体三面投影图和轴测图（难度大）	（1）鼓励养成不怕失败，愈挫愈奋的职业品格； （2）鼓励刻苦钻研，培养科技报国的爱国情怀
	3. 建筑形体剖面图和断面图	开阔视野，多视角看待事物的工程素质

课程模块	教学内容	思政导引
建筑构造	1. 建筑的基本知识	(1) 介绍我国建筑伟人功绩，以榜样力量激发学生的行业使命感； (2) 推荐观看《大国工匠》（央视系列节目），弘扬工匠精神，培养爱国情操，增强民族自豪感； (3) 讲解火神山与雷神山医院修建过程中体现的"中国速度"，培养学生行业自信与强大的爱国情怀
	2. 基础与地下室	(1) 讲解基础引申本课程对后续专业课程起到基础支撑作用，激发学生刻苦学习的决心； (2) 讲解人防地下室，对学生进行战争防范、国防教育
	3. 墙体	(1) 讲解女儿墙的由来，培养学生对我国博大精深建筑文化的认同感； (2) 通过圈梁引入桶箍的原理，启发学生善于从生活中去发现，去解决实际问题的工程素养； (3) 介绍构造柱源自唐山大地震的启发，培养质量意识、安全意识、责任意识
	4. 楼地层	介绍楼板的发展与类型变化，激发学生的创新意识
	5. 楼梯与室外台阶和坡道	(1) 介绍楼梯尺度、坡道尺度须符合人体尺度，培养"以人为本"的工程态度； (2) 介绍楼梯扶手高度、栏杆净距要求，培养学生严格执行规范，不能突破"底线"的安全意识
	6. 屋顶	通过木屋架引申木结构代表——应县木塔，激发学生爱国、爱家情怀
	7. 门窗与建筑遮阳	通过介绍建筑遮阳，培养绿色环保节能意识
	8. 单层工业厂房	通过介绍装配式建筑施工方式和特点，引入智能建造的现代工程理念
建筑识图	1. 建筑工程图的组成	介绍建筑工程图按专业分类，强调其为各专业分工协作的成果，培养团队精神与协作意识
	2. 建筑施工图的识读	(1) 带领学生仔细识读图样，培养严谨认真、一丝不苟的职业态度； (2) 手工绘制图样，培养吃苦耐劳的精神； (3) 识读已建成的实际案例图样，特别是著名的地标建筑，让学生感知到宏伟的建筑都是工程人的钻研敬业、不懈努力和勇于创新而来，激发学生对于本课程的学习热情和对行业的热爱

目　　录

第1篇 建筑识图基础

1 建筑制图的基本知识

学习目标

知识目标：通过学习，了解常用绘图工具与用品的使用和维护方法，熟悉房屋建筑制图的相关规定，掌握房屋建筑制图的基本方法与步骤。

能力目标：通过绘图训练，能够遵守房屋建筑制图的相关规定，掌握绘制和识读建筑工程图样的基本技能，培养严格遵守标准、规范的职业素养。

1.1 建筑制图相关规定

房屋建筑工程图是满足房屋建筑施工管理和使用维修的重要技术文件，是工程建设阶段工程技术人员进行交流的语言。为了保证建筑工程图样的统一性和标准化，我国相关部门组织编写了房屋建筑制图标准，并不断地进行改进和完善，现阶段执行的是《房屋建筑制图统一标准》GB/T 50001—2017。

1. 图纸幅面与格式

（1）图纸幅面

图纸幅面是指图纸宽度与长度组成的图面，简称幅面。《房屋建筑制图统一标准》GB/T 50001—2017 对图纸幅面尺寸作了规

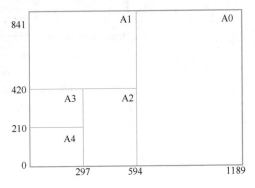

图 1-1 各种图纸幅面间的关系

定，其规格尺寸见表 1-1，其中小号幅面由比它大一号幅面的长边对折后裁割形成，如图 1-1所示。

图纸幅面尺寸（mm） 表 1-1

尺寸代号 \ 幅面代号	图幅尺寸				
	A0	A1	A2	A3	A4
$b×l$	841×1189	594×841	420×594	297×420	210×297
c	10			5	
a	25				

如果图形过大，图纸幅面不够时，可将 A0～A3 图纸长边加长，长边加长的尺寸应符合表 1-2 的规定（注：图纸的短边不宜加长）。

图纸长边加长尺寸（mm）   表 1-2

幅面代号	长边尺寸	长边加长后的尺寸			
A0	1189	1486（A0+1/41）	1635（A0+3/81）	1783（A0+1/21）	1932（A0+5/81）
		2080（A0+3/41）	2230（A0+7/81）	2378（A0+11）	
A1	841	1051（A1+1/41）	1261（A1+1/21）	1471（A1+3/41）	1682（A1+11）
		1892（A1+5/41）	2102（A1+3/21）		
A2	594	743（A2+1/41）	891（A2+1/21）	1041（A2+3/41）	1189（A2+11）
		1338（A2+5/41）	1486（A2+3/21）	1635（A2+7/41）	1783（A2+21）
		1932（A2+9/41）	2080（A2+5/21）		
A3	420	630（A3+1/21）	841（A3+11）	1051（A3+3/21）	1261（A3+21）
		1471（A3+5/21）	1682（A3+31）	1892（A3+7/21）	

注：有特殊需要的图纸，可采用 $b \times l$ 为 841mm×891mm 与 1189mm×1261mm 的幅面。

为了便于图纸的装订整理，一个工程设计中，每个专业所使用的图纸不宜多于两种幅面。

（2）图纸格式

图纸格式有横式和立式两种形式。横式是以短边作为垂直边的图纸，立式是以短边作为水平边的图纸，如图 1-2 和图 1-3 所示。A0～A3 图纸宜横式使用，必要时，也可立式使用。

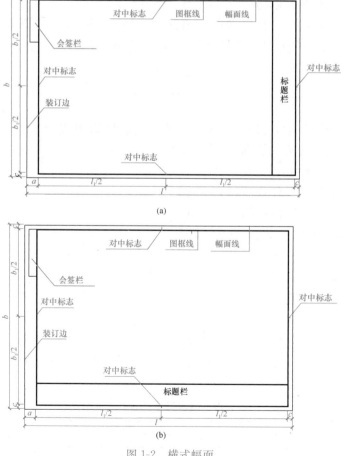

图 1-2　横式幅面

（a）A0～A3 横式幅面（一）；（b）A0～A3 横式幅面（二）

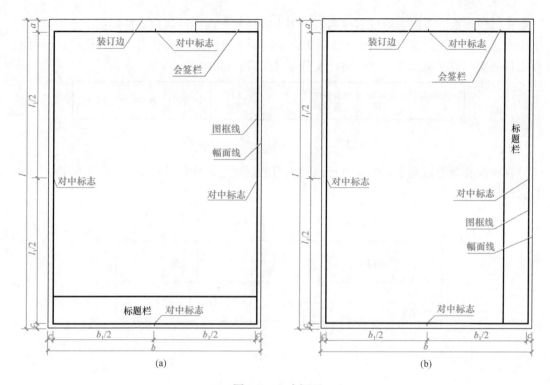

图 1-3　立式幅面

（a）A0～A4 立式幅面（一）；（b）A0～A4 立式幅面（二）

图纸幅面用幅面线确定图纸的规格尺寸，内部还包含了图框、会签栏、标题栏和装订边等格式内容。

图框限定了图纸中作图的区域，幅面线和图框线间的装订边是图纸装订的位置，用 a 表示，制图标准统一规定为 25mm，其余三边图框线与幅面线的距离 c 与图纸大小有关，A0～A2 图纸中为 10mm，A3、A4 图纸中为 5mm，见图 1-2、图 1-3。

需要微缩复制的图纸，应在图框线各边长的中点处画对中标志，对中标志应与图框线垂直，线宽 0.35mm，由图框线外伸 5mm。

（3）会签栏

会签栏是建筑图纸上用来表明信息的标签栏，其尺寸应为 100mm×200mm，栏内应填写会签人员所代表的专业、姓名及日期等信息，一般格式如图 1-4 所示。

专业	姓名	签名	日期

图 1-4　会签栏格式

（4）标题栏

在每张图纸下方或右侧应有标题栏，用来表达本张图纸的典型属性，供读图人员从图纸中快速了解相关信息。如图 1-5 所示为位于图纸下方的标题栏格式，图纸设计人员可根据工程的实际情况选择其尺寸、格式及分区（单位：mm）。

设计单位名称	注册师签章	项目经理签章	修改记录	工程名称	图号区	签字区	会签栏

图 1-5　标题栏格式

在本课程学习过程中，学生进行制图练习的标题栏，建议使用图 1-6 所示的格式（单位：mm）。

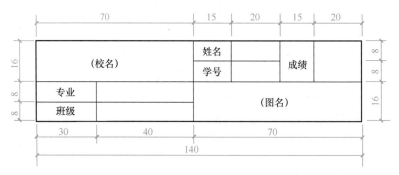

图 1-6　制图练习标题栏格式

2. 图线及其画法

（1）图线的类型和用途

图线是形成工程图样的基本元素，要把图样中丰富的内容表达出来，就需要采用不同的图线类型。《房屋建筑制图统一标准》GB/T 50001—2017 中对各种图线的形状、用途和画法都作了统一规定，见表 1-3。作图时，应严格按照图线的规定用途作图，才能保证图样表达的内容准确、统一。

各种图线的用途　　　　　　　　　　　　　　　　　　　表 1-3

名　称		线　型	线　宽	用　途
实线	粗		b	主要可见轮廓线
	中粗		$0.7b$	可见轮廓线
	中		$0.5b$	可见轮廓线、尺寸线、变更云线
	细		$0.25b$	图例填充线、家具线
虚线	粗		b	见各有关专业制图标准
	中粗		$0.7b$	不可见轮廓线
	中		$0.5b$	不可见轮廓线、图例线
	细		$0.25b$	图例填充线、家具线
单点长画线	粗		b	见各有关专业制图标准
	中		$0.5b$	见各有关专业制图标准
	细		$0.25b$	中心线、对称线、轴线等

名　称		线　型	线　宽	用　途
双点长画线	粗	▄▄▄ ▃ ▃ ▄▄▄ ▃ ▃ ▄▄▄	b	见各有关专业制图标准
	中	――― · · ――― · · ―――	$0.5b$	见各有关专业制图标准
	细	――― · · ――― · · ―――	$0.25b$	假想轮廓线、成型前原始轮廓线
折断线	细	――――〰―――――	$0.25b$	断开界限
波浪线	细	〜〜〜〜〜	$0.25b$	断开界限

上图各种类型图线的线宽（即粗细）不同，其用途也有严格的区分，一个工程图样中不同的线宽构成一个线宽组，《房屋建筑制图统一标准》GB/T 50001—2017 对线宽组作了统一规定，房屋建筑制图常用的线宽组见表 1-4。

线宽组（mm）　　　　　　　　　　　　　　　　　　　　表 1-4

线宽比	线宽组			
b	1.4	1.0	0.7	0.5
$0.7b$	1.0	0.7	0.5	0.35
$0.5b$	0.7	0.5	0.35	0.25
$0.25b$	0.35	0.25	0.18	0.13

注：1. 需要微缩的图纸，不宜采用 0.18mm 及更细的线宽。

　　2. 同一张图纸内，各不同线宽中的细线，可统一采用较细线宽组的细线。

画图时，应根据图样的复杂程度与绘图比例选定基本线宽 b，较复杂的、绘图比例较小的图样选择较小的线宽，反之选择较大的线宽。同一张图纸内，相同比例的各种图样，应选用相同的线宽组。绘制较简单的图样时，可采用两种线宽的线宽组，其线宽比宜为 b：$0.25b$。图线宽度选用示例见图 1-7。

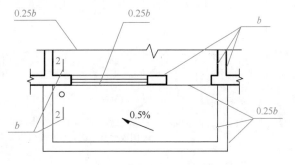

图 1-7　图线宽度选用示例

图纸中图框和标题栏线按表 1-5 规定的线宽绘制。

图框和标题栏线的宽度（mm）　　　　　　　　　　表 1-5

幅面代号	图框线	标题栏外框线	标题栏分割线
A0、A1	b	$0.5b$	$0.25b$
A2、A3、A4	b	$0.7b$	$0.35b$

（2）图线的画法

绘制工程图样时，图线的画法应注意以下几点：

① 同一张图纸内，相同比例的各图样应选用相同的线宽组。

② 相互平行的图例线，其净间隙或线中间隙不宜小于 0.2mm，如图 1-8（a）所示。

③ 虚线、单点长画线、双点长画线的线段长度和间隔宜各自相等。建议画图时，虚线

的线段长度为 3～6mm，单点长画线、双点长画线的线段长度为 10～20mm，如图 1-8（a）所示。

④ 单点长画线、双点长画线的端部不应是点。点画线与点画线交接点或点画线与其他图线交接时，应是线段交接。

⑤ 虚线与虚线相交交接或虚线与其他图线交接时，应是线段交接。虚线为实线的延长线时，不得与实线相接，如图 1-8（b）所示。

⑥ 单点长画线、双点长画线，当在较小图形中绘制有困难时，可用实线代替，如图 1-8（c）所示。

⑦ 图线不得与文字、数字或符号重叠、混淆，不可避免时，应首先保证文字、数字或符号的清晰。

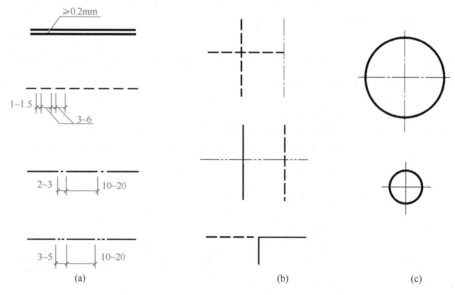

图 1-8　图线的画法示例
（a）图线标准画法；（b）图线相交；（c）大小圆的中心线

3. 字体

建筑工程图样中除了图线外，还需要注写文字、数字、符号等对图形尺寸、构造做法及要求做必要的说明，这些文字、数字、符号必须做到书写工整、笔画清晰、间隔均匀、排列整齐，否则不仅影响图纸的清晰和美观，而且容易导致表达上的错误。

（1）汉字

工程图样中的汉字宜采用长仿宋体或黑体，同一图纸字体种类不应超过两种。长仿宋体的高宽关系应符合表 1-6 的规定，字的大小用字号表示，字号一般为字体的高度。汉字的简化字书写应符合国家有关汉字简化方案的规定。大标题、图册封面、地形图等的汉字，也可书写成其他字体，但应易于辨认。

长仿宋字高度与宽度的关系（mm）　　　　　　　　　　　　　　　表 1-6

字高	20	14	10	7	5	3.5
字宽	14	10	7	5	3.5	2.5

长仿宋字书写时要求做到：笔画横平竖直、起落分明、笔锋满格，字体结构匀称、间隔均匀、排列整齐。其基本笔画的写法见表1-7。

长仿宋字的基本笔画　　　　　　　　　　　　表1-7

名称	横	竖	撇	捺	挑	点	钩
形状	一	丨	丿	乀	✓ ✓	丷	乚
笔法	一	丨	丿	乀	✓ ✓	丷	乚

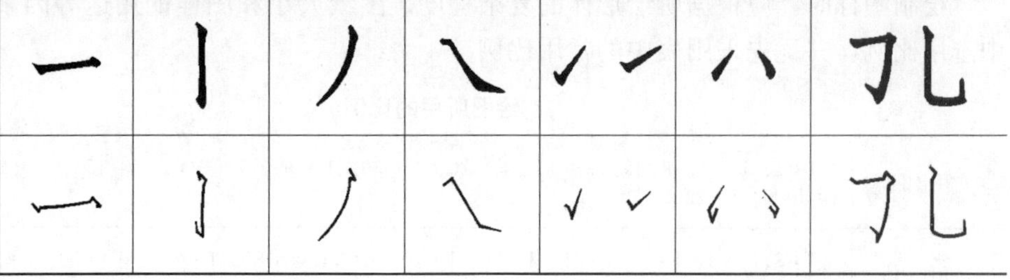

初学书写长仿宋字前，应先打格，以保证书写规范、大小一致、排列整齐。字高与字宽之比取 10：7，字距约为字高的 1/4，行距约为字高的 1/3。长仿宋体字书写示例如图 1-9 所示。

图 1-9　长仿宋体字书写示例

（2）数字和字母

图样中的拉丁字母、阿拉伯数字与罗马数字的字高不应小于 2.5mm，可书写成直体或斜体，但同一张图纸上必须统一。当需写成斜体字时，其斜度应是从字的底线逆时针向上倾斜 75°，数字和字母的书写示例如图 1-10 所示。

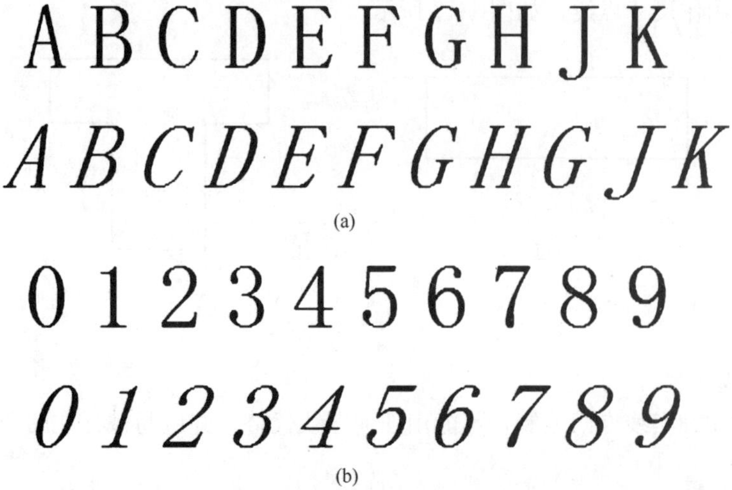

图 1-10　数字和字母的书写示例
（a）拉丁字母书写示例；（b）阿拉伯数字书写示例

4. 比例

比例是指图中图形与对应实物相应要素的线性尺寸之比。比值大于1的比例，称为放大比例，比值小于1的比例，称为缩小比例。建筑工程图一般采用缩小比例，如1∶100的绘图比例就是将实物缩小到百分之一绘制的图样。

绘制图样时，应根据所绘形体的复杂程度、图纸大小和图样的用途等因素，从表1-8中选用比例，并优先采用表中的常用比例。

绘图所用的比例 表1-8

常用比例	1∶1、1∶2、1∶5、1∶10、1∶20、1∶30、1∶50、1∶100、1∶150、1∶200、1∶500、1∶1000、1∶2000
可用比例	1∶3、1∶4、1∶6、1∶15、1∶25、1∶40、1∶60、1∶80、1∶250、1∶300、1∶400、1∶600、1∶5000、1∶10000、1∶20000、1∶50000、1∶100000、1∶200000

平面图 1∶100   ⑦ 1∶20

图1-11 比例的注写

比例宜注写在图名的右侧，所用的字高宜比图名字高小1或2号，下部与图名基准线取平，如图1-11所示。

5. 尺寸标注

建筑工程图中，图形仅仅表达出了建筑物的形状，而其真实大小则需由图样上所标注的尺寸来确定。图样中的尺寸是工程施工、质量检验、工程计量的依据。

（1）尺寸的组成

图样上的尺寸由尺寸界线、尺寸线、尺寸起止符号和尺寸数字组成，如图1-12所示。

1）尺寸界线

尺寸界线表示尺寸的范围，应与图中被注长度的图线相垂直，应用细实线绘制。尺寸界线的起始端离开图样轮廓线不应小于2mm，另一端宜超出尺寸线2~3mm。图样轮廓线（图线）可用作尺寸界线，如图1-13所示。

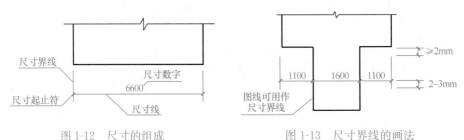

图1-12 尺寸的组成   图1-13 尺寸界线的画法

2）尺寸线

尺寸线须用细实线专门绘制，不能用任何图线代替，并应与被标注的图线平行，不宜超过尺寸界线。

尺寸线与图样最外轮廓线的间距不宜小于10mm。平行排列的尺寸线的间距宜为7~10mm，应从被注写的图样轮廓线由近向远整齐排列，小尺寸放在靠近图样的内侧，大尺寸放在外侧，如图1-14所示。

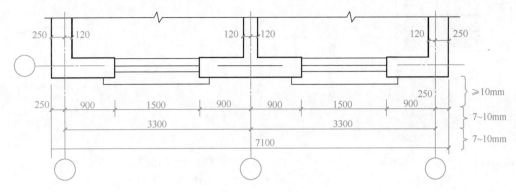

图 1-14　尺寸线的位置

3）尺寸起止符号

尺寸起止符号简称尺寸起止符，表示尺寸的起止位置，一般绘制成长度为 2～3mm 的中粗短斜线，倾斜方向应与尺寸界线成顺时针 45°夹角。

4）尺寸数字

尺寸数字须用阿拉伯数字注写，表示的是形体的实际尺寸，与绘图所用的比例无关，读图时应以尺寸数字为准，不得从图上直接量取。图样上的尺寸单位，除标高和总平面图以 m 为单位外，其余必须以 mm 为单位，标注尺寸时只写数字不注写单位。

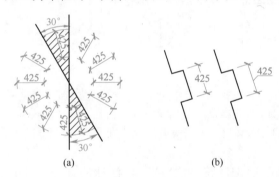

图 1-15　尺寸数字的标注方法
（a）其他方向尺寸数字的注写；（b）30°斜线区内尺寸数字的注写

标注尺寸时，当尺寸线是水平线时，尺寸数字应写在尺寸线的上方，字头朝上；当尺寸线是竖线时，尺寸数字应写在尺寸线的左方，字头向左。当尺寸线为其他方向时，尺寸数字的方向，应按图 1-15（a）的规定注写；若尺寸数字在 30°斜线区内，也可按图 1-15（b）中所示的形式注写。

尺寸数字应注写在靠近尺寸线的中部位置。如果没有足够的注写空间，最外边的尺寸数字可注写在尺寸界线的外侧，中间相邻的尺寸数字可错开注写，也可引出注写，引出线端部用圆点表示标注尺寸的位置，如图 1-16 所示。

尺寸数字必须保证清晰，不得被图线穿过。当不可避免时，应将尺寸数字处的图线断开，如图 1-17 所示。

（2）半径、直径、球的尺寸标注

1）半圆和小于半圆的圆弧一般标注

图 1-16　尺寸数字的注写位置

半径，半径尺寸线的一端应从圆心开始，另一端画箭头指向圆弧。半径数字前应加注半径符号"R"。较小圆弧的半径可引出标注，较大圆弧的半径可画成折线状，但必须对准圆心，如图 1-18 所示。

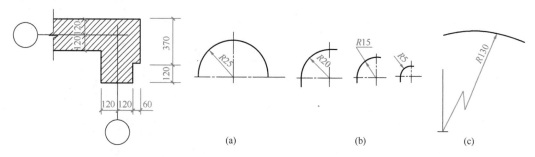

图 1-17　尺寸数字与图线冲突时
的处理

图 1-18　半圆和小于半圆的圆弧半径尺寸标注
(a) 半圆圆弧半径的标注；(b) 较小圆弧半径的标注；
(c) 较大圆弧半径的标注

半径、直径、角度和弧长的尺寸起止符号，宜用箭头表示，如图1-19 所示。

2) 标注圆的直径尺寸时，直径数字前应加直径符号"$\varnothing$"。较大圆的直径尺寸，一般在圆内标注尺寸线，尺寸线应通过圆心，两端画箭头指向圆周，也可直接在圆外标注某一直径的长度，如图 1-20 (a) 所示；较小圆的直径尺寸，可注写在圆外，如图 1-20 (b) 所示。

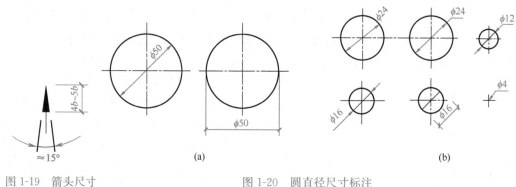

图 1-19　箭头尺寸
起止符号

图 1-20　圆直径尺寸标注
(a) 较大圆直径的标注；(b) 较小圆直径的标注

3) 标注球的半径尺寸时，应在尺寸数字前加注符号"SR"。标注球的直径尺寸时，应在尺寸数字前加注符号"S$\varnothing$"。球的尺寸标注方法与圆弧半径和圆直径的尺寸标注方法相同，如图 1-21 所示。

(3) 坡度和角度的尺寸标注

1) 坡度的尺寸标注

标注坡度时，可采用百分数和比值的形式标注，在数字下面应画单面箭头表示标注的坡度方向，箭头应指向下坡方向，如图 1-22 (a)、(b) 所示。坡度也可用直角三角形形式标注，如图 1-22 (c) 所示。

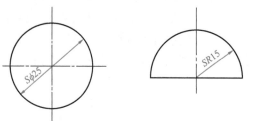

图 1-21　球体的尺寸标注

2) 角度的尺寸标注

标注角度的尺寸线应以圆弧表示，该圆弧的圆心应是该角的顶点，角的两条边为尺寸界线。起止符号应以箭头表示，如果没有足够位置画箭头，可用圆点代替，角度数字应沿水平方向注写，如图 1-23 所示。

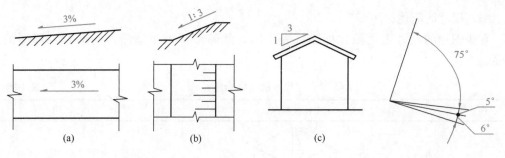

图 1-22　坡度的尺寸标注 　　　　　　图 1-23　角度尺寸标注

(a) 百分数；(b) 比值；(c) 直角三角形

(4) 弧长、弦长的尺寸标注

1) 弧长的尺寸标注

弧长的尺寸线为与该圆弧同心的圆弧线，尺寸界线垂直于该圆弧的弦，起止符号用箭头表示，弧长数字的上方应加注圆弧符号"⌒"，如图 1-24 (a) 所示。

2) 弦长的尺寸标注

弦长的尺寸线为平行于该弦的直线，尺寸界线垂直于该弦，起止符号用中粗斜短线表示，如图 1-24 (b) 所示。

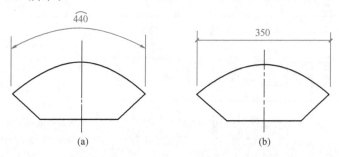

图 1-24　弧长、弦长的尺寸标注

(a) 弧长的尺寸标注；(b) 弦长的尺寸标注

(5) 薄板厚度、正方形的尺寸标注

1) 薄板厚度的尺寸标注

在薄板板面标注板厚尺寸时，应在厚度数字前加厚度符号"t"，如图 1-25 所示。

2) 正方形的尺寸标注

标注正方形的尺寸，可采用"边长×边长"的形式，也可在边长数字前加正方形符号"□"，如图 1-26 所示。

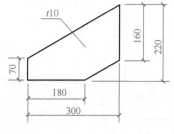

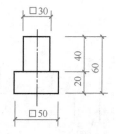

图 1-25　薄板厚度的尺寸标注 　　　图 1-26　正方形的尺寸标注

（6）尺寸的简化标注

有些图样的尺寸采用简化标注（表1-9），能够使图面更清晰，而不影响读图的准确度。

尺寸的简化标注

表1-9

内　容	标注示例	说　明
单线图的简化标注	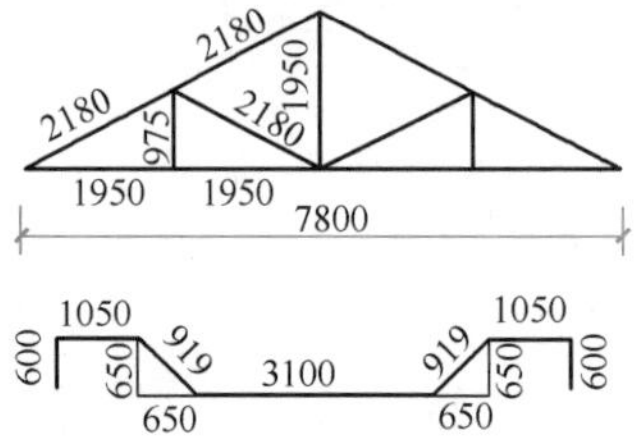	桁架、钢筋、管线等画单线简图，可直接将尺寸数字注写在单线的一侧，不再绘制尺寸线、尺寸界线、尺寸起止符
连续排列等长尺寸的标注	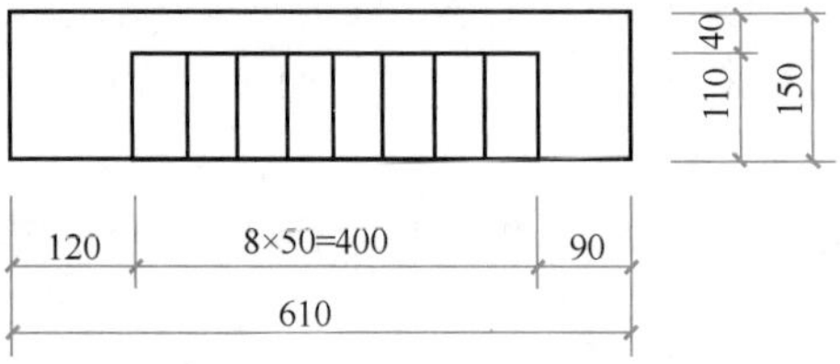	可用"等长尺寸×个数＝总长"或"等分×个数 ＝ 总长"的形式标注
外形为非圆曲线的构件的尺寸标注	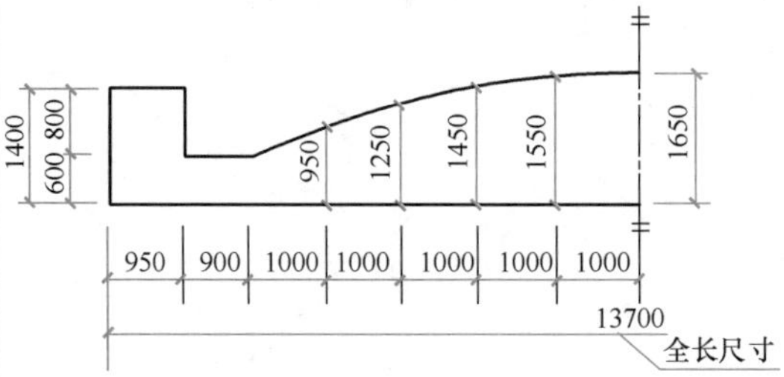	采用坐标形式标注尺寸
对称构件的尺寸标注		当对称构件采用省略画法时，尺寸线应略超过对称符号，仅在尺寸线的一端画尺寸起止符。尺寸数字的注写位置宜与对称符号对齐，按整体全长尺寸注写
相同构造要素的尺寸标注	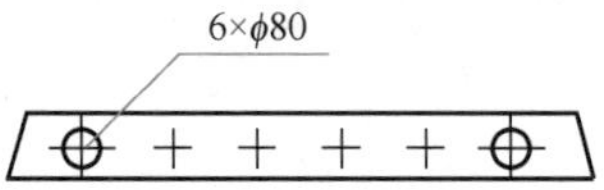	当构件内的构造要素（如孔、槽、铆等）相同时，可只标注其中一个要素的尺寸，并注出个数
相似构件的尺寸标注	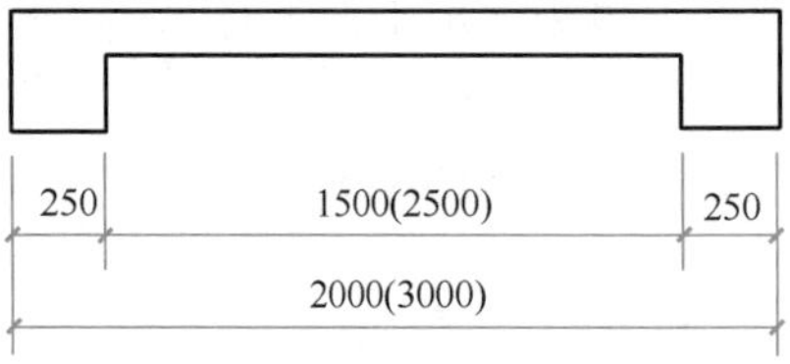	两个构配件，如个别尺寸数字不同，可在同一图样中将其中一个构配件的不同尺寸数字注写在括号内，该构配件的名称也应注写在相应的括号内
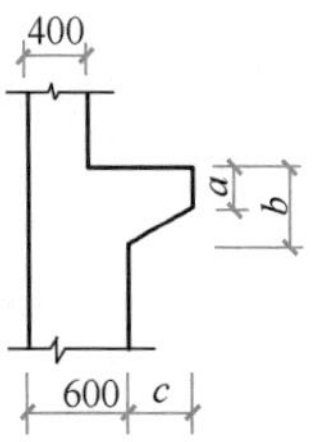	构件编号 a b c / Z-1 200 400 200 / Z-2 250 450 200 / Z-3 200 450 250	数个构配件，如仅某些尺寸不同，这些有变化的尺寸数字，可用拉丁字母注写在同一图样中，另列表写明其具体尺寸

1.2 绘图工具和仪器的使用

绘制工程图样有手工绘图和计算机绘图两种方法，计算机绘图需基于手工绘图的理论基础，在此仅介绍手工绘图。初学绘图时，必须借助专业绘图工具和仪器，因此掌握各种绘图工具和仪器的性能及使用方法是保证绘图质量和速度的前提。

手工绘图常用的工具和仪器有图板、丁字尺、三角板、圆规和分规、铅笔、比例尺等。

（1）图板

图板一般用木质边框和胶合板板面制成，规格有 0 号、1 号、2 号、3 号等，应根据所需绘制图幅的大小来选定。图板用来固定图纸，并作为绘图时的垫板，因此图板板面应光滑平整。图板左侧边是丁字尺沿图上下移动时的引导边（工作边），为使丁字尺顺畅滑行，边框须保持平直，如图 1-27 所示。

（2）丁字尺

丁字尺一般采用透明有机玻璃制作，由互相垂直的尺头和尺身两部分组成，尺身带有刻度。根据尺身长度，丁字尺有 600mm、900mm、1200mm 三种规格，与相应规格的图板配套使用。

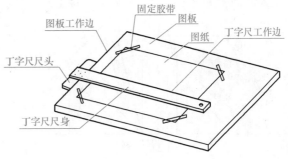

图 1-27 图板和丁字尺

丁字尺主要用来绘制水平线，使用时左手握住尺头，使尺头内侧紧靠图板的左侧工作边，上下移动至需要画线的位置，然后沿丁字尺的工作边从左向右画水平线。丁字尺还可与三角板配合画垂直线及斜线，如图 1-28 所示。

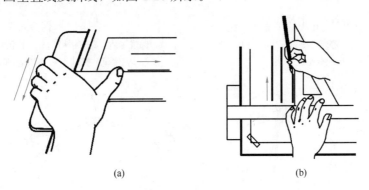

(a)   (b)

图 1-28 丁字尺的使用

（a）用丁字尺画水平线；（b）丁字尺配合三角板画垂直线

（3）三角板

三角板由 45°和 30°（60°）两块构成一副，与丁字尺配合，可画垂直线、水平线和 15°倍数角的斜线，如图 1-29（a）所示。画线时，使丁字尺尺头与图板工作边靠紧，三角板一边靠紧丁字尺尺身，左手按住三角板和丁字尺，右手画垂直线和斜线，如图 1-29（b）所示。

（4）圆规和分规

1）圆规

圆规是用来画圆和圆弧的绘图仪器。建筑工程制图所用的圆规为组合式，其主体有两个脚：一个是固定针脚，另一个是可移动的铅笔脚，并附有铅笔插腿、钢针插腿、直线笔（鸭嘴笔）插腿、延伸杆等，如图 1-30 所示。

画圆时，首先将圆规两脚分开，并使其大小等于所画圆的半径，右手拿圆规，左手食指配合将钢针放到圆心上，再使铅笔芯接触纸面，用右手的食指和拇指转动圆规端杆，均匀地沿顺时针方向一笔画成，如图 1-31（a）所示；画较大半径的圆时，应使圆规的钢针和铅笔芯插腿垂直于纸面，需要时可接上延伸杆，如图 1-31（b）所示。

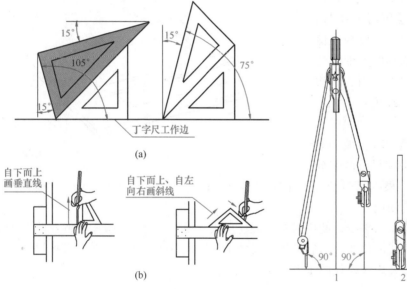

图 1-29　三角板的用法

（a）三角板与丁字尺配合画斜线；（b）三角板与丁字尺配合画线方法

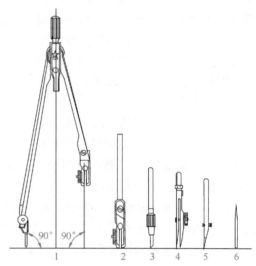

图 1-30　组合式圆规

1—圆规主体；2—延伸杆；3—铅笔插腿；4—直线笔（鸭嘴笔）插腿；5—钢针插腿；6—钢针

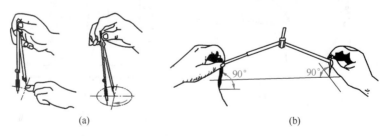

图 1-31　圆规的使用方法

（a）圆的画法；（b）画大圆时加延伸杆

用圆规画圆时应使圆规主体略向运动方向倾斜，并应一次画完。若必须再次接画时，也应按上述方向转动，切勿往复旋转，以免使圆心孔眼扩大而影响图线质量。

2）分规

分规的形状与圆规相似，区别是两腿均装有尖锥形钢针，用来量取线段的长度，也可用来等分直线段或圆弧，如图 1-32 所示。

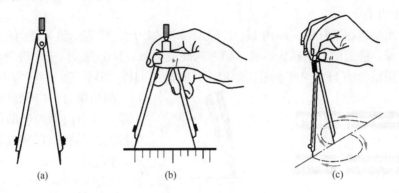

图 1-32　分规使用方法

（a）分规；（b）量取长度；（c）等分线段

（5）比例尺

建筑工程图样一般按缩小比例来绘制，为了避免作图时因计算所画图线长度而带来麻烦，可用比例尺来缩小图线。常用的比例尺有三棱比例尺和比例直尺，如图 1-33 所示。

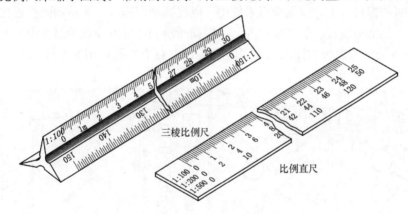

三棱比例尺

比例直尺

图 1-33　三棱比例尺和比例直尺

比例尺只能用来计量长度，不能当作直尺或三角板来画线。画图时，应根据绘图比例选取比例尺上相应的比例，直接量出图线代表的实际长度。

（6）绘图笔

常用的绘图笔主要有绘图墨水笔、绘图铅笔等。

1）绘图墨水笔

绘图墨水笔又称针管笔，外形与普通钢笔相似，由笔尖、吸墨管和笔管组成，如图 1-34 所示。笔尖由钢质通针和针管组成，针管直径由小到大有 0.2～1.2mm 不同的规

图 1-34　绘图墨水笔

格，可画出粗细不同的图线。

画线时，绘图墨水笔应略向画线方向倾斜，发现下水不畅时，应上下晃动笔杆，使通针将针管内的堵塞物穿通。

2）绘图铅笔

专用绘图铅笔在笔杆的一端用 H、B 标识铅芯的硬度，H 表示铅芯硬而色淡，B 表示铅芯软而色深，前面的数字越大，表示铅芯越硬或越软，HB 表示属于中等硬度。绘制底图时一般选用稍硬的 H 或 2H 铅笔，加深图线时选用 HB～2B 铅笔，写字常用 HB 铅笔。

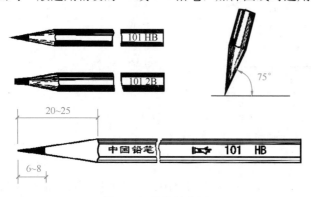

削铅笔时，应保留标识型号的一端，以便识别铅笔的硬度。铅笔尖按图线的粗细可削成锥形或扁平形，铅芯长 6～8mm，锥形部分长 20～25mm。画图时，应使铅笔垂直于纸面，向运动方向倾斜 75°，如图1-35 所示。

图 1-35　铅笔的使用

（7）建筑制图模板

建筑制图模板就是把建筑工程图样中经常出现的专业符号、图例等，刻在透明的塑料板上，制成模板来使用，以提高制图速度。建筑制图模板按照专业分类有建筑模板、结构模板、装饰模板等，可根据所绘制图纸的专业类型选用。

如图 1-36 为建筑模板的样式，使用时找模板中对应的孔，用笔在孔内画一周，就可画出相应的符号或图例。

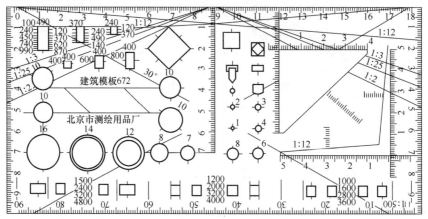

图 1-36　建筑模板

（8）绘图用品

1）图纸

图纸是工程图样的物质载体，其大小要符合《房屋建筑制图统一标准》GB/T 50001—2017 对图纸幅面尺寸的规定。一般绘图纸上可画铅笔图和墨线图，纸面应洁白平整、质地坚实、耐擦不起毛，画墨线时以不洇为好。

图纸在图板上用透明胶带纸固定，位置要适当，一般应稍靠左下方，但图纸边到图板左边缘和下边缘的距离以不小于丁字尺尺身的宽度为宜。

2）绘图墨水

绘图墨水有碳素墨水和化学墨水，一般宜用碳素墨水。

3）其他用品

绘图还需要的用品有：用于写字的小钢笔，修复图样的单面和双面刀片、绘图橡皮，固定图纸的透明胶带纸，磨铅笔用的砂纸，弹图面灰尘用的排笔或刷子等，图 1-37 所示都是绘图过程中经常使用的用品。

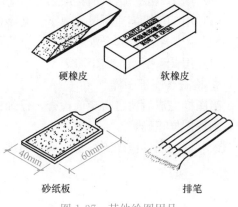

图 1-37　其他绘图用品

1.3　绘图的一般方法与步骤

为了保证图样质量，提高绘图效率，绘图时除了要严格遵守绘图的相关标准，掌握绘图工具、仪器的特点和使用方法外，还需注意采用正确的绘图方法和步骤。

1. 绘图前的准备工作

（1）了解所要绘制图样的内容、大小、复杂程度等，做到心中有数。

（2）准备绘图工具和仪器。将所用的工具、仪器和其他必要用品准备齐全，削磨好铅笔，并将工具、仪器擦拭干净。

（3）固定图纸。将平整的图纸放在图板偏左、偏下的位置，使图纸的左方和下方留有约一个丁字尺尺身的宽度，微调图纸，使其下边与丁字尺工作边平行，用胶带纸将图纸固定在图板上。

2. 画底图

一般采用 H～3H 铅笔，所有图线不分线型和线宽，一律绘制成为细实线，尽量画得细、轻、淡，并按照以下方法和步骤进行：

（1）根据国家制图标准对图纸格式的要求，画好图框线和标题栏的轮廓。

（2）合理布图。根据所绘图样的数量、大小和比例进行合理的图面布置，如图形有中心线，应先确定中心线的位置，并注意留有足够的位置来标注尺寸。

布置图形位置的基本准则是：图形间距合理，视图匀称美观，并考虑注写尺寸和文字说明所需的必要空间。

（3）画图形的主要轮廓线。按照从大到小、由整体到局部的顺序进行。

（4）画出尺寸线、尺寸界线的位置线。

（5）仔细检查底图，擦去多余的底图线。

3. 加深图样（以铅笔为例）

图样加深需区分线型，按照先细后粗、先曲后直、先水平后垂直，水平线从上向下、垂直线从左至右的顺序进行，尽量减少尺子在图面上的移动次数，以保持图面整洁。

（1）加深细线。用 B 铅笔加深所有细线，应根据制图标准区分线型，包括细单点长画线、虚线和细实线等。

（2）用 2B 铅笔加深图样粗线。

（3）用 HB 铅笔注写尺寸数字、文字说明，填写图名、比例及标题栏。图名用 10 号字，校名用 7 号字，其余汉字用 5 号字，数字、字母一般用 3.5 号字。

（4）用 2B 铅笔加粗图框线

4. 检查、完善图样

当图样完成后要进行全面检查，仔细检查是否有画错或漏画的地方，并进行修改、补充，确保图样正确。

绘制好的图样应做到线型正确，粗细分明，线条连接光滑，图面整洁。

2 投影的基本知识

知识目标： 通过学习，了解投影的概念，熟悉三面正投影图的形成方法和形体投影图中的方位关系，掌握形体基本元素——点、线、面的投影规律和图示方法。

能力目标： 通过技能训练，掌握点、线、面的投影规律，提高空间想象力、空间思维能力和空间几何问题的图解能力，能够准确判断出形体和空间点、线、面的方位关系。

2.1 投影的概念与分类

1. 投影的概念和分类

（1）投影的概念

在日常生活中我们发现，形体在日光或灯光的照射下，会在地面和墙面上留下影子，这种影子只能反映形体的外轮廓形状，轮廓内则是混沌一片，反映不出形体的内部构造，如图 2-1（a）所示。

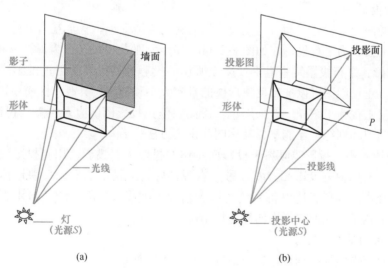

(a)　　　　　　　　　　(b)

图 2-1　影子与投影的形成
（a）影子的形成；（b）投影的形成

在建筑工程制图中，人们根据光线照射形体会留下影子的原理，对其科学抽象分析并加以概括提炼，即假想形体是透明的，光线具有穿透力，这样的光线照射形体后，会在平面上得到反映形体外部轮廓和内部构造的影像，这样的影像图为投影，如图 2-1（b）所示。

在形成投影的过程中，照射形体的光线称为投影线，落影的平面（如大地、墙面）称为投影面。形体、投影线、投影面共称为投影的三要素。

（2）投影的分类

根据光源所产生的投影线不同，投影分为中心投影和平行投影，如图 2-2 所示。

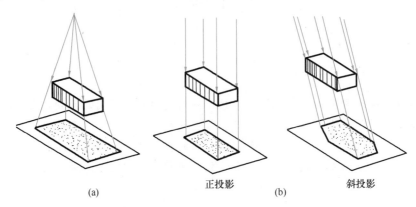

正投影 斜投影

(a)

图 2-2 投影的分类

(a) 中心投影；(b) 平行投影

1）中心投影

由点光源放射的投影线所形成的投影称为中心投影，如图 2-2（a）所示。用中心投影绘制的图形，直观性强，与人的视觉效果一致，但如果改变形体的位置，其投影具有近大远小的特性，不能反映实物的真实尺寸，作图难度也较大。

2）平行投影

当点光源向无限远处移动时，光线之间的夹角逐渐变小，直至互相平行，由平行光线对形体产生的投影为平行投影，如图 2-2（b）所示。平行投影又分为正投影和斜投影。

① 正投影：平行投影线垂直于投影面所作的投影为正投影。用正投影法绘制的图形为正投影图，正投影图可以准确反映形体的真实大小和形状，具有作图简单，度量方便等优点，故建筑工程施工图样一般采用正投影图。但正投影图的直观性差，识读难度较大，需经过专门学习和训练，才能掌握其作图和识读方法。

② 斜投影：平行投影线倾斜于投影面所作的投影为斜投影。用斜投影法绘制的图形为斜投影图，又称轴测投影图。斜投影图直观性好，但是不能准确反映形体的形状和尺寸，工程中经常用其来表达设备系统的布置情况。如图 2-3 所示的某给水管道布置系统图，直观地表达了管线的空间走向和连接情况。

2. 正投影的基本特性

正投影具有真实性、积聚性、类似性三大基本特性。

（1）真实性

当直线或平面图形平行于投影面时，它们在该投影面上的投影反映直线或平面图形的实形，这种投影特性称为真实性。如图 2-4 所示，直线 AB 平行于投影面 H，它在平面 H 上的投影 ab 反映直线 AB 的实长，即 $ab=AB$；平面 $ABCD$ 平行于投影面 H，它在 H 面上的投影 $abcd$ 反映平面 $ABCD$ 的真实形状和大小，即 $abcd \cong ABCD$。

（2）积聚性

当直线或平面图形垂直于投影面时，它们在该投影面上的投影积聚为一点或一条直线，这

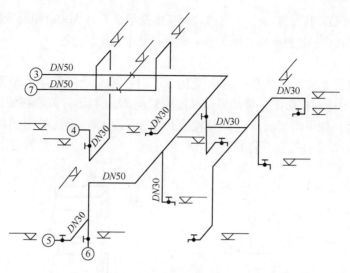

图 2-3　斜投影图——某给水管道布置系统图

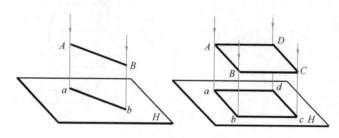

图 2-4　正投影的真实性

种投影特性称为积聚性。如图 2-5 所示，直线 AB 垂直于投影面 H，它在平面 H 上的投影积聚为一点 a (b)；平面 $ABCD$ 垂直于投影面 H，它在 H 面上的投影积聚为一直线 a (b) d (c)。

（3）类似性

当直线或平面图形倾斜于投影面时，它们在该投影面上的投影为该直线或平面图形的类似形（类似形是与原图形状类似、边数相同，如圆的投影为椭圆，而非相似形），这种投影特性称为类似性。如图 2-6 所示，直线

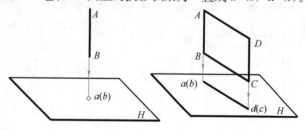

图 2-5　正投影的积聚性

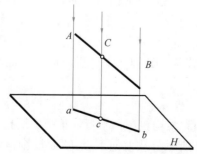

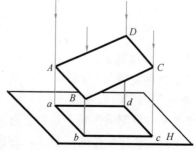

图 2-6　正投影的类似性

AB 倾斜于投影面 H，其投影 ab 仍为直线，但长度变小；平面 ABCD 倾斜于投影平面 H，其投影 abcd 仍为平面，但比原平面 ABCD 小，而且形状也发生了变化。

3. 三面正投影图

工程中如果只关注形体某单一方向变化情况时，可只绘制形体的单面正投影图，如图 2-7（a）所示的标高投影图，将地形等高度位置向 H 面投影，就能很清楚地表示出地形的高度变化状况。如果需要将形体完整地表达出来，只画单面正投影图就有很大的局限性，如图 2-7（b）所示三个不同的形体，它们在同一个投影面 H 上的正投影完全相同。

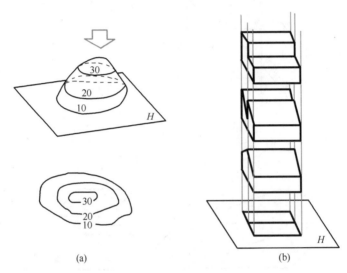

图 2-7　　单面正投影图
（a）地形标高投影；（b）形体的单面正投影图

可见，仅依据一个投影图是不能完整、准确地把形体表达清楚的，必须增加由不同投影方向、在不同投影面上所得到的几个投影图，互相补充，才能将形体表达完整。建筑物是个复杂形体，建筑图样要满足预算、施工等工作要求，一般至少需绘出其三面正投影图。

（1）三面正投影图的形成

1）建立三投影面体系

三面正投影图的形成时，需先建立三投影面体系，如图 2-8 所示。三投影面体系的三个投影面分别是水平投影面（H 面）、正立投影面（V 面）、侧立投影面（W 面），它们互相垂直相交，交线称作投影轴。水平投影面（H 面）和正立投影面（V 面）的交线为 OX 轴，水

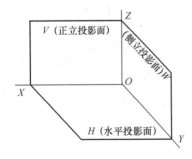

图 2-8　三投影面体系

平投影面（H 面）和侧立投影面（W 面）的交线为 OY 轴，正立投影面（V 面）与侧立投影面（W 面）的交线为 OZ 轴，三轴交于原点 O。

2）三面正投影图的形成

将形体置于三投影面体系中，并令形体各面尽量与投影面平行，按箭头所指的投影方向分别向三个投影面作形体的正投影，如图 2-9 所示。从上向下在 H 面投影得到水平投影图，简称平面图；从前向后在 V 面投影得到正立投影图，简称正面图；从左向右在 W

面投影得到侧立投影图，简称侧面图。

3）三面正投影图的展开

为了作图方便，需将三个相互垂直的投影面连同投影图展开画在一个平面上，方法是：Y 轴被剪开，令 V 面保持不动，H 面绕 OX 轴向下旋转 90°，W 面绕 OZ 轴向右旋转 90°，使 H 面、V 面和 W 面处于同一平面，如图 2-10（a）所示。三面正投影图展开后，由于 Y 轴被剪开，因此 Y 轴一半随 H 面旋转到 OZ 轴的正下方与之同线，用 Y_H 表示，另一半随 W 面旋转到 OX 轴的右方与之同线，用 Y_W 表示。

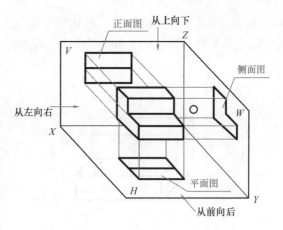

图 2-9　三面正投影图的形成

画三面正投影图的展开图时，三个投影面的位置是固定的，但大小可根据作图需要任意调整。故在作图时往往不需画出投影面的边框，也不必注写 H、V、W 字样，如图 2-10（b）所示。

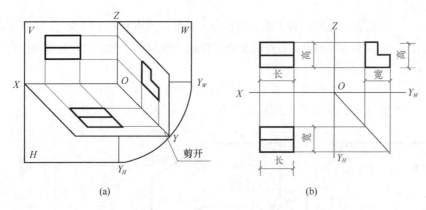

(a)　　　　　　　　　(b)

图 2-10　三面正投影图的展开
（a）三面正投影图的展开示意；（b）三面正投影图展开后的画法

（2）三面正投影图的图示方位与投影规律

1）三面投影图的图示方位

形体在三投影面体系中的位置确定后，相对于观察者，它的上下、左右、前后六个方位关系如图 2-11 所示。正面投影看到的是形体的最前面，还能反映形体的上下和左右关系；水平投影看到的是形体的最上面，还能反映形体的左右和前后关系；侧面投影看到的是形体的最左面，还能反映上下和前后关系。

2）三面正投影图的投影规律

分析图 2-10（b）就会发现：H 面投影图和 Y 面投影图在 X 轴方向都反映形体的长度，它们的位置左右应对正，即"长对正"；V 面投影图和 W 面投影图在 Z 轴方向都反映形体的高度，它们的位置上下应对齐，即为"高平齐"；H 面投影图和 W 面投影图在 Y 轴方向都反映形体的宽度，这两个宽度一定相等，即"宽相等"。

因此，"长对正、高平齐、宽相等"是三面正投影之间重要的对应关系，称"三等"关系，"三等关系"是识读和绘制建筑工程图时必须遵守的投影规律（图 2-12）。

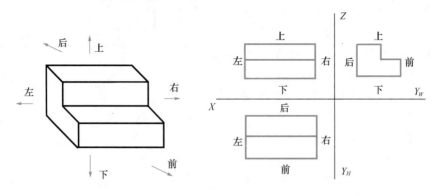

图 2-11 各方位关系图   图 2-12 三面投影图的图示方位

2.2 形体基本元素的投影

1. 点的投影

根据点与三投影面体系的位置关系，将点分为一般位置点和特殊位置点。一般位置点是指到各投影面的距离都不为零的点，特殊位置点是指位于投影面、投影轴或与原点重合的点。

（1）一般位置点的投影

如图 2-13 所示，将空间点 A 置于三投影面体系中，并分别向三个投影面作垂线（即投影线），三个垂足 a、a'、a'' 分别为点 A 在 H、V、W 投影面上的投影。

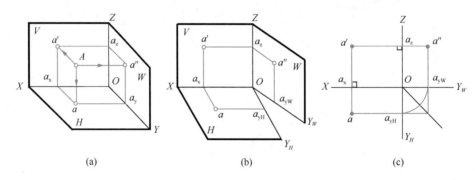

(a)   (b)   (c)

图 2-13 点的三面投影

（a）点 A 在三投影面体系中的投影；（b）点 A 三面投影的展开；（c）点 A 三面投影的关系

从图 2-13 中可以得出一般位置点的投影规律：

1）点在任何投影面上的投影仍然是点，并且位于投影面上。

2）点的正面投影 a' 和水平投影 a 的连线必垂直于 X 轴，即 $aa' \perp OX$。

3）点的正面投影 a' 与侧面投影 a'' 的连线必垂直于 Z 轴，即 $a'a'' \perp OZ$。

4）点的水平投影 a_x 到 OX 轴的距离等于其侧面投影 a'' 到 OZ 轴的距离，即 $aa_x = a''a_z$。

5）点在任何投影面上的投影仍然是点，并且位于投影面上。

【**例 2-1**】已知点 A 的两面投影 a'、a，求作点 A 的侧面投影 a''。

解： 根据点的投影规律，a'' 的求作方法如图 2-14 所示。

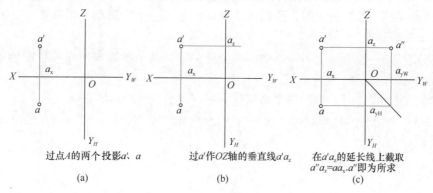

过点A的两个投影a'、a
(a)

过a'作OZ轴的垂直线a'a_z
(b)

在a'a_z的延长线上截取
a''a_z=aa_x.a''即为所求
(c)

图 2-14 已知点的两投影作第三投影

（2）点的坐标

把三投影面体系看作空间直角坐标系，投影面 H、V、W 则为三个坐标平面，投影轴 OX、OY、OZ 为坐标轴 X、Y、Z 轴，投影轴原点 O 相当于坐标系原点。如图 2-15 所示，空间点 A 的 X 坐标反映了点到 W 面的距离，点 A 的 Y 坐标反映了点到 V 面的距离，点 A 的 Z 坐标反映了点到 H 面的距离，即点的坐标 A（x，y，z）确定了空间点的位置。

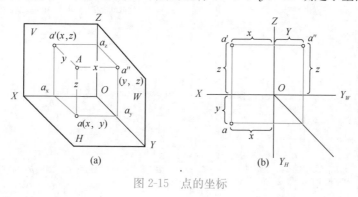

(a)

(b)

图 2-15 点的坐标

【**例 2-2**】已知点 A 的坐标 $x=18$、$y=10$、$z=15$，即 A（18，10，15），求作点 A 的三面投影图。

解： 作法如图 2-16 所示。

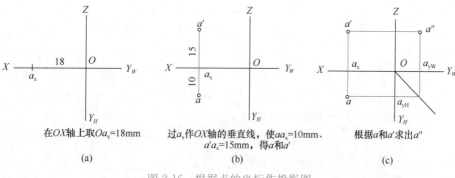

在OX轴上取Oa_x=18mm
(a)

过a_x作OX轴的垂直线，使aa_x=10mm、
a'a_x=15mm，得a和a'
(b)

根据a和a'求出a''
(c)

图 2-16 根据点的坐标作投影图

（3）特殊位置的点

特殊位置点包括投影面上的点、投影轴上的点和与原点重合的点。它们的投影规律是：

1）当点在某一投影面上时，点的一个坐标为零，一个投影与投影面重合，另两个投影分别位于投影轴上。

2）当点在某一投影轴上时，点的两个坐标为零，两个投影与所在的投影轴重合，另一个投影则与原点重合。

3）当点在原点上时，点的三个坐标均为零，三个投影均与原点重合。

【例 2-3】已知点 B 的坐标 $x=20$，$y=0$，$z=10$，即 B（20，0，10），求作点 B 的三面投影图。

解：作法如图 2-17 所示。

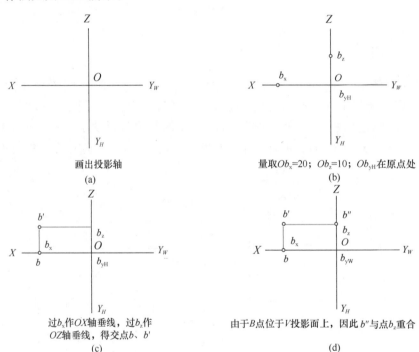

（a）画出投影轴

（b）量取 $Ob_x=20$；$Ob_z=10$；Ob_{yH} 在原点处

（c）过 b_x 作 OX 轴垂线，过 b_z 作 OZ 轴垂线，得交点 b、b'

（d）由于 B 点位于 V 投影面上，因此 b'' 与点 b_z 重合

图 2-17　根据坐标求点的三面投影

（4）两点的相对位置

空间两点的相对位置是指两点的左右、前后和上下位置关系。在三投影面体系中，OX 轴向左、OY 轴向前、OZ 轴向上分别为三条轴的正向，两点的 x 坐标可确定其左右位置，两点的 y 坐标可确定其前后位置，两点的 z 坐标可确定其上下位置。空间两点的相对位置也可根据两点的三面正投影图来判断。

【例 2-4】如图 2-18 所示，试根据 C、D 两点的三面投影，判断其相对位置。

解：利用坐标法分析：

图 2-18　判断 C、D 两点的相对位置

1) 因 C 点的 x 坐标值比 D 点的大，则 C 点在 D 点的左侧。

2) 因 D 点的 z 坐标值比 C 点的大，则 D 点在 C 点的上方。

3) 因 C 点的 y 坐标值比 D 点的大，则 C 点在 D 点的前方。

结论：C 点在 D 点左、前、下方。

（5）重影点及可见性

如果两点位于同一投射线上，则此两点在相应投影面上的投影必重叠，重叠的投影称为重影，重影的空间两点称为重影点。H 面上的重影，在上方的点为可见点；V 面上的重影，在前方的点为可见点；W 面上的重影，在左侧的点为可见点。

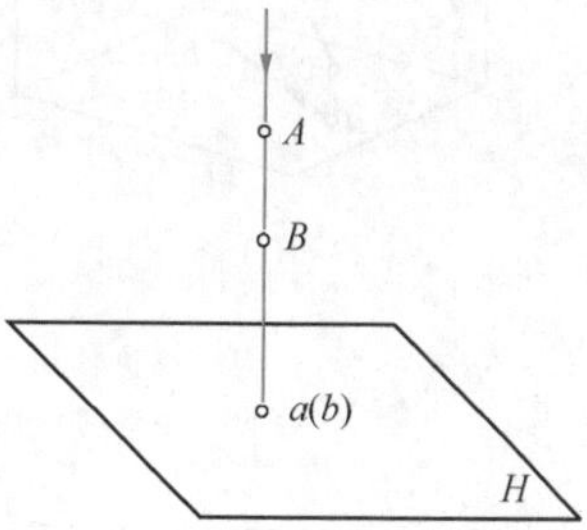

标注重影时，可见点字母在前，不可见点字母在后，并将不可见点字母注写在括号内。如图 2-19 所示，A、B 是位于同一投射线上的两点，它们在 H 面上的投影 a 和 b 重叠。因 A 点在上方，故其在 H 面的投影可见，B 点在下方为不可见点。

图 2-19 重影点

【例 2-5】已知点 C 的三面投影如图 2-20（a）所示，且知点 D 在 C 的正右方 5mm，点 B 在 C 的正下方 10mm，求作 D、B 两点的投影，并判别重影点的可见性。

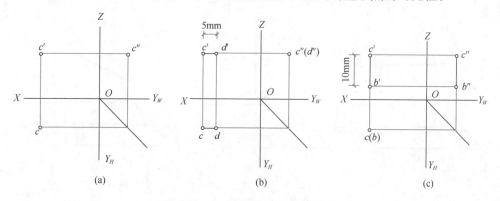

图 2-20 作点的投影并判别可见性

解：（1）因 x 坐标确定点的左右位置，现点 D 在点 C 的正右方 5mm，过 c' 向右做 X 轴平行线 $c'd'=5mm$；d'' 与 c'' 重合，D 点不可见；根据"三等"关系作出 d，如图 2-20（b）所示。

（2）过 c'、c'' 铅直向下作 $c'b'=c''b''=10mm$；两点的水平投影 b、c 重合，D 点在下不可见，如图 2-20（c）所示。

（3）不可见的投影 d''、b 加括号以示区别。

2. 直线的投影

数学中直线的长度是无限的，为了作图和表达方便，我们一般取直线上的线段来代替直线。直线是点的集合，做直线的投影，只要做出两端点的投影，将两端点在同一投影面的投影连起来即可，如图 2-21 所示。

（1）直线的投影规律

1）真实性。直线平行于投影面时，其投影仍为直线，并且反映实长，这种性质称为

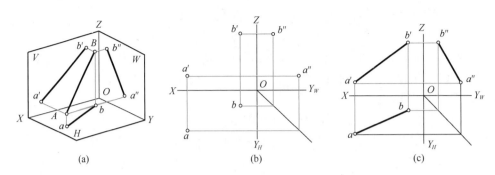

图 2-21　作直线的三面正投影图

(a) 直线投影的直观图；(b) 作直线两端点的投影；(c) 同面投影连线

真实性，如图 2-22（a）所示。

2）积聚性。直线垂直于投影面时，其投影积聚为一点，这种性质称为积聚性，如图 2-22（b）所示。

3）收缩性。直线倾斜于投影面时，其投影仍是直线，但长度缩短，不反映实长，这种性质称为收缩性，如图 2-22（c）所示。

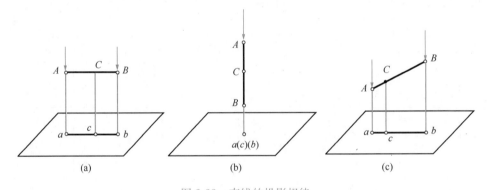

图 2-22　直线的投影规律

(a) 真实性；(b) 积聚性；(c) 收缩性

（2）各种位置直线及投影特性

根据直线与投影面的位置关系，空间直线可分为一般位置直线、投影面平行线和投影面垂直线，投影面平行线和投影面垂直线属于特殊位置直线。

1）一般位置线

倾斜于三个投影面的直线为一般位置线。如图 2-23 所示，一般位置直线 AB 对 H、V、W 面的倾角分别为 α、β、γ；在三个投影面上的投影均为斜线，且小于实长；在各面上的投影与投影轴的夹角，不反映直线 AB 对投影面的倾角。

根据图 2-23，总结一般位置线的投影特性如下：

① 一般位置线的三个投影均为斜线，且小于实长。

② 一般位置线的三个投影与投影轴的夹角，不反映直线对投影面的倾角。

2）投影面平行线

平行于一个投影面，而倾斜于另外两个投影面的直线为投影面平行线。投影面平行线

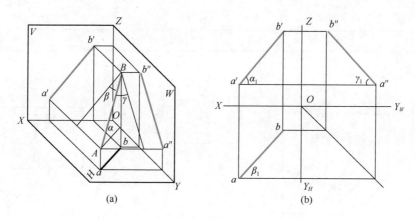

图 2-23　一般位置线的投影（右图夹角字母）

的类型如下：

正平线：平行于 V 面，倾斜于 H、W 面的直线。

水平线：平行于 H 面，倾斜于 V、W 面的直线。

侧平线：平行于 W 面，倾斜于 H、V 面的直线。

投影面平行线的投影见表 2-1。

投影面平行线的投影　　　　　　　　　　　　表 2-1

直线的位置	立体图	正投影图及特性	实　例
平行于 H 面（水平线）		（1）$ab = AB$ （2）$a'b' \parallel OX$，$a''b'' \parallel OY_W$ （3）β，γ 反映实角	
平行于 N 面（正平线）		（1）$c'd' \parallel CO$ （2）$cd \parallel DX$，$c''d'' \parallel OZ$ （3）α，γ 反映实角	

29

续表

直线的位置	立体图	正投影图及特性	实　例
平行于 W 面（侧平线）	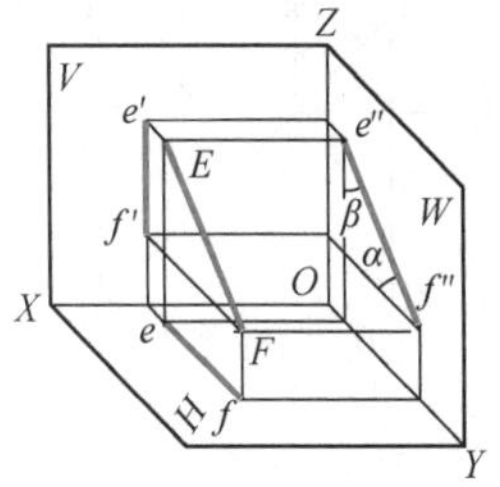	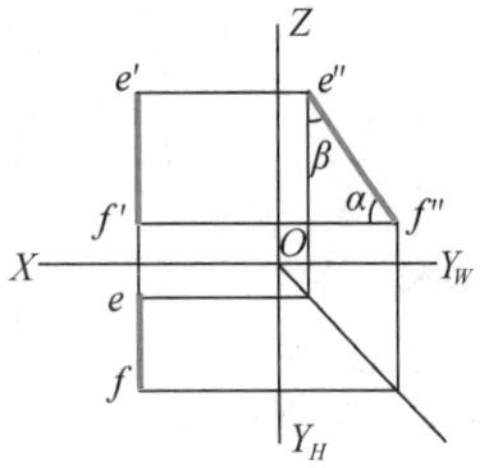 　(1) $e''f''=EF$ (2) $e'f'=QZ$，$ef/\!/OY_W$ (3) α，β 反映实角	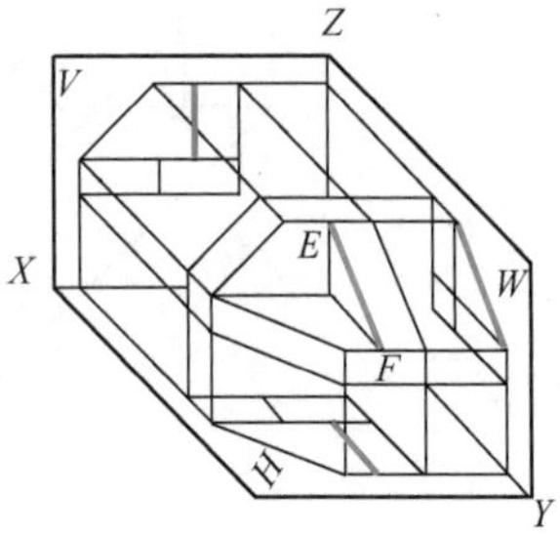

分析表 2-1，可以得出投影面平行线三面投影的共性特点：

① 投影面平行线在其平行的投影面上的投影为反映实长的斜线，与投影轴的夹角反映直线对另两个投影面的倾角。

② 投影面平行线的另两个投影分别平行于相应的投影轴，但长度缩短。

3）投影面垂直线

垂直于一个投影面，而平行于另两个投影面的直线为投影面垂直线。

① 投影面垂直线的分类：

正垂线：垂直于 V 面，平行于 H 面和 W 面的直线。

铅垂线：垂直于 H 面，平行于 V 面和 W 面的直线。

侧垂线：垂直于 W 面，平行于 H 面和 V 面的直线。

② 投影面垂直线的投影见表 2-2。

投影面垂直线的投影　　　　　　表 2-2

直线的位置	立体图	正投影图及特性	案　例
垂直于 H 面（铅垂线）	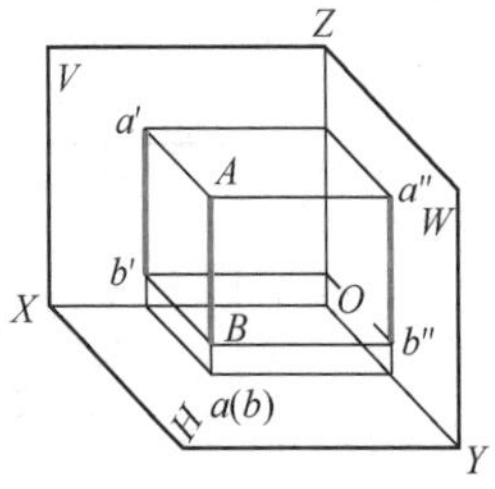	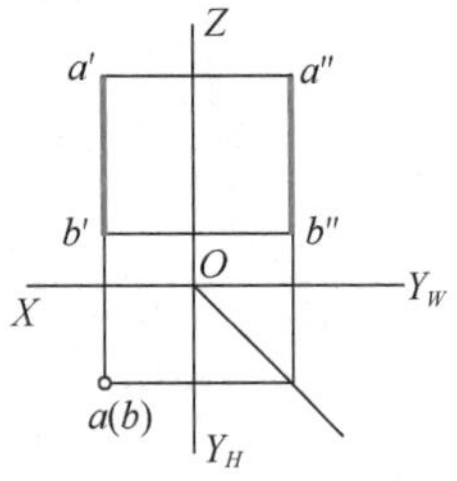 　(1) ab 积聚为一点 (2) $a'b'/\!/OZ$，且 $a'b'\perp OX$ 　　$a''b''/\!/OZ$，且 $a''b''\perp OY_W$ (3) $a'b'=a''b''=AB$	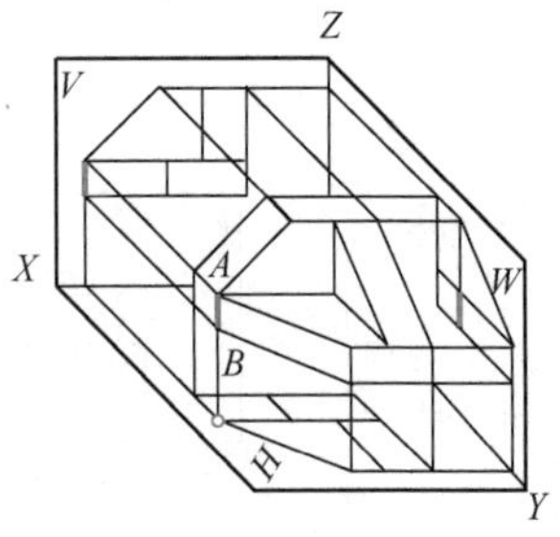

直线的位置	立体图	正投影图及特性	案 例
垂直于 V 面（正垂线）		(1) $c'd'$ 积聚为一点 (2) $cd /\!/ OY_H$ 且 $cd \perp OX$ 　　$c''d'' /\!/ OY_W$ 且 $c''d'' \perp OZ$ (3) $cd = c''d'' = CO$	
垂直于 W 面（侧垂线）		(1) $e''f''$ 积聚为一点 (2) $e'f' /\!/ OX$，且 $e'f' \perp OZ$ 　　$ef /\!/ OX$，且 $ef \perp OY_H$	

分析表 2-2 可以得出投影面垂直线三面投影的共性特点：

① 投影面垂直线在其垂直的投影面上的投影积聚成一点。

② 投影面垂直线在另两个投影面上的投影均平行于相应的投影轴，且反映实长。

3. 平面的投影

（1）平面投影的形成

平面可以由不在一条直线上的三点、点与直线、两相交或平行直线所确定。因此，求作平面的投影，可以转化为求点、线的投影。如图 2-24 所示，空间平面 $\triangle ABC$，若将其

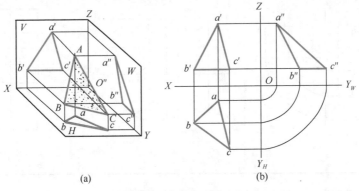

(a)　　　　　　　(b)

图 2-24　平面的三面投影

（a）平面的三面投影直观图；（b）平面的三面投影图

三个顶点 A、B、C 的投影作出，再将各点同面投影连接起来，即为平面△ABC 的投影。

（2）各种位置平面及其投影特性

空间平面按其与三个投影面的位置关系不同，可分为投影面平行面、投影面垂直面和一般位置平面。一般将投影面平行面、投影面垂直面称为特殊位置平面。

1）一般位置面

与三个投影面均倾斜的平面为一般位置面。一般位置面对三个投影面都倾斜，它在三个投影面上的投影都反映原平面图形的类似形状，但比原平面图形本身的实形小，如图 2-24 所示。

2）投影面平行面

平行于一个投影面，同时垂直于另两个投影面的平面为投影面平行面。

① 投影面平行面的类型：

正平面：平行于 V 面，垂直于 H 面、W 面的平面。

水平面：平行于 H 面，垂直于 V 面、W 面的平面。

侧平面：平行于 W 面，垂直于 V 面、H 面的平面。

② 投影面平行面的投影见表 2-3。

投影面平行面的投影

表 2-3

名称	水平面	正平面	侧平面
直观图	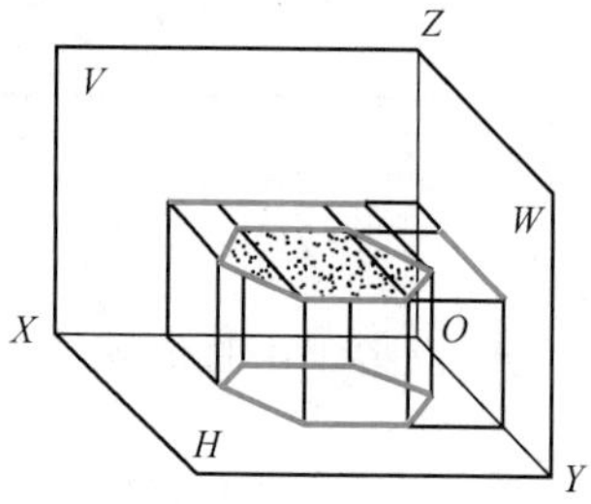	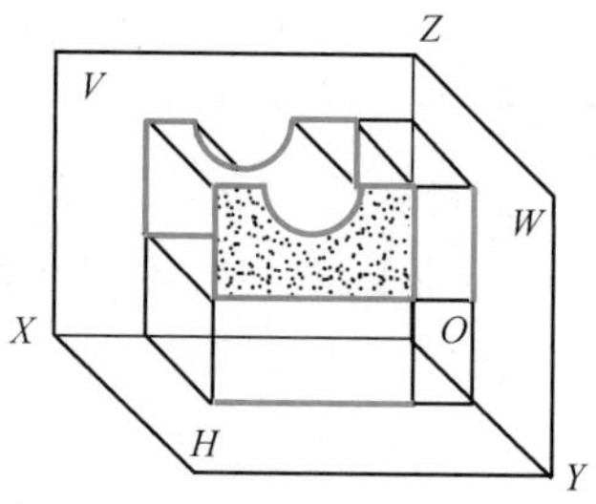	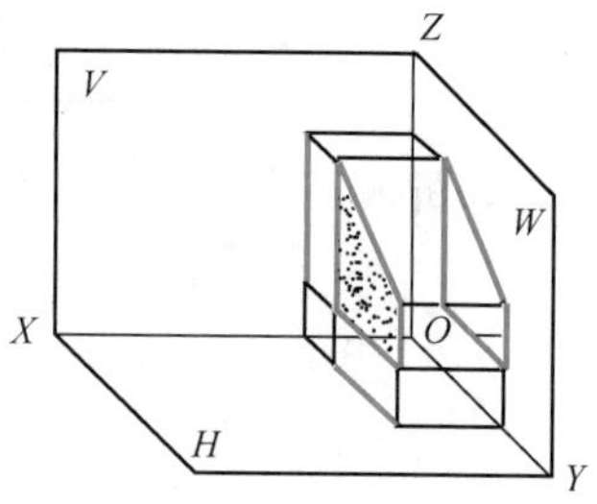
投影图	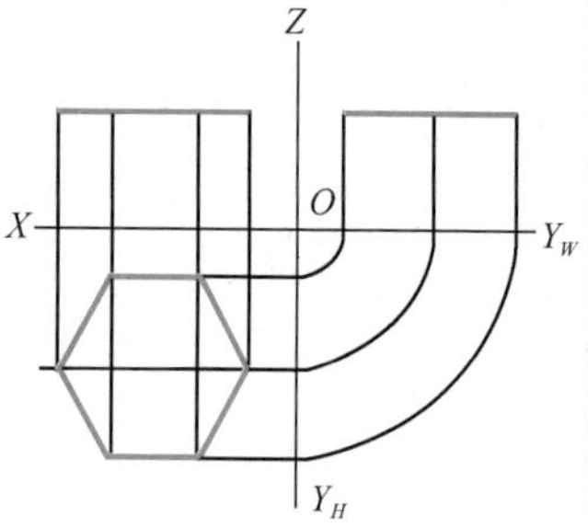	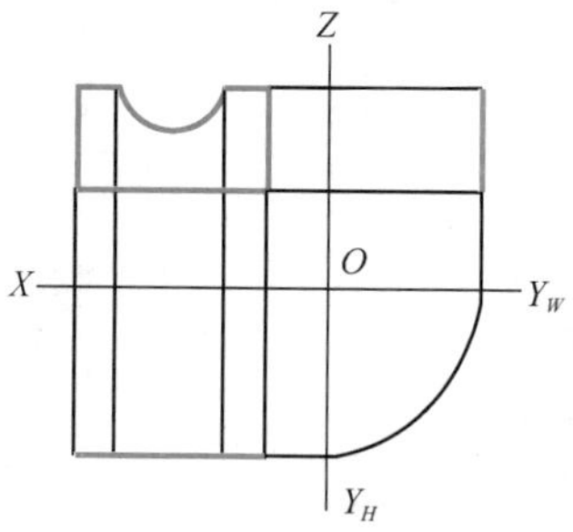	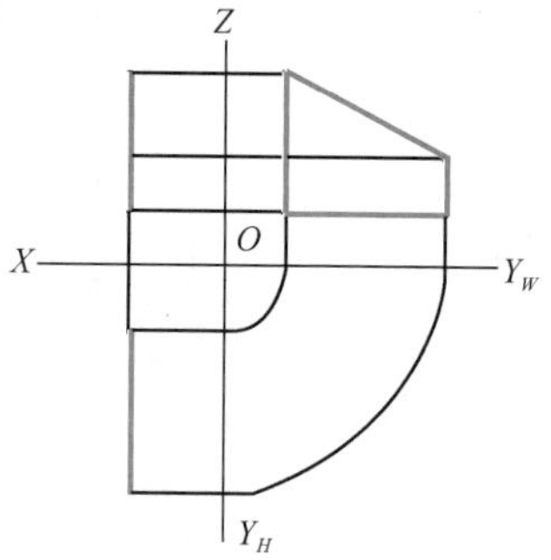

分析表 2-3 可以得出投影面平行面三面投影的共性特点：

① 投影面平行面在所平行的投影面上的投影反映实形。

② 投影面平行面在另外两个投影面上的投影积聚成直线，且分别平行于相应的投影轴。

3）投影面垂直面

垂直于一个投影面，同时倾斜于另外两个投影面的平面为投影面垂直面。投影面垂直面的类型：

正垂面：垂直于 V 面，倾斜于 H 面、W 面的平面。

铅垂面：垂直于 H 面，倾斜于 V 面、W 面的平面。

侧垂面：垂直于 W 面，倾斜于 H 面、V 面的平面。

投影面垂直面的投影见表 2-4。

投影面垂直面的投影　　　　表 2-4

名称	铅垂面	正垂面	侧垂面
直观图	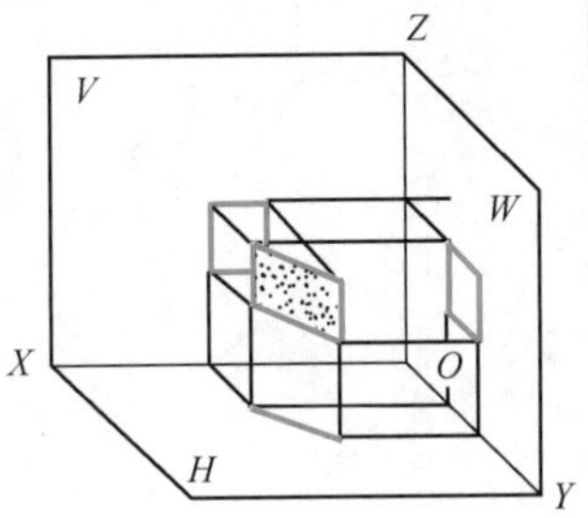	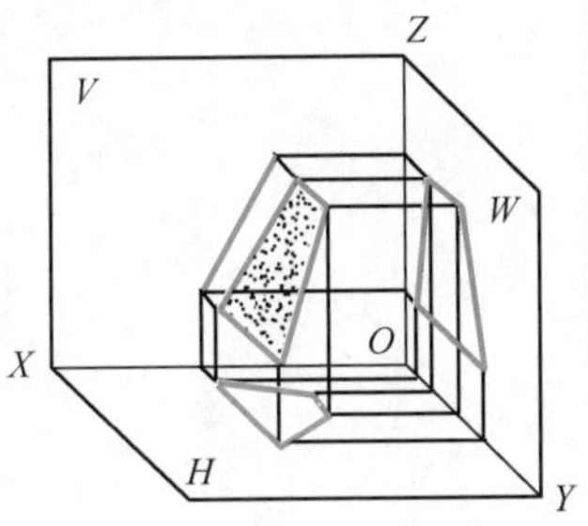	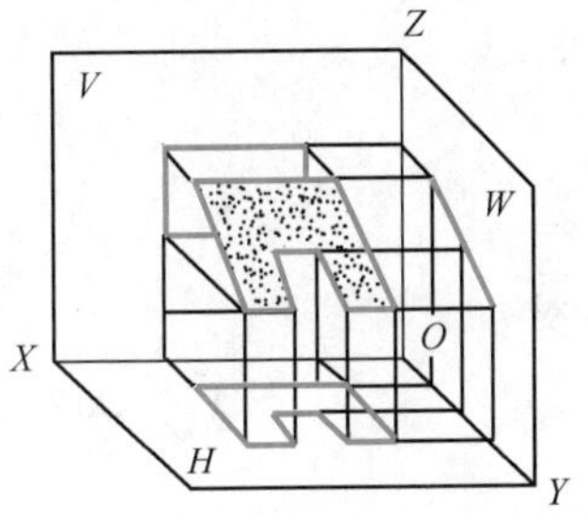
投影图	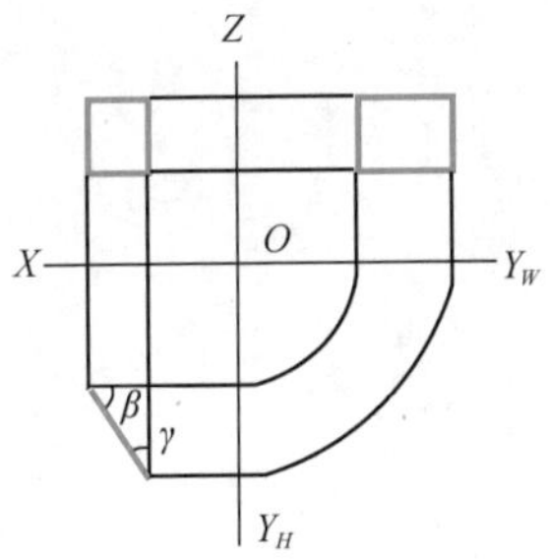	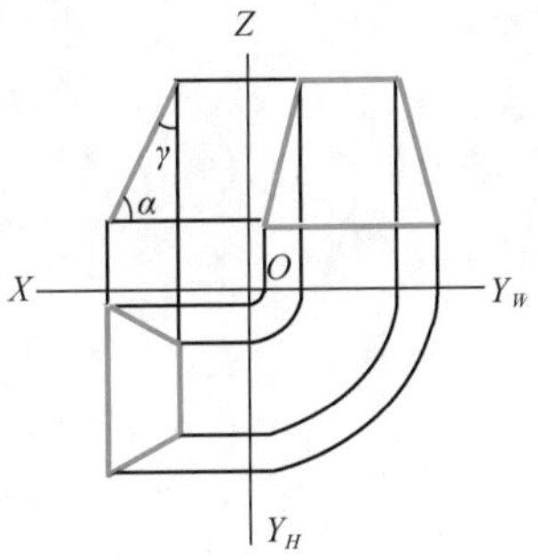	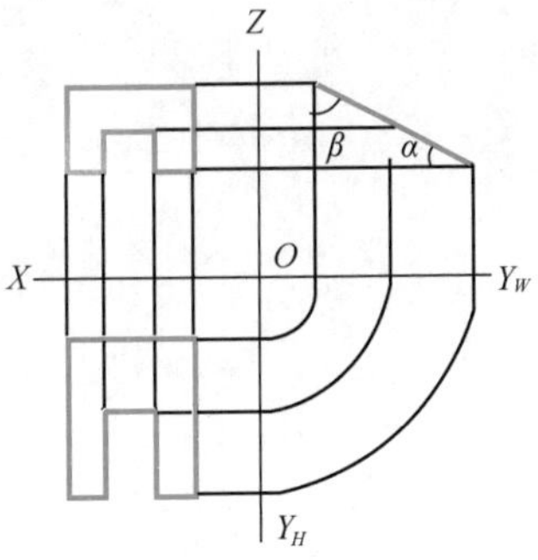

分析表 2-4 可以得出投影面垂直面三面投影的共性特点：

① 投影面垂直面在其垂直的投影面上的投影，积聚成一条倾斜于投影轴的直线，且此直线与投影轴之间的夹角等于空间平面对另外两个投影面的倾角。

② 投影面垂直面在与之倾斜的两个投影面上的投影为类似形，但比实形小。

【例 2-6】 如图 2-25（a）所示，求侧垂面的水平面投影。

由于该平面为侧垂面，其投影规律为：该平面在 W 面积聚为倾斜于坐标轴的一条斜线，在 H 面、V 面投影为小于实形的类似形。根据"三等"关系，依次作出点 a、b、c 和 d，即可作出侧垂面的水平面投影，如图 2-25（b）所示。

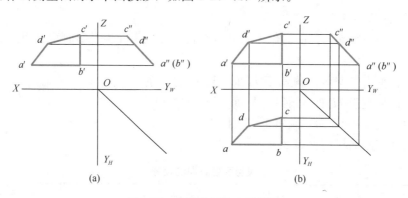

图 2-25　作侧垂面的水平投影

3 形体的投影

学习目标

知识目标： 通过学习，了解基本体的概念，熟悉基本体的投影规律和投影图尺寸的标注方法，掌握建筑形体投影图的绘制和识读方法。

能力目标： 通过技能训练，掌握基本体的投影规律，会补充绘制建筑形体的三面正投影图，能够根据建筑形体的直观图做出三面投影图并进行尺寸标注，逐步提高空间想象力和读图能力。

3.1 基本体的投影

不同的建筑物，虽然形状各异，但大多数均可看作是若干个基本几何形体（如：棱柱、棱锥、圆柱、圆锥、球等）组成的组合体，这些基本几何形体简称基本体。

根据基本体的表面特征，基本体可分为平面体和曲面体。表面全是平面的基本体为平面体，表面全是曲面或由曲面与平面形围成的基本体为曲面体。

1. 平面体的投影

常见的平面体有棱柱、棱锥和棱台。

(1) 棱柱

在一个平面体中，有两个相同多边形平面互相平行，其余各面都是四边形且其临边互相平行，这样的几何体称为棱柱。棱柱中，平行的两个面为底面，其余的面为侧面，相邻两侧面的交线为侧棱（又称棱线）。侧棱垂直于底面为直棱柱，侧棱与底面斜交的为斜棱柱，底面是正多边形的直棱柱为正棱柱，正棱柱是特殊的直棱柱。当底面为三角形、四边形、五边形等多边形时，所组成的棱柱分别为三棱柱、四棱柱、五棱柱等，如图 3-1 所示。本教材主

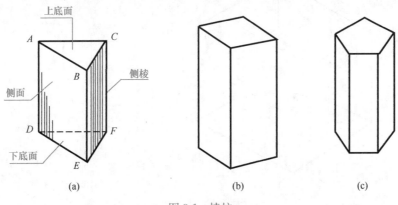

图 3-1 棱柱

(a) 三棱柱；(b) 四棱柱；(c) 五棱柱

要研究直棱柱投影。

如图 3-2 所示为一横放的直三棱柱，按工作状态把其放置于三面投影体系中，可以理解为生活中的两坡屋顶。该三棱柱的两个底面为△ABC 和△$A_1B_1C_1$，与 W 面平行为侧平面；侧面 BCC_1B_1 与 H 面平行为水平面；侧面 ABB_1A_1 和 ACC_1A_1 分别为前、后两个侧面，与 W 面垂直均为侧垂面。分析该三棱柱的三面投影图可以知道：其侧面投影是一个三角形，反映△ABC 和△$A_1B_1C_1$ 的真实大小，同时三角形的三条边分别是前、后、下三个侧面的积聚投影；其水平面投影是三个矩形，其中两个小矩形分别是三棱柱前、后两个侧面 ABB_1A_1 和 ACC_1A_1 的投影（类似性），最大的矩形则是三棱柱侧面 BCC_1B_1 的真实投影；其正面投影是矩形，是三棱柱前、后侧面侧面 ABB_1A_1 和 ACC_1A_1 的投影（类似性）。

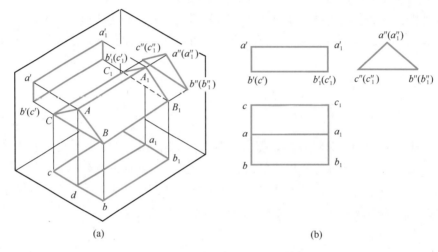

(a)   (b)

图 3-2　直三棱柱投影的形成和投影图
（a）直三棱柱投影的形成；（b）投影图

由此可见，按工作状态摆放的直三棱柱的三个投影中，一个投影为三角形，另外两个投影为矩形。

同样作出坡屋顶房屋（直五棱柱）的三面正投影，如图 3-3 所示。

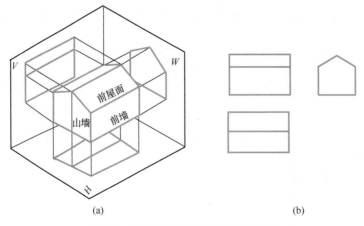

(a)   (b)

图 3-3　直五棱柱投影的形成和投影图
（a）直五棱柱投影的形成；（b）投影图

综上所述，可得出直棱柱的投影规律：棱柱的一个投影为多边形，另两个投影为矩形；反之当一个形体的三面投影中有一个为多边形，另两个投影为矩形时，可以判定该形体为直棱柱，从多边形的边数可以读出直棱柱的棱数。

（2）棱锥

由一个多边形平面和多个有公共顶点的三角形平面所围成的几何体称为棱锥，如图 3-4 所示为三棱锥。多边形是棱锥的底面，各三角形是棱锥的侧面。如果棱锥的底面是正多边形而且顶点与正多边形底面的中心的连线垂直于该底面，这样的棱锥为正棱锥。根据底面的边数，棱锥有三棱锥、四棱锥和五棱锥等，本教材主要研究正棱锥。

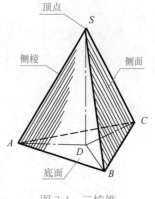

图 3-4 三棱锥

如图 3-5 所示的正五棱锥，按工作状态将其放置于三面投影体系中，正五棱锥底面为五边形，侧面为五个相同的等腰三角形，通过顶点向底面作垂线，垂足在底面正五边形的中心。正五棱锥的三个投影图中，一个投影为正五边形，内部的五个等腰三角形，三角形的腰是棱线的投影，另两个投影是分别有公共顶点的若干个三角形。

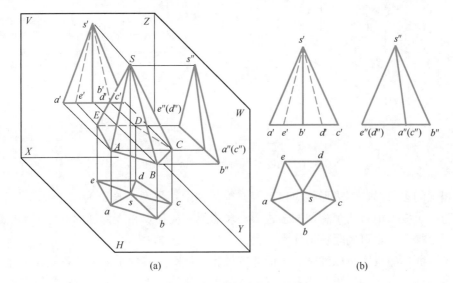

(a)　　　　　　　　　　　　　　(b)

图 3-5 正五棱锥投影的形成和投影图

(a) 正五棱锥投影的形成；(b) 投影图

综上所述，可得出棱锥的投影规律：一个投影外轮廓为多边形，内部包含以该多边形各边为底边且有公共顶点的三角形；另外两个投影是有公共顶点的三角形；反之，当一个形体的三个投影中，其中一个投影的外轮廓是多边形，且内部是以该多边形各边为底的三角形，另两个投影是有公共顶点的三角形，则可以判断该形体是棱锥，多边形的边数是正棱锥的棱数。

（3）棱台

用平行于棱锥底面的平面切割棱锥，底面和截面之间的部分称为棱台，如图 3-6 所

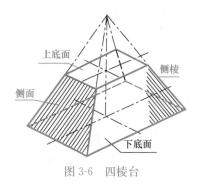

图 3-6　四棱台

示。由三棱锥、四棱锥、五棱锥等切得的棱台，分别称为三棱台、四棱台、五棱台……，当棱锥为正棱锥时，截取的棱台即为正棱台，本教材主要研究正棱台投影。

以图 3-7 所示的正四棱台，按工作状态将其放置于三面投影体系中。四棱台的一个投影中有两个相似的四边形，将四边形相应的顶点相连，构成四个梯形。另外两个投影为等腰梯形。

综上所述，可得出正棱台的投影规律：一个投影中

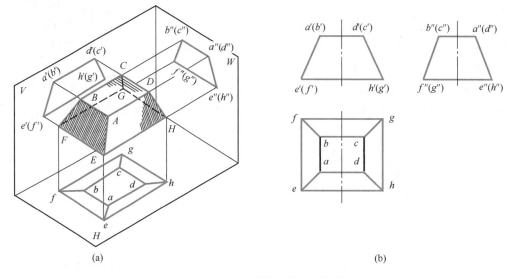

(a)　　　　　　　　　　　　　　　　　　(b)

图 3-7　正四棱台投影的形成和投影图
(a) 正四棱台投影的形成；(b) 投影图

有两个相似的多边形，多边形相应顶点相连构成梯形，另两个投影为一个或若干个梯形。反之，若一个投影中有两个相似的多边形，多边形相应顶点相连为梯形，另两个投影为一个或若干个梯形，则可判断该形体为棱台。

通过平面体的投影可以发现，平面体的投影实质上是围成平面体的各侧面和底面的投影，而各侧面和底面的投影是用各棱线的投影来表达的。因此平面体的投影特点是：

1）平面体的投影，实质上是点、直线和平面投影的集合。

2）投影图中的线条，可能是直线的投影，也可能是平面的积聚投影。

3）投影图中线段的交点，可能是点的投影，也可能是直线的积聚投影。

4）投影图中任何一封闭的线框都表示形体上某平面的投影。

向某投影面作平面体投影时，凡看得见的直线用实线表示，看不见的直线用虚线表示。在一般情况下，当平面的所有边线都看得见时，该平面才看得见。

2. 曲面体的投影

常见的曲面体有圆柱、圆锥、圆台和球体等。

（1）圆柱

直线 AA_1 绕着与它平行的直线 OO_1 旋转所形成的轨迹为圆柱面，当圆柱面被两个相互平行且垂直于轴线的平面截断，截断面为圆面，圆面与圆柱面围合形成正圆柱体，如图 3-8 所示。直线 AA_1 称为母线，母线在曲面上任一位置的轨迹称为素线，圆柱面是所有素线的集合，圆柱面的所有素线都与轴线平行且等距。两圆面称为圆柱的顶面（底面），顶面与底面之间的距离为圆柱体的高。

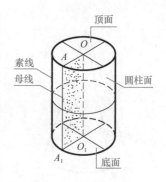

图 3-8　圆柱的形成

作如图 3-9（a）所示圆柱体的投影。按工作状态将圆柱放置于三面投影体系中。圆柱的圆面平行于 H 面，圆柱面上所有素线都垂直于 H 面，在水平投影面上的投影积聚成点，这些点集合而成的圆周为圆柱面的水平投影。圆柱的正面投影为矩形，最左、最右轮廓线是圆柱面上最左、最右素线的投影。这两条素线也是圆柱面前、后两半部分的分界线，投影时，圆柱面前半部分和后半部分重合，前半部分可见，后半部分不可见。圆柱面的侧面投影也为矩形，最前、最后轮廓线是圆柱面上最前、最后素线的投影，投影时，圆柱面左半部分和右半部分重合，左半部分可见，右半部分不可见。

需要注意的是：画圆柱投影图时，根据投影的"三等关系"先用细单点长画线作出圆柱轴线的投影及圆柱水平投影圆的中心线，然后再根据中心线的位置和圆柱轴线的投影作出圆柱面的水平投影、正面投影和侧面投影，如图 3-9（b）所示。

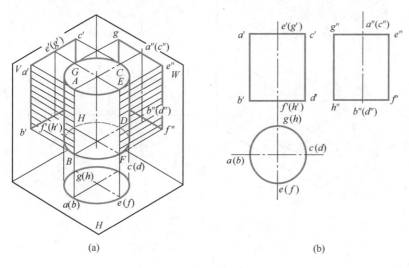

(a)　　　　　　　　　　　　　　(b)

图 3-9　圆柱投影的形成和投影图
(a) 圆柱投影的形成；(b) 投影图

综上所述，可得出圆柱的投影规律：一个投影是圆，另外两个投影是全等的矩形。

（2）圆锥

直线 SA 绕与其相交的另一铅锤线 SO 旋转，所得的轨迹是为圆锥面，圆锥面被水平面截断形成圆面，圆面与圆锥面围合形成圆锥体，如图3-10 所示。直线 SA 为母线，圆锥面可看成是素线的集合，所有素线相交于一点并与轴线 SO 保持固定的角度。S 为圆锥体的顶点，圆面为圆锥体的底面，顶点 S 到底面的距离为圆锥体的高。

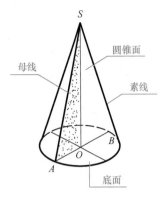

图 3-10　圆锥的形成

作如图 3-11（a）所示圆锥体的投影，按工作状态把圆锥放置于三面投影体系中，该圆锥底面平行于水平投影面，其水平投影反映底面圆的实形，圆心为圆锥顶点的投影。正面投影是一等腰三角形，三角形的两个腰是圆锥面最左、最右素线的投影，最左、最右素线也是圆锥面前、后两部分的分界线，圆锥面的前半部分与后半部分重合，前半部分可见，后半部分不可见。圆锥面的侧面投影也为等腰三角形，三角形的两个腰是圆锥面上最前、最后素线的投影，圆锥面左半部分和右半部分重合，左半部分可见，右半部分不可见。

作圆锥面投影与圆柱面的投影相同，根据投影的"三等关系"先作出中心线和轴线的投影，再作其三面投影，如图 3-11（b）所示。

综上所述，可得出圆锥体的投影规律：一个投影是圆，另外两个投影是全等的等腰三角形。

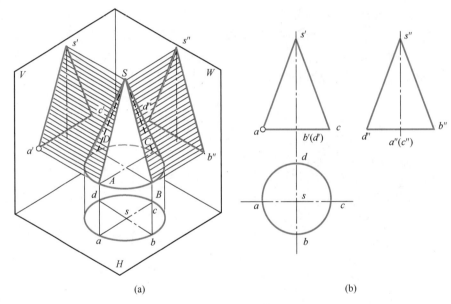

(a)　　　　　　　　　　　　(b)

图 3-11　圆锥投影的形成和投影图

(a) 圆锥投影的形成；(b) 投影图

（3）圆台

圆台可看作是将圆锥用平行于底面的平面切割后，去掉顶部的剩余的部分，截面和底面之间的距离为圆台的高，如图 3-12（a）所示。将圆台底圆平行于水平投影面，其投影如图 3-12（b）所示。

综上所述，可得出圆台投影的规律：一个投影反映的是上下底圆的同心圆，另外两个投影是全等的等腰梯形。

（4）球体

圆周曲线以其直径为轴旋转，所形成的轨迹为球面，如图 3-13 所示。该圆周为母线，母线在球面上任一位置时的轨迹称为球面的素线，球面所围成的立体称为球体。

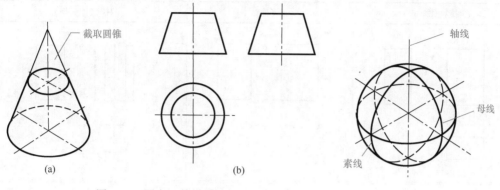

图 3-12　圆台及其投影图
(a) 圆台的形成；(b) 圆台投影图

图 3-13　球体的形成

如图 3-14 (a) 所示，球体在三投影面体系中，假设 A 圆是将球体分为上、下两半的素线，B 圆是将球体分为前、后两半的素线，C 圆是将球体分为左、右两半的素线。球体的三面投影为三个直径相等的圆。其中水平投影为 A 圆，B 圆和 C 圆的水平积聚为平行于 X 轴和平行于 Y 轴的直径，另两面的投影类同，如图 3-14 (b) 所示。

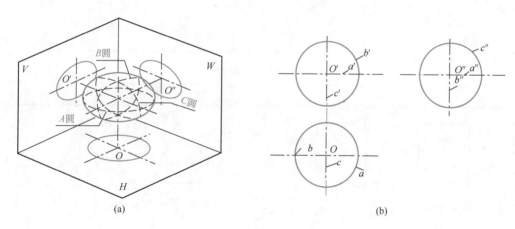

图 3-14　球体投影的形成和投影图
(a) 球体投影的形成；(b) 投影图

综上所述，可得出球体投影的规律：三个投影是全等的圆。

3. 基本体的尺寸标注

(1) 平面体的尺寸标注

平面体只要标出它的长、宽、高的尺寸，就可以确定基本体的大小。

尺寸标注在反映实形的投影上尽可能集中标注在 H 面、V 面两个投影图右侧，必要时才标注在投影图的上方和左侧。一个尺寸只需标注一次，尽量避免重复。正多边形的大小可标注其外接圆的直径尺寸。平面体的尺寸标注见表 3-1。

(2) 曲面体的尺寸标注

曲面体的尺寸标注和平面体相同，只需注出曲面体圆的直径和高即可，见表 3-2。

平面体的尺寸标注 表 3-1

四棱柱体（正）	三棱柱体	四棱柱体（斜）

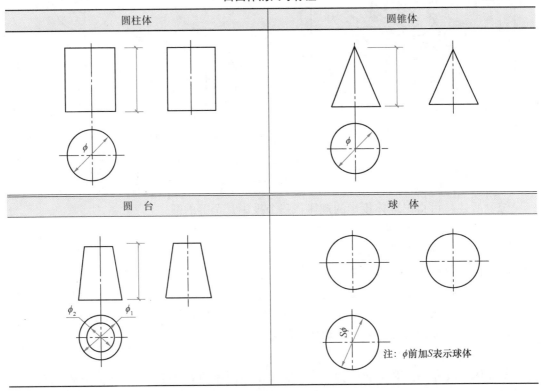

曲面体的尺寸标注 表 3-2

注：ϕ 前加 S 表示球体

4. 基本体表面上点和线的投影

(1) 平面体表面上点和直线的投影

平面体表面上点和直线的投影实质上是平面上的点和直线的投影，不同之处是平面体表面上的点和直线的投影存在着可见性的判断问题。

1) 三棱柱表面上点和直线的投影

如图 3-15 所示的三棱柱，线段 MN 在侧面 $ABED$ 上，作出三棱柱投影并标出线段 MN 的 H 面和 W 面投影。

分析：要作出线段 MN 的三面投影，只要作出端点 M 和 N 的三个投影，再将其同名投影连起来即可。点 M、N 在平面 $ABED$ 上，平面 $ABED$ 在 H 面上的投影积聚成一条斜线，因此点 M、N 也落在该斜线上，即 MN 的 H 面投影为斜线中的一段 mn。利用"三等关系"可求出点 M、N 的 W 面投影 m''、n''，连接点 m''、n'' 即为 MN 的 W 面投影。由于平面 $ABED$ 的 W 面投影与 $ACFD$ 的 W 面投影重合，且被遮挡，所以平面 $ABED$ 为不可见平面，故 $m''n''$ 也不可见，用虚线表示。

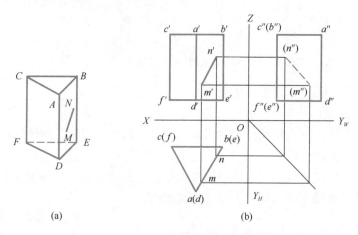

图 3-15　三棱柱表面的点和直线

(a) 直观图；(b) 投影图

2) 棱锥表面上的点和直线

如图 3-16 所示正三棱锥，线段 MN 在侧面 SBC 上，作三棱锥 $SABC$ 的投影并标出 D、E 投影和线段 MN 的投影。

分析：点 D 在侧棱 SA 上，其投影一定在 SA 的对应投影上。棱 SA 为一般位置直线，其三个投影既不积聚，也不反映实长，可直接根据"三等关系"在棱 SA 的投影上作出点 D 的三个投影。

点 E 在侧面 SAB 上，必在面 SAB 上的一条直线上。为作图方便，在平面 SAB 上过点 S、E 作一辅助线与 AB 交于 K 点，则点 E 成为 SK 线上的一点。先做出 SK 的三面投影 sk、$s'k'$、$s''k''$，再将点 E 的三面投影作在 SK 的三面投影上。

由于侧棱 SA 与平面 SAB 的三个投影都可见，因此点 D 和点 E 的三个投影也可见。

线段 MN 在平面 SBC 上，先做出点 M 和点 N 的三面投影，再将同面投影连起来即可。点 M 的投影与点 D 的投影作图方法相同，点 N 的投影与点 E 的投影作图方法相同。由于平面 SBC 的侧面投影不可见，因此点 N 的侧面投影也不可见，应加括号。同样，

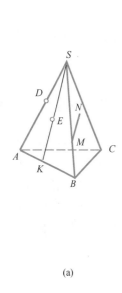

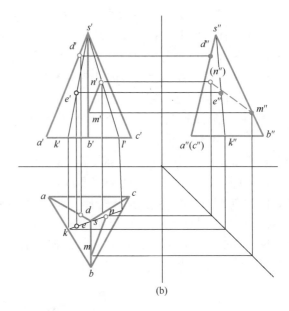

图 3-16　三棱锥表面的点和直线

（a）直观图；（b）投影图

MN 的侧面投影也不可见，用虚线表示。

（2）曲面体表面上的点和直线

曲面体表面上的点分为特殊位置的点和其他位置的点。圆柱、圆锥的特殊位置的点位于曲面体的最前、最后、最左、最右、底边上；球体的特殊位置的点位于平行于三个投影面的最大圆周上。特殊位置点可直接利用线上作点的方法求得；其他位置的点可利用曲面体投影的积聚性、辅助素线法和辅助纬圆方法求得。

1）圆柱体表面上点的投影

如图 3-17 所示，作圆柱体表面上的点 M、点 N 的投影。

分析：点 M 在圆柱的最左素线上，则点 M 的三面投影应分别在该素线的同名投影上。最左素线的水平投影积聚为一点，则 M 的水平投影为圆柱水平投影的最左点，M 点的正面投影在圆柱正面投影的最左轮廓线上，M 点侧面投影在圆柱侧面投影的中心线上。

点 N 在圆柱面的右前方。因为圆柱面是所有素线的集合，故过点 N

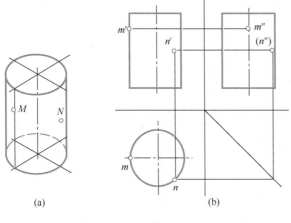

图 3-17　圆柱体表面的点

（a）直观图；（b）投影图

作平行于轴线的直线，该直线为圆柱体的素线，作出该素线的投影，则点 N 按直线上求点的方法可得。由于点 N 在圆柱体的右前方，因此点 N 侧面投影不可见。

2）圆柱体表面上线的投影

作曲面体表面上线的投影时，应先分析线的空间形状。当线与圆柱、圆锥体上的素线重合时，则曲面体表面上线为直线，反之曲面体表面上线则为曲线。直线的投影根据素线的投影原理作出，作曲线的投影时，一般采用近似作图方法，即在该曲线上作几个点（至少三个点）的投影，再用光滑的曲线将这些点连起来，并判别可见性。

【例 3-1】如图 3-18（a）所示，已知圆柱体上两线段 AB 和 KL 的某一个面的投影，完成线段 AB 和线段 KL 另两个投影。

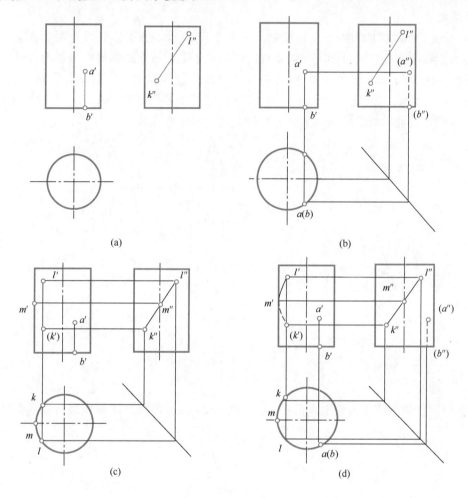

图 3-18　圆柱体表面上的线段

（a）已知条件；（b）作 AB 的投影；（c）作 KML 的正面投影；（d）用光滑曲线连接

(k′) m′ l′ 并判别可见性

解：① 从图中看出 AB 为圆柱体上一般素线的一部分，所以 AB 是直线段，其水平投影积聚在圆周的前半部分，将 A、B 两点的侧面投影 a″、b″ 作出，由于 A、B 两点位于圆柱体的右前方，因此 a″、b″ 不可见，用虚线将 a″、b″ 连起来，如图 3-18（b）所示。

② 由于 KL 不与素线重合，因此 KL 为曲线，为了作图准确，在 k″l″ 上再取一点 m″，m″ 在最左素线上，是 KL 正面投影的转折点，曲线段 KML 水平投影和正面投影可直接作出。由于圆柱的水平投影积聚成圆周，过 k″、l″ 作 OY 轴垂线与圆周左半部分的交点为 k、

l，由 k''、l''、k、l 作其正面投影 k'、l'，如图 3-18（c）所示。

③ 由于 K 在圆柱的后半部分，所以 k' 不可见，用光滑的曲线将（k'）$m'l'$ 连起来。注意：（k'）m' 在圆柱体后半部分，用虚线连接，$m'l'$ 在前半部分用实线连接。KL 线段的水平投影与圆柱面水平投影重合，如图 3-18（d）所示。

3）圆锥体表面上的点和线的投影

作圆锥体表面上线的投影可通过先作点的投影作出。作圆锥体表面上点的投影有素线法和纬圆法。

① 素线法作圆锥体表面上点的投影。如图 3-19 所示，圆锥体表面上两点 M、N，N 点在最右素线上，其三面投影应在该素线的同面投影上，该素线的侧面投影不可见，所以点 N 的侧面投影 n'' 应加括号。点 M 在左前方一般位置素线上。作图时，先做出过 M 点的素线 SA，将 SA 的三个投影做出，再将 M 点的三个投影作于 SA 的三个投影上即可。这种用素线作为辅助线求圆锥体表面上点的方法，叫作素线法。

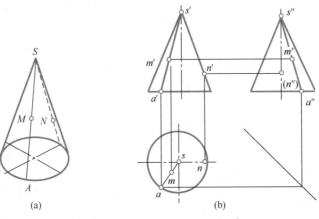

图 3-19　素线法作圆锥体表面上点的投影

（a）直观图；（b）作点的投影

② 纬圆法作圆锥体表面上点的投影。如图 3-20 所示，圆锥体母线绕着轴线旋转，母

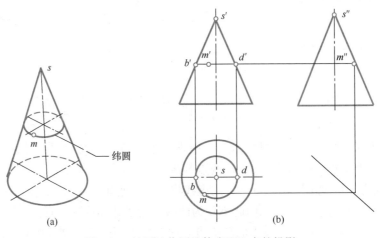

图 3-20　纬圆法作圆锥体表面上点的投影

（a）直观图；（b）作点的投影

线上任一点都随着母线转动，其转动的轨迹是垂直于圆锥体轴线的圆，这个圆叫作纬圆。纬圆水平投影是圆锥水平投影的同心圆，正面投影和侧面投影是平行于 OX 轴和 OY 轴的线，线长是纬圆的直径。当已知 M 的正面投影求其他两个投影时，可过 m' 作平行于 OX 轴的线与圆锥左、右轮廓线交于 b'，d'，$b'd'$ 即为过 M 点的纬圆的正面投影。以 $b'd'$ 为直径，以 S 为圆心在圆锥水平投影中作圆，即为辅助圆（纬圆）的水平投影。过 m' 作 OX 轴的垂线交纬圆水平投影于 m，再利用点的投影规律作出点的侧面投影 m''。这种利用纬圆为辅助线作回转体曲表面上点的方法叫作纬圆法。

【例 3-2】 如图 3-21 所示，已知圆锥体表面上的线段 AB 的正面投影，请用素线法作线段 AB 的水平投影和侧面投影。

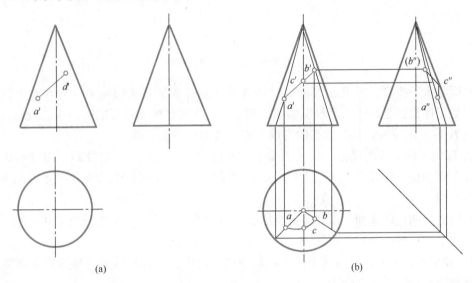

图 3-21 素线法作圆锥体表面上线的投影

（a）已知条件；（b）作线的投影

解： 1）线 AB 不与圆锥体的素线重合，是曲线段。因此在 AB 线段上另取一点 C，将 C 取在最前素线上，这样点 C 也是线段 AB 侧面投影的转折点。

2）点 C 在最前素线上，先作其侧面投影 C''，再由侧面投影作水平投影 C。点 B 在圆锥体右前侧面上，点 A 在圆锥体左前侧面上，它们均不在特殊素线上，用素线法作出其侧面投影 b''、a'' 和水平投影 b、a。

3）用光滑的曲线将 A、B、C 三点的同面投影连起来。注意，BC 线段的侧面投影不可见，用虚线连接。

4）球体表面上点和线的投影

由于球体的素线为曲线，其表面上点和线的投影只能利用纬圆法求得。

① 球体表面上点的投影。如图 3-22 所示，用纬圆法作球体表面上点 M、N、K 的投影。

点 M 在平行于水平投影面的最大圆周上，也在球体的最前一点，所以其水平投影和侧面投影都在球体水平投影和侧面投影的最前方。

点 N 在球体水平投影平行于 OX 轴的中心线上，该中心线是球体上平行于正立面的

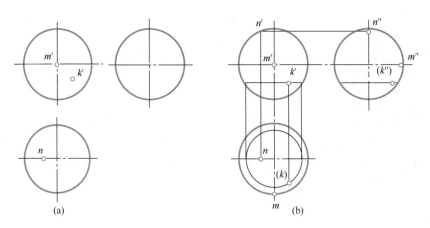

图 3-22　球体表面上点的投影

(a) 已知条件；(b) 作点的投影

最大圆周的水平投影，所以点 N 在球体上平行于正立面的最大圆周上（并在左上位置），该圆周的正面投影是球体正面投影的圆，侧面投影在球体侧面投影的竖向中心线位置上。

点 K 在一般位置，且为球面的右前下方，可用纬圆法求得。

② 球体表面上线的投影。球体表面上线的投影一定是曲线，其投影采用近似作图方法，即在该曲线上作几个点（至少三个点）的投影，再用光滑的曲线将这些点连起来，并判别可见性。

从以上作曲面体表面上点和线的投影方法可以看出，作图时应先分析点和线段所在曲面体表面上的位置后，再进行作图，并应注意以下几点：

1）如果点在曲面体的特殊素线上，如圆柱、圆锥、圆台的四条特殊素线和球体上三个特殊圆周，则按线上点作图。

2）如果点不在特殊素线上，则应用积聚性法（圆柱）、素线法（圆锥）、纬圆法（圆锥、圆台和球体）作图。

3）作曲面体表面上线的投影可归于先作该线两端点和中间某点的投影，将同面投影用光滑曲线连起来，并判别可见性。

3.2　建筑形体的投影

1. 建筑形体的组合方式

观察我们所见到的建筑物，大多是由棱柱、棱锥、圆柱、圆锥、球体等基本体组合而成的，属于组合形体，简称组合体。组合体的形成方式有叠加式、切割式和综合式三类。

（1）叠加式组合

叠加式组合是将基本体重叠摆放在一起的组合方式。建筑形体通过叠加式组合后，基本体相邻面之间的关系有叠合、相切、相交、错位四种，如图 3-23 所示。

1）叠合

叠合是指两基本体的相邻面相互重合，连成一个共同的表面。如图 3-23 (a) 所示的

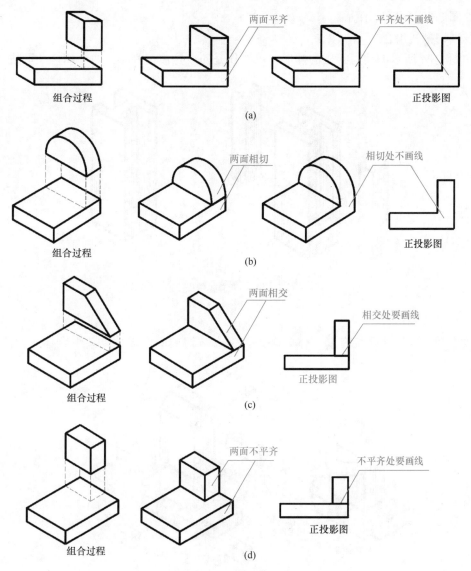

图 3-23　叠加式组合
（a）叠合；（b）相切；（c）相交；（d）错位

组合体，由两个四棱柱叠合而成，它们在连接处是共面关系，而不存在分界线。因此在画它的投影图时不再画他们的分界线，即齐平处不画线。

2）相切

相切是指两基本体的相邻面光滑过渡，形成相切组合。由于相切的地方没有分界线。因此在画投影图时，基本体相切处的不用画出，如图 3-23（b）所示。

3）相交

相交是指两基本体的相邻面相交，交线是它们的分界线。因此在画投影时，应该画出它们的交线，即分界线，如图 3-23（c）所示。

4）错位

错位是指两基本体相邻面的空间位置相互错开、不平齐，不平齐处的分界线应该画出，如图 3-23（d）所示。

（2）切割式组合

如图 3-24 所示的某写字楼的外形，可看作是四棱柱被切割移去两个四棱柱形成的。

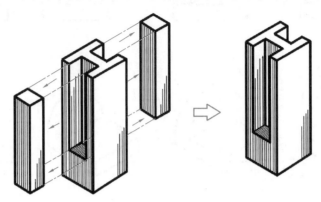

图 3-24　切割式组合

（3）综合式组合

大多数建筑形体是既有基本体的叠加，又有被切割所形成的复杂组合体，如图 3-25 所示。

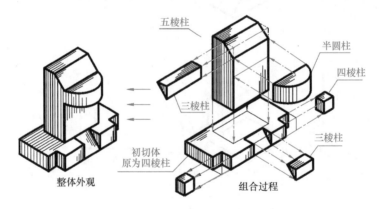

整体外观　　　　　　　　　　　　　　　组合过程

图 3-25　综合式组合

组合体投影演示

2. 建筑形体投影图的画法

（1）形体分析

画建筑形体的投影图时，首先要对形体进行分析，分析构成建筑形体的基本形体，分析各基本形体的组合方式，分析基本体相互之间的位置关系。

如图 3-26 所示为一房屋的形成过程，该建筑形体采用叠加式组合，叠加单元有屋顶、墙身、烟囱和烟囱一侧的小屋。屋顶是三棱柱，烟囱和墙身是长方体，小屋是带斜面的长方体。烟囱、小屋位于

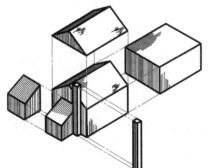

图 3-26　建筑形体的组合分析

房屋主体的左侧，它们的底面都位于同一水平面上。

（2）确定建筑形体的安放位置

作建筑形体的投影图前，应先正确地确定建筑形体的安放位置，安放位置的原则是：符合建筑形体的工作状态，并且让某一方向的投影图具有代表性、清晰、容易识读及能够完整地反映出形体特征。确定建筑形体的安放位置时应注意下列问题：

1）布图要合理

将最能反映建筑形体特征的一面作为正面投影的投影方向，并使之与投影面平行。如图 3-27 所示的建筑出入口形体，一般将能够反映建筑物形象特征的大门与正面平行。

2）符合工作状况

如图 3-28 所示台阶的放置位置，踏步板从大到小，按由下而上的顺序叠放，其箭头方向为正面投影方向，与通行时看到的方向一致，符合生活中使用台阶的情况。

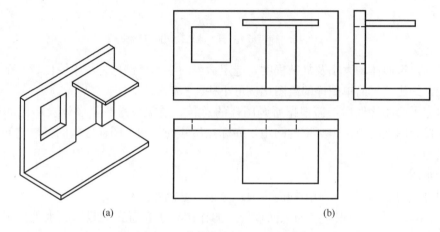

图 3-27　建筑主要出入口布图分析

（a）直观图；（b）合理的布图方式

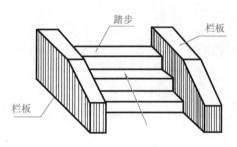

图 3-28　台阶的放置位置

3）放置要平稳

作投影图时，要先让形体稳定下来，才能作出形体对应的投影图。否则作一个处于运动中的形体的图样是没有意义的。建筑形体一般是稳定的，也是固定不变的。

4）投影图中尽量避免虚线，或少出现虚线。

（3）确定建筑形体的投影图数量

在确定组合体的投影图数量时应满足：配合特征投影图，在完整、清晰地表达形体形状的前提下，使投影图的数量尽量减少。

如图 3-29（a）所示台阶的三面投影图，在侧面投影图中可以清楚地反映出台阶的形状特征，所以在表达该组合体的投影图时，至少应该有正面投影图与侧面投影图，两者结合才能完整地表达该台阶的特征。如图 3-29（b）所示的水塔两面投影图，因水塔的正面投影和侧面投影完全相同，故只需画出两面投影。

（4）选择合适的比例和图幅

51

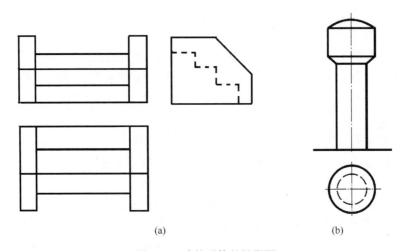

图 3-29　建筑形体的投影图

(a) 台阶三面投影图；(b) 水塔的两面投影图

应根据建筑形体的大小及复杂程度，选定适当的绘图比例。一般来说比较复杂的图样应选择较大的比例，简单图样的绘图比例可小些。

在确定了绘图比例后，需根据所画图样的总长、总宽、总高，设计投影图的布置位置，保证投影图之间应留出必要的间距，如标注尺寸的空间、图样之间的分隔空间等，并选择适当的图幅。

（5）布图

布图时应根据图幅尺寸和图样内容通盘考虑，并满足下列要求：

1）根据投影作图习惯，按照三面正投影的作图要求布置正面投影、水平投影和侧面投影。

2）图样布置要均匀，图与图、图与图框线之间留出合理的空隙。

3）图面疏密有致、整体均衡、结构合理。

（6）画正式图

以画铅笔图为例，一般按照画底图→校核→加深图线→复核等步骤进行。

① 画底图

按设计好的图样位置，画出各形体投影图的底图。画底图时应注意：

A. 按照先主后次，先大后小，先画外面轮廓，后画细部；先画实体，后画孔、槽的顺序来绘制。

B. 所用的图线不分线型，全部为细实线，应以细、淡为宜。

② 校核

校核完成后的底图，对照形体仔细检查，如有错误，及时改正。

③ 加深图线

当底稿无误后，按照先细后粗，水平线从上到下，垂直线从左到右的顺序根据制图规定对图线加深、加粗。期间尽量一次完成，避免反复修改。

④ 复核

最后用形体分析法想象空间形体的形状，看投影图与实际给出的形体是否相符合，如果有错误，应立即改正。

3. 建筑形体投影图的尺寸标注

建筑形体三面投影图虽然能够清楚地表达出形体的形状和各部分的相互关系，但未确定图样的大小，还不能用于指导预算、施工等工作。建筑形体三面投影图中还需标注尺寸，准确表示形体的大小和各部分的准确位置。

（1）建筑形体尺寸的组成

建筑形体投影图上所标注的尺寸包括：定形尺寸、定位尺寸和总尺寸，如图 3-30 所示。

1）定形尺寸

定形尺寸是确定形体的各组成部分大小的尺寸，通常包括长、宽、高三项尺寸。由于建筑形体是由多个基本体组合而成的，因此，定形尺寸的标注应以基本体的尺寸标注为基础。

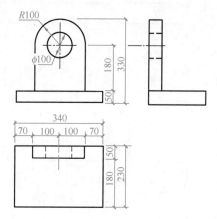

图 3-30　建筑形体的尺寸标注

图 3-30 所示的形体，水平投影图中的尺寸 340、230 和正面投影图中的 50 均是底座的定型尺寸，分别确定了底座的长、宽和高。上部挖空的小圆柱，正面投影显示直径 100、水平面投影显示宽 50，这两个定形尺寸将空洞这个基本体的大小准确表达清楚了。

2）定位尺寸

定位尺寸是确定组合体各部分相对位置的尺寸。标注定位尺寸要有基准，通常把形体的底面、侧面、对称轴线、中心轴线等作为尺寸的基准。

图 3-30 所示形体，上半部分位于底座上面，据此可确定出上半部分形体与底座的上下位置关系；上半部分后面与底座后面平齐，前面距底座最前面 180，据此可确定出上半部分形体与底座的前后位置关系；水平投影图中的 70 标注出了上半部分形体与底座的左右位置关系。因此，水平投影图中的 180、70 均为该形体上半部分的定位尺寸。

3）总尺寸

总尺寸表达的是建筑形体的总长、总宽和总高尺寸，一般标注在图形的最外侧。

如图 3-30 所示，水平投影图中的 340、230 和正面投影图中的 330 即为该建筑形体的总尺寸。

（2）建筑形体尺寸的标注方法

建筑形体尺寸一般应标注在图形外侧，以免影响图形清晰。尺寸排列要注意大尺寸在外、小尺寸在内，并在不出现尺寸重复的前提下，使尺寸构成封闭的尺寸链。反映某一形体的尺寸，最好集中标在反映这一基本形体特征轮廓的投影图上。两投影图相关的尺寸，应尽量注在两图之间，以便对照识读。尽量不在虚线图形上标注尺寸。以图 3-31 所示肋式杯形基础三面投影为例，说明建筑形体投影图尺寸的标注方法。

1）形体分析

分析建筑形体的组成部分、组合方式及其位置关系。该肋式杯形基础由下部底板（四棱柱）、上部中间杯口（杯口中间为挖去四棱锥的四棱柱）、杯口的前后各两个肋板（四棱柱）和左右各一个肋板组成。

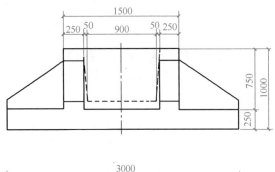
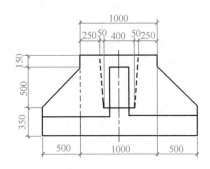
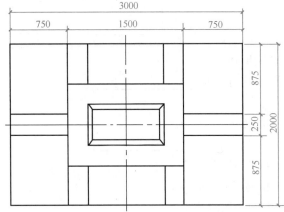

图 3-31　肋式杯形基础的尺寸标注

2）标注细部尺寸

细部尺寸包括定型尺寸和定位尺寸，应靠近图样依次标注。如图 3-31 所示的水平投影图中，从左向右的细部尺寸分别是：750（左侧肋板的定型尺寸）、250（左侧肋板的定形尺寸）、50（中间杯口杯壁斜面长度）、900（杯口底面长度）、50（中间杯口杯壁斜面长度）、250（右侧肋板的定形尺寸）、750（右侧肋板的定位尺寸）。其他细部尺寸类同，不再重复。

3）标注总尺寸

该肋式杯形组合体的总长 3000，标注在水平投影和正面投影之间；总宽 2000，标注在侧面投影；总高 1000，标注在正面投影和侧面投影之间。

4）检查全图，看尺寸标注是否准确、齐全、合理。

（3）标注建筑形体尺寸应注意事项

1）尺寸一般应布置在图形外，但又要靠近被标注的形体，以免影响图形清晰，还要方便对照识读。

2）尺寸排列要注意大尺寸在外、小尺寸在内，并在不出现尺寸重复的前提下，使尺寸构成封闭的尺寸链。

3）反映某一形体的尺寸，最好集中标注在反映这一形体特征轮廓的投影图上。

4）将与两投影图相关的尺寸尽量标注在两图之间，以便对照识读。

5）尽量避免在虚线图形上标注尺寸。

6）某些局部尺寸允许注写在图样轮廓线内，但任何图线不得穿越尺寸数字。

7）尺寸标注要齐全，即所标注的尺寸完整、不遗漏、不多余、不重复。

4. 建筑形体投影图的识读

识读建筑形体投影图是根据形体投影图，想象出形体的空间形状，即从图到物的过程，是工程技术人员必须具备的基本技能。由于建筑形体投影图中的每一个投影图，只能表达出形体长、宽、高三个方向尺寸中的两个，所以识读图样时，要对三个投影图整体识读，利用正投影的"三等"关系，根据点、线、面和基本体的投影规律，想象出形体的空间形状。

（1）建筑形体投影图的识读方法

1）联系各个投影想象

建筑形体需通过三面投影图才能唯一确定下来，所以读图时要把所给的几个投影图联系起来，想象空间形状，不能只识读其中一个或两个。如图 3-32 所示，若只把视线注意在 V 面、H 面投影图上，则至少可得出右下方所列的三个答案，甚至更多，因此需要和侧面投影联系起来，才能有唯一确定形体。

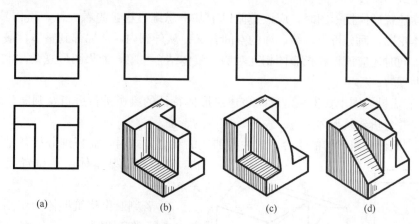

图 3-32　联系各个投影识读建筑形体投影
（a）形体的 V 面、H 面投影；（b）、（c）、（d）形体与对应的 W 面投影

2）找出特征投影图

投影图中的特征投影图一般能够比较直观地反映出形体或形体局部的空间形状，然后根据其在形体中的位置进行全面分析。如图 3-32 中的侧面投影即为三个形体对应的特征投影。

3）明确投影图中直线和线框的意义

知晓投影图中点、直线和线框的含义：投影图中的点可能表示形体上线的积聚投影，也可能表示形体上棱线的交点；投影图中的线可能表示形体上具有积聚性的一个面，也可能表示两个面的交线或者曲面的轮廓素线；投影图中的线框可能表示一个平面，也可能表示一个曲面，还可能表示一个孔。

4）注意投影图中虚线的含义

投影图中虚线具有和投影图中直线相同的含义，但它一定是被它前面、左侧或上方的形体所遮挡。如图 3-33 中柱顶的投影，大梁底部的梁托，在水平投影中，梁托是不可见的，因此用虚线表示。

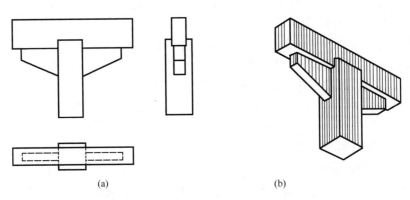

图 3-33　柱顶构造

(a) 三面投影图；(b) 直观图

(2) 建筑形体投影图的识读步骤

在识读建筑形体投影图时，应该遵循以下基本思维过程：先看大概，再作具体分析；先分析形体轮廓，后分析点、线、面的空间含义；从外到内，从局部到整体，最后想象出真实形体。同时还应该将各投影图相互对照，整体结合想象，如果图形复杂，也可以借助直观图帮助理解。

1) 从三面投影图中找出最能反映该建筑形体特征的投影进行分析，判断建筑形体的组合方式，并分析建筑形体上方、左方、前方的特征。

2) 若判断出建筑形体的组合方式为叠加式的组合方式时，需仔细分析各基本体的形状，注意每个基本体所在位置及表面连接关系。

3) 若判断出建筑形体为切割式的组合方式或局部有切割时，需仔细分析三个投影图中对应的点、线、面的空间意义。对于难以想象的局部，可在投影图中作出标记，反复推敲，攻克难关。

4) 综合想象建筑形体的整体形状。

5. 补绘建筑形体投影图

补绘建筑形体投影图包括补图和补线。补图是根据已知建筑形体的两个投影，想象出形体的空间形状，然后补绘出它的第三面投影图（又叫知二求三）。补线是根据不完整的、有缺陷的三面投影图，想象出形体的空间形状，然后补全它的三面投影图。

(1) 补绘第三面投影图

如图 3-34 (a) 所示为相交的同坡屋顶建筑的正面投影和水平投影，要求补绘其

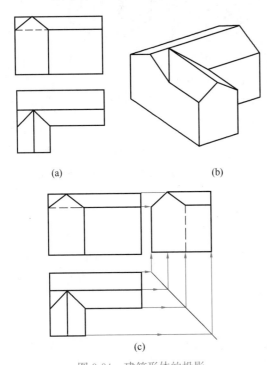

图 3-34　建筑形体的投影

(a) 两面投影图；(b) 直观图；(c) 补绘第三面投影

第三面投影图。其绘图步骤如下：

1）根据该形体在长度方向的对应关系，观察正面投影和水平投影，想象形体空间形状，初步判断为相交的同坡屋顶建筑，如图 3-34（b）所示。

2）根据投影图之间的对应关系，以正面投影为基准，按"高平齐"确定形体侧面投影中屋脊、檐口、地面的位置；再以水平投影为基准，按照"宽相等"确定形体侧面投影中从后至前各部分的位置。

3）想象该形体的局部细节，突破难点，核定图线的起止位置。

4）擦除多余的线，检查并加深图线，如图 3-34（c）所示。

（2）补全投影图中所缺的图线

如图 3-35（a）所示为挡土墙不完整的三面投影图，要求补全投影图中所缺的图线。其绘图步骤如下：

1）观察给出的投影图并进行分析，根据"三等关系"找出该形体空间大致对应的三个组成部分，如图 3-35（b）所示。

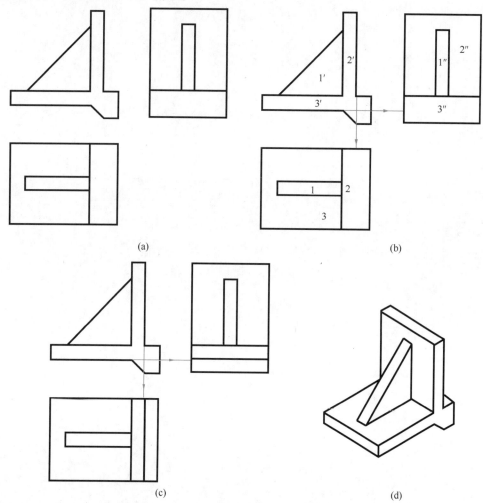

图 3-35　补绘建筑形体投影图上所缺的线

（a）需补线的投影图；（b）图样分析；（c）尝试补线；（d）直观图

2）根据"三等关系"找出投影图对应位置缺少的图线，并尝试着补绘出来，如图 3-35（c)所示。

3）想象形体空间形状，如图 3-35（d）所示。

4）根据直观图观察补线后的投影图，检查无误后，加深图线，完成补绘。

4 轴测投影与建筑图样的其他画法

知识目标：通过学习，了解轴测投影的形成方法和建筑图样其他画法，熟悉轴测投影的类型，掌握正等测图的画法和识读其他画法绘制的建筑图样的方法。

能力目标：通过技能训练，能够识读轴测图和其他画法绘制的建筑图样，会借助轴测图提高空间想象能力。

4.1 轴 测 投 影

用正投影法绘制的多面正投影图，可以准确、完整地确定形体的形状和大小，并且作图简便，度量性好，据此可以指导工程施工、计算工程量等工作。但正投影图缺乏立体感，直观性较差，给非专业人员交流工程意图带来困难，如图4-1（a）所示。轴测投影图则形象、逼真，富有立体感，便于识读和交流，如图4-1（b）所示。但是轴测投影图的缺点是一般不能反映出建筑物的真实形状和尺寸，作图较复杂，因此在工程上常将其作为辅助工程图样。

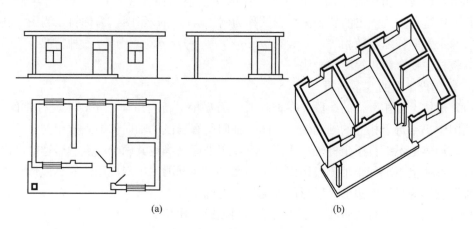

(a)   (b)

图 4-1　房屋建筑形体的正投影图和轴测图

（a）正投影图；（b）轴测图

（注：为了能够看到房屋内的布局，水平投影图和轴测投影图中去掉了屋盖）

1. 轴测投影的形成

如图4-2所示，将长方体连同确定形体长、宽、高三个尺度的直角坐标轴，沿不平行于任一坐标面的方向，平行投影到一个投影面 P 上所得到的投影，称为轴测投影。用轴测投影的方法绘制的投影图叫做轴测图。平面 P 为轴测投影的投影面，直角坐标轴 OX、OY、OZ 在轴测投影面上的投影 O_1X_1、O_1Y_1、O_1Z_1 为轴测轴，三条轴测轴的交点 O_1 为

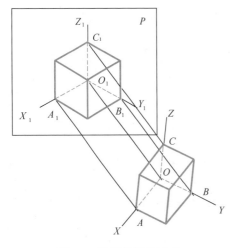

图 4-2　轴测投影的形成

原点。

在轴测投影中，轴测轴间的夹角$\angle X_1 O_1 Y_1$、$\angle Y_1 O_1 Z_1$、$\angle Z_1 O_1 X_1$ 称为轴间角，三个轴间角之和为 $360°$。空间坐标轴上线段在轴测投影中的长度与其空间长度之比，称为轴向伸缩系数，分别用 p、q、r 表示，即：

$$p = \frac{O_1 X_1}{OX}; \quad q = \frac{O_1 Y_1}{OY}; \quad r = \frac{O_1 Z_1}{OZ}$$

2. 轴测投影的类型

按照投影方向与轴测投影面的夹角的不同，轴测图可以分为正轴测图和斜轴测图。

（1）正轴测图

轴测投影中，投影线垂直于轴测投影面时画出的轴测投影图为正轴测投影图，简称正轴测图。如果投影线垂直于轴测投影面，并且将形体放置成让形体的三根坐标轴 OX、OY、OZ 与轴测投影面倾斜，而且倾角相同，然后向轴测投影面作正投影，用这种方法画出的轴测投影图为正等轴测图。正等轴测图的三个轴向伸缩系数相等，简称正等测图。

（2）斜轴测图

轴测投影中，投影线倾斜于投影面时画出的轴测投影图为斜轴测投影图，简称斜轴测图。如果投影线倾斜于投影面，并且将形体的两根坐标轴（常取 OX、OY）与轴测投影面平行，用这种方法画出的斜轴测投影图称为斜二等轴测投影图，简称斜二测图。斜二测图中有两个轴向伸缩系数相等，一般有 $p=q\neq r$、$q=r\neq p$、$p=r\neq q$ 三种情况。

本教材主要介绍正等测图画法。

3. 轴测投影图的基本性质

（1）形体上互相平行的线段，在轴测图中仍互相平行；形体上平行于坐标轴的线段，在轴测图中仍平行于相应的轴测轴，且同一轴向所有线段的轴向伸缩系数相同。

（2）形体上不平行于坐标轴的线段，可以用坐标法确定其两个端点然后连线画出。

（3）形体上不平行于轴测投影面的平面图形，在轴测图中变成原形的类似形。如长方形的轴测投影为平行四边形，圆形的轴测投影为椭圆等。

（4）空间相互平行的直线段之比与其轴测投影之比相等。

4. 轴测投影图的画法

（1）画轴测图的基本方法

画轴测图的基本方法有坐标法、切割法、叠加法和综合法。画轴测图时，应根据形体的构成方式，采用适宜的方法。

1）坐标法

坐标法是根据形体表面上各点的坐标，画出各点的轴测图，然后依次连接各点，即得该形体的轴测图。对于基本体和切割的组合体的轴测图，宜采用坐标法绘制。

2）切割法

切割法适用于切割式的组合体。可先画出切割前的基本形体，然后用坐标法切割去多余的部分。

3）叠加法

叠加法适用于叠加式组合形体。按组合体的叠加顺序从下至上、由后到前、先右后左依次画出各基本体轴测图。这个过程中，需用坐标法确定各基本体的基准位置。

4）综合法

综合法适用于综合式组合体。作图时综合采用坐标法、叠加法和切割法。

（2）正等测图的画法

正等测图的特点是轴间角 $\angle X_1O_1Y_1=\angle Y_1O_1Z_1=\angle Z_1O_1X_1=120°$，且三个轴向伸缩系数相等，$p=q=r=0.82$，为作图简便，令 $p=q=r=1$，即沿各轴向所有尺寸都按形体的实际长度绘制。

下面以作图 4-3（a）所示基础的正等测图为例，介绍正等测图的画法。

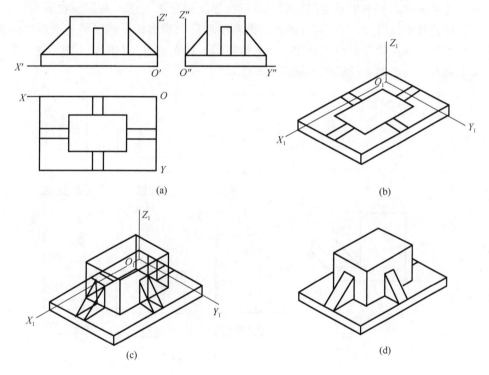

图 4-3　用叠加法作形体正等测图的步骤

（a）基础的正投影图；（b）画出轴测轴，画基础底板；（c）画杯口与肋板；（d）成图

从该基础投影图中判断该基础为叠加式的组合体，宜用叠加法绘制。绘图步骤如下：

1）绘制正等测轴，令 O_1Z_1 处于铅锤状态。各轴测轴夹角为120°。令基础底面、最后面、最右面与轴测面重合且相交于原点，画基础底板的正等测图，并在基础底板上表面上用坐标法对杯口与肋板进行定位，如图 4-3（b）所示。

2）用坐标法作杯口与肋板的正等测图，如图 4-3（c）所示。

3）擦去轴测轴和多余的线，加深、加粗可见图线（虚线不必画出），即为该基础的正等测图，如图4-3（d）所示。

4.2　建筑图样的其他画法

对于一般的建筑形体，作出其三面正投影图就可以将形体的形状和大小表达出来。而有些建筑形体的形状复杂，就必须通过增加其投影图数量才能将形体表达清楚；有些形体由于其位置的特殊性，只有用特殊的投影作图方式作图才更方便识读；有些建筑形体呈规律性变化，相应地，用简单的作图方式既能提高作图速度，又方便识读。为此，建筑工程图样经常还用到其他表达方式，作图时可根据具体情况合理选择。

1. 其他方向的基本投影图

对一幢建筑物作三面正投影会得到该建筑物的水平投影图、正立投影图和侧立投影图，在工程图中分别叫做平面图、正立面图和侧面图。而大多数建筑物，由于其正面和背面不同，左侧面和右侧面也不相同，用三面正投影图很显然表达不清建筑物的真实形状。因此，在原三投影面（H、V、W）的正对面再增加三个投影面，然后将建筑形体向新增加的三个投影面作正投影，可得到建筑物的仰视图、背立面图、右侧立面图，这三个图样称形体的其他方向的基本投影图，如图4-4所示。

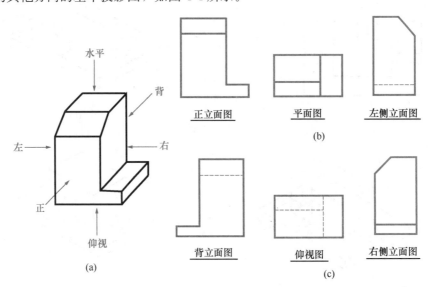

图4-4　形体的六面正投影图

（a）投视方向；（b）三面正投影图；（c）其他基本视图

在实际工程中，不必将形体的六个投影图全部画出，而应根据建筑形体的具体情况和要表达的内容，选择作出必要的投影图。

2. 镜像投影图

镜像投影就是在形体的下方放置镜面，以代替水平投影面，形体在镜面中得到形体的镜面图像，称为"镜像投影图"，如图4-5（a）所示。

用镜像投影法绘制的平面图与用正投影法绘制的平面图是不同的，为了避免在识图时的误解，用镜像投影法绘制的平面图应在图名后的括号内注写"镜像"二字，如图4-5（b）所示。

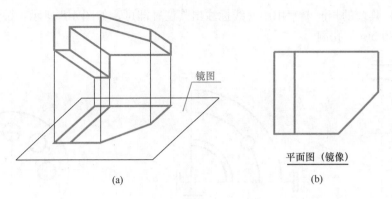

图 4-5 镜像投影图的形成

(a) 镜像投影过程；(b) 镜像投影图

镜像投影图最常用于建筑室内顶棚的装饰平面图。例如图 4-6 (a) 所示房间的顶棚图案，若采用正投影法绘出其水平投影图，图中虚线过多，不便于标注尺寸，会影响表达的准确性，如图 4-6 (b) 所示；若采用仰视投影，则顶棚图样与实际相反，会导致施工错误，如图 4-6 (c) 所示；如果绘出其图 4-6 (d) 所示的镜像投影图，就能如实反映顶棚图案的实际情况。

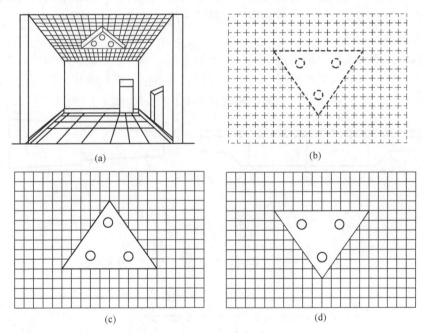

图 4-6 顶棚各种投影图的比较

(a) 顶棚投影图；(b) 顶棚的水平投影图；(c) 顶棚的仰视图；(d) 顶棚的镜像投影图

3. 对称图形的简化画法

当形体对称时，可以只画该形体的一半，在对称轴处画出对称符号，如图 4-7 所示。

4. 相同元素的省略画法

当形体上有多个连续排列的相同要素时，可仅在图样的两端或适当位置画出有代表性的相同要素，其余的相同要素用中心线标注出其位置即可。如图4-8所示，圆形钢板上有8个直径为80mm的孔洞。

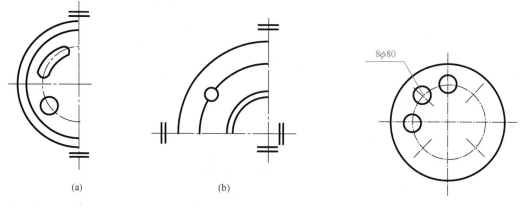

图4-7 对称图形的简化画法
（a）形体左右对称；（b）形体左右、上下均对称

图4-8 相同元素的省略画法

5. 规律变化形体的省略画法

当形体比较长，而断面形状相同或有规律地变化时，为节省图纸空间，可以假想将形体断开，省略中间部分，然后将两端用连接符号连接起来画出，如图4-9所示。

6. 概括提炼的画法

建筑物的许多承重部分都是由钢筋混凝土制作的，称为钢筋混凝土构件。为了表达出钢筋混凝土构件中钢筋的配置情况，通常将构件采用概括提炼的画法，即在立面图和断面图中，将混凝土想象成透明的，只画出构件轮廓和钢筋，如图4-10所示。

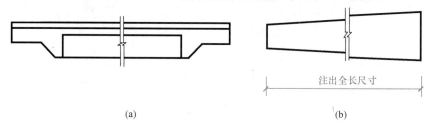

图4-9 规律变化形体的省略画法
（a）形体断面形状相同；（b）形体断面有规律地变化

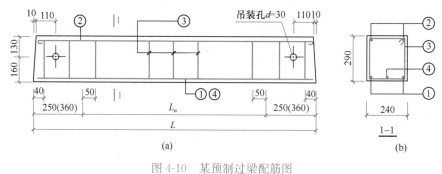

图4-10 某预制过梁配筋图
（a）立面图；（b）断面图

5 剖面图与断面图

学习目标

知识目标：通过学习，了解剖面图和断面图的形成原理，熟悉剖面图与断面图的类型及区别，掌握剖面图和断面图的绘制方法。

能力目标：通过技能训练，能够根据形体投影图正确绘制剖面图和断面图，为识读和绘制建筑构造图奠定基础。

在形体三面投影图中，可见的轮廓线一般用粗实线表示，不可见的轮廓线用虚线表示。如果形体内部构造比较复杂，则投影图中的虚线较多，致使形体视图上实线、虚线重叠交错，混淆不清，既影响读图，也不便标注尺寸，如图 5-1 所示形体。

为了清晰地表达出形体的内部构造，同时便于标注尺寸，常将形体剖切开后，将内部构造暴露出来作正投影，得到形体剖视图，即用剖视图表达。剖视图按照表达的范围不同，分为剖面图和断面图。

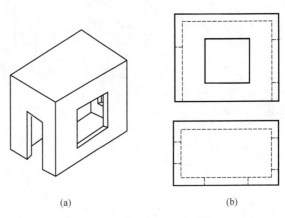

图 5-1 内部构造比较复杂的形体
（a）直观图；（b）投影图

5.1 剖 面 图

1. 剖面图的形成

剖面图是用一假想剖切平面在形体的适当位置将形体剖开，移去剖切平面与观察者之间的部分，将剩余部分投射到与剖切平面平行的投影面上，所得到的投影图。例如，图 5-1 所示的房间模型，现用一假想水平剖切平面 P 剖切房间，移去剖切平面以上部分，将下面部分向 H 面作投影，便会得到该房间的水平剖面图，如图 5-2 所示。此时，房间的内墙表面暴露出来，为可见轮廓线，在剖面图上用实线表述。

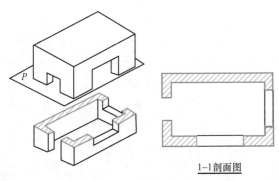

1-1剖面图

图 5-2 剖面图的形成

2. 剖面图的制图规定

（1）剖面图的剖切位置

65

为了使剖面图能够清楚、准确地表达形体的内部构造，剖切位置应选择在能够暴露形体内部构造特征的部位，并使剖切平面满足下列基本原则：

1）应平行于某一投影面；

2）通过形体的对称面；

3）通过孔、洞、槽的对称中心。

如图 5-3 所示房间模型，为了反映房间内部空间大小和沿高度方向的布置情况，应使剖切平面 P 面平行于正立投影面 V，并将剖切位置选在门窗洞口处，图中 1-1 剖面图清晰地反映了形体的整体内部特征。

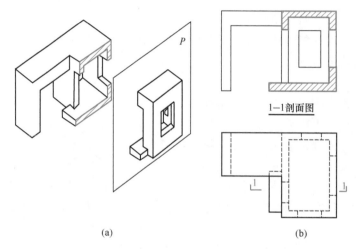

1-1剖面图

（a）　　　　　　　　　　　（b）

图 5-3　剖切位置和投影方向对剖面图的影响

（a）剖切直观图；（b）投影图

（2）剖面图的表达要求

剖面图反映的是形体被剖切后剩余形体的投影，包含了与剖切面接触的剖断面和未被剖切到的剩余形体的轮廓。建筑制图标准规定，与剖切面接触的剖断面用粗实线绘制，未被剖切到的、但沿投射方向可以看到的部分，用中实线绘制。不可见的部分在剖面图中一般不画。

剖面图的形成

剖面图中的剖断面轮廓内，应用相应的材料图例填充，以表达该形体的制作材料。材料图例应按照《房屋建筑制图统一标准》GB/T 50001—2017 中规定的常用建筑材料图例进行绘制，见表 5-1。

常用建筑材料图例　　　　　　　　　　　　　　表 5-1

序号	名　称	图　例	备　注
1	自然土壤		包括各种自然土壤
2	夯实土壤		—
3	砂、灰土		—

续表

序号	名　称	图　例	备　注
4	砂砾石、碎砖三合土	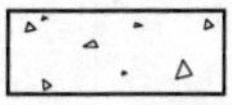	—
5	石材	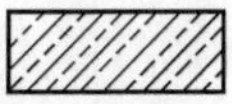	—
6	毛石	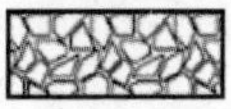	—
7	实心砖，多孔砖	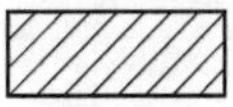	包括普通砖、多孔砖、混凝土砖等砌体
8	耐火砖	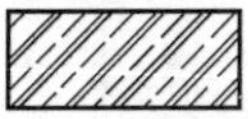	包括耐酸砖等砌体
9	空心砖、空心砌块	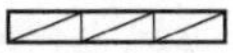	包括空心砖、普通或轻骨料混凝土小型空心砌块等砌体
10	加气混凝土	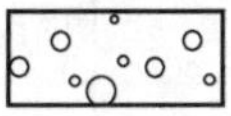	包括加气混凝土砌块砌体、加气混凝土墙板及加气混凝土材料制品等
11	饰面砖		包括铺地砖，玻璃马赛克、陶瓷锦砖、人造大理石等
12	焦渣、矿渣	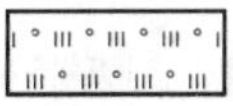	包括与水泥、石灰等混合而成的材料
13	混凝土	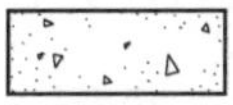	1　包括各种强度等级、骨料、添加剂的混凝土
14	钢筋混凝土		2　在剖面图上绘制表达钢筋时，则不需绘制图例线 3　断面图形较小，不易绘制表达图例线时，可填黑或深灰（灰度宜70%）
15	多孔材料		包括水泥珍珠岩、沥青珍珠岩、泡沫混凝土、软木、蛭石制品等
16	纤维材料	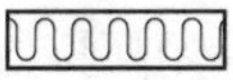	包括矿棉、岩棉、玻璃棉、麻丝、木丝板、纤维板等
17	泡沫塑料材料	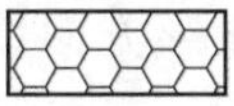	包括聚苯乙烯、聚乙烯、聚氨酯等多聚合物类材料
18	木材		1　上图为横断面，左上图为垫木、木砖或木龙骨 2　下图为纵断面
19	胶合板	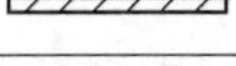	应注明为×层胶合板
20	石膏板		包括圆孔或方孔石膏板、防水石膏板、硅钙板、防火石膏板等
21	金属	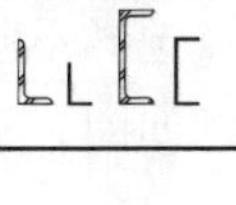	1　包括各种金属 2　图形较小时，可填黑或深灰（灰度宜70%）

续表

序号	名　称	图　例	备　注
22	网状材料		1　包括金属、塑料网状材料 2　应注明具体材料名称
23	液体		应注明具体液体名称
24	玻璃		包括平板玻璃、磨砂玻璃、夹丝玻璃、钢化玻璃、中空玻璃、夹层玻璃、镀膜玻璃等
25	橡胶		—
26	塑料		包括各种软、硬塑料及有机玻璃等
27	防水材料		构造层次多或绘制比例大时，采用上面的图例
28	粉刷		本图例采用较稀的点

注：序号 1、2、5、7、8、14、15、21 图例中的斜线、短斜线、交叉斜线等均倾斜 45°。

　　材料图例应用细线绘制，图例线间隔要匀称、疏密适当。对于未指明材料的形体，可用同方向、等间距的 45°细实线表示。如果断面较小，材料图例可以涂黑表示。

　　（3）剖切符号的标注

　　剖切符号由剖切位置线和剖视方向线组成。剖切位置线表示剖切平面的剖切位置，是一组长度为 6～10mm 粗实线，绘制时应注意不能与图线相交；剖视方向线表示剖切后剩余形体的投影方向，是一组长度为 4～6mm 的粗实线，绘制在剖切位置线的端部并与之垂直。

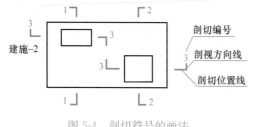

图 5-4　剖切符号的画法

当形体被多次剖切时，各个剖切符号应采用阿拉伯数字编号，编号数字按照由左至右、由下至上的顺序连续编排，水平书写在投影方向线的端部；需要转折的剖切位置线，应在转角的外侧加注与该符号相同的编号。剖切符号的标注方法如图 5-4 所示。

当剖面图与被剖切图样不在同一张图内时，应在剖切位置线的另一侧注明剖面图所在图纸的编号，或在图上集中说明。

　　（4）注写图名

　　剖面图应根据剖切符号中的编号来命名，如对形体作 1—1 剖切后得到的剖面图的图名为"1—1 剖面图"。

　　3. 剖面图的类型

　　画剖面图时，根据形体所需表达内容及特点选择不同的剖切位置、剖切方法和剖切范围，就会出现不同类型的剖面图，常见的有全剖面图、半剖面图、阶梯剖面图、展开剖面图、局部剖面图和分层剖面图。

（1）全剖面图

用一个假想的剖切平面将形体全部剖开后所得到的剖面图，称为全剖面图。如图 5-5 所示的 1—1 剖面图为台阶的全剖面图。

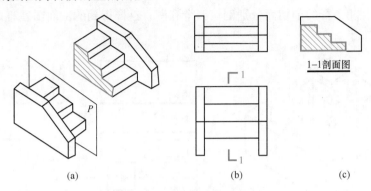

图 5-5　台阶的全剖面图

（a）全剖面图的剖切示意；（b）投影图；（c）剖面图

全剖面图通常用于不对称的形体，或虽然对称，但是外形比较简单、内部比较复杂的形体。

（2）半剖面图

如果被剖切的形体具有对称性，并且外形和内外部构造比较复杂，为了同时表达出形体的内外构造，应采用半剖面图。半剖面图中，一般以对称轴为界，一半画形体的外形投影图，一半画剖面图。如图 5-6 所示为一个杯形基础的半剖面图，其正面投影和侧面投影都采用的是半剖面图的画法。

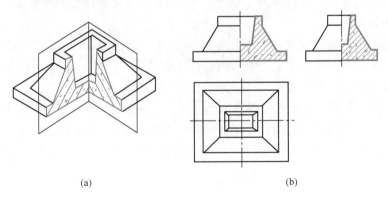

图 5-6　杯形基础的半剖面图

（a）半剖面图的剖切示意；（b）投影图

画半剖面图时应注意以下几点：

1）半剖面图应以对称轴线为外形图与剖面图的分界线，对称轴线用细单点长画线表示。

2）习惯上，当对称线为铅垂线时，剖面图画在对称线的右侧；当对称线为水平线时，剖面图画在对称线的下方。

3）半剖面图一般不画剖切符号，图名采用原投影图的图名。

（3）阶梯剖面图

当形体内部构造复杂，用一个剖切平面不能完全剖到想要表达的内容时，可假想用两个或两个以上相互平行的剖切平面将形体剖切开，所得到的剖面图称为阶梯剖面图。如图5-7所示的形体，如果只用一个剖切平面是无法同时剖切到形体内的个孔洞的，这时应采用前后两个互相平行的剖切面分别剖切两个孔洞，这样得到的剖面图就将该形体内部构造全部表达出来了。

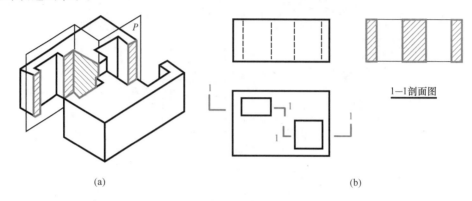

图5-7　阶梯剖面图
（a）阶梯剖面图的剖切示意；（b）投影图

画阶梯剖面图时应注意以下两点：

1）由于阶梯剖切平面是假想的，故因阶梯剖切所产生的形体轮廓线在阶梯剖面图中不画出。

2）阶梯剖面图的剖切符号除了在图样轮廓之外画出外，还应在两剖切位置的转折处用两个粗折线进行标注，线段长为4～6mm，并在折线外侧标注相同的编号。

（4）展开剖面图

当形体为相交组合而成时，可采用两个或两个以上相交的剖切平面把形体剖开，将两相交的剖断面旋转展开平行于某一投影面后再作正投影，所得到的剖面图为展开剖面图。展开剖面图的图名后应加括号注写"展开"字样。

如图5-8所示某楼梯展开剖面图的形成过程。从该楼梯的水平投影图中看出，两个梯段成一定夹角，现采用分别与两梯段平行的两个相交平面P、K剖切楼梯，将剩余楼梯的右半部分绕两剖切平面交线旋转至与正立投影面平行后，作正投影，便可得到该楼梯的展开剖面图。

（5）局部剖面图

当只需要表达形体局部的内部构造时，可以用剖切平面将形体的局部（通常不足形体的1/4）剖切开，即得到该形体的局部剖面图。如图5-9所示的杯形基础，在画剖面图时，保留了基础的大部分外形，仅将其一角画成剖面图，反映该基础内部的配筋情况。

局部剖面图不需标注剖切符号，但要用细波浪线与投影图分隔开。画波浪线时应注意波浪线不能与投影图中的轮廓线重合，也不能超出图形的轮廓线。

（6）分层剖面图

建筑物的许多部位，如楼地层、墙体、屋顶等都是由多个层次组合而成的，为了表达

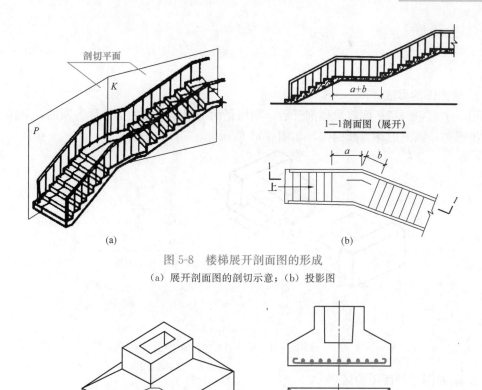

图 5-8　楼梯展开剖面图的形成
(a) 展开剖面图的剖切示意；(b) 投影图

图 5-9　杯形基础局部剖面图
(a) 局部剖面图的剖切示意；(b) 投影图

出这些部位的构造做法，可将其分层剖切，作出分层剖面图。分层剖面图中，各层次由下向上逐层缩退，各层间用细波浪线分开，用引出线标注不同层所用的材料、厚度、配合比、强度等级等做法内容，如图 5-10 所示。

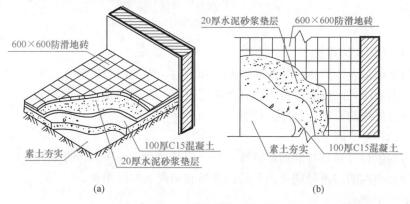

图 5-10　地坪层分层剖面图
(a) 分层剖面图的剖切示意；(b) 分层剖面图

5.2　断　面　图

1. 断面图的形成

用一个假想剖切平面将形体剖开后，剖切平面与形体接触的部分称为断面，只作出断面的投影图，该图形称为断面图，如图 5-11 所示。

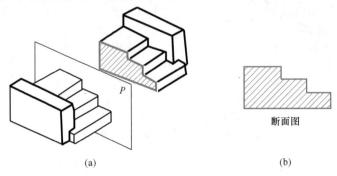

图 5-11　台阶断面图

（a）剖切示意；（b）断面图

2. 断面图与剖面图的区别

如图 5-12 所示，断面图与剖面图的区别主要体现在以下三点：

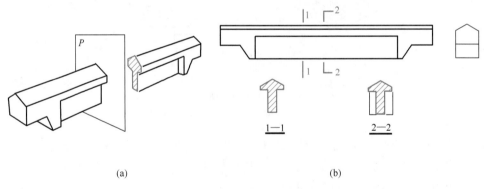

图 5-12　断面图与剖面图的区别

（a）剖切示意；（b）断面图与剖面图的比较

（1）表达的内容不同

断面图常用来表达形体中某断面的形状和材料，而剖面图用来表达形体内部形状和材料。因此，断面图只画出形体被剖切后断面的投影，是面的投影；而剖面图是要画出形体被剖切后剩余形体的投影，是体的投影。

（2）剖切符号不同

断面图的剖切符号只有剖切位置线，是一组长度为 6～10mm 的粗实线，不画剖视方向线；而剖面图的剖切符号则是由剖切位置线和剖视方向线组成。

（3）剖切平面数量不同

剖面图中的剖切平面可为两个或两个以上，剖切平面可以平行或相交，而断面图中的剖切平面只有一个。

3. 断面图的类型

断面图主要表达了形体的断面形状和形体材料，根据断面图与投影图的位置关系不同，断面图有移出断面图、重合断面图和中断断面图。

（1）移出断面图

画在投影图之外的断面图称为移出断面图。移出断面图一般绘制在靠近形体投影图的一侧或端部，并按顺序排列。移出断面图的轮廓线用粗实线绘制，内部用相应的材料图例填充。在移出断面图的下方应注写与断面符号编号一致的图名，如"1—1""2—2"，不必写出"断面图"的字样，如图 5-13 所示。

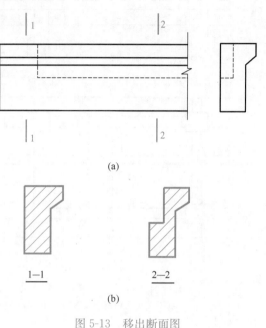

(a)

1—1   2—2

(b)

图 5-13 移出断面图
(a) 投影图剖切示意；(b) 移出断面图

（2）重合断面图

将剖切后的形体剖断面旋转 90°，重合画在投影图中，这种断面图称为重合断面图。由于重合断面图与投影图重合，所以不画剖切符号。在重合断面图中，原投影图用细实线或中粗线绘制，断面图的轮廓线用粗实线绘制，断面轮廓线可闭合，也可不闭合，如图 5-14 所示。

重合断面图还经常用来表达薄片结构的建筑构件，如筏板基础、楼盖、屋盖等。如图 5-15 所示为一现浇屋盖的重合断面图，从图中可以看出该现浇板下方梁、柱的布置情况。

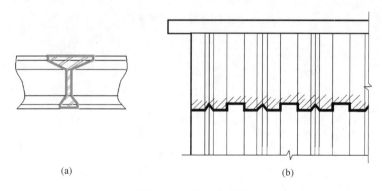

(a)   (b)

图 5-14 重合断面图
(a) 断面轮廓闭合；(b) 断面轮廓不闭合

重合断面图中，当原投影图轮廓线与断面轮廓线重叠时，应完整地画出原投影图轮廓线，不可被断面轮廓间断。

（3）中断断面图

对于外形不变的长向杆件，在投影图的某处用折断线断开，将断面图画在中断处的，这种断面图称为中断断面图，如图 5-16 所示。

　　重合断面图和中断断面图均属于与原投影图结合起来的图样，故其绘图比例与原投影图相同，也不需标注剖切符号，断面轮廓用粗实线绘制，内部填充相应的材料图例。

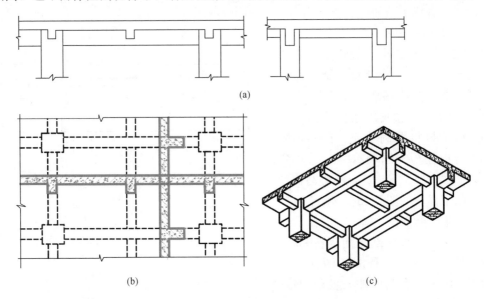

图 5-15　现浇楼板

（a）正面和侧面投影图；（b）与水平投影图重合的断面图；（c）直观图

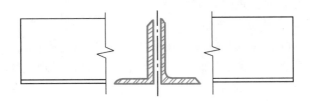

图 5-16　双角钢中断断面图

第2篇 建筑构造

6 建筑构造的基本知识

 学习目标

知识目标：通过学习，了解建筑物的分类、分级和建筑变形缝的概念，熟悉建筑物的构造组成和常用建筑术语，掌握定位轴线的定位和建筑构造图的制图规定。

能力目标：通过技能训练，掌握建筑构造的基本概念和制图规定，逐步掌握识读建筑构造图的基本技能。

建筑是建筑物和构筑物的总称，建筑物是满足人们在其中进行生产、生活或其他活动的房屋或场所，如住宅、学校，厂房等；而构筑物是服务于人们的生产和生活的建筑设施如烟囱、水塔等。本篇的"建筑构造"主要介绍的是建筑物（简称"建筑"）的构造。

6.1 建筑的构造组成与要求

1. 建筑的构造组成

建筑由若干大小不等的室内空间组合而成，而空间是通过各种实体围合形成的，这些实体称为建筑构件。组成建筑的构件一般有：基础、墙或柱、楼地层、楼梯、屋顶、门窗等，如图6-1所示。

（1）基础

基础是建筑上部结构向地下的延伸和扩大部分，它承受建筑的全部荷载，并把荷载传给下面的土层（即地基）。

（2）墙（柱）

墙（柱）是建筑的竖向承重构件，承受屋顶和楼地层传来的荷载，并把这些荷载逐层传给最下面的基础。建筑具体是采用墙还是柱子作为竖向承重构件，这取决于建筑的承重结构类型（详见6.2 建筑的分类与分级）。

对于墙承重结构的建筑来说，墙体除了承重外，外墙还将建筑物围护起来，抵御风、雨、雪、温差变化等自然条件对它的影响，而内墙将建筑内部空间分隔成若干相互独立的空间，避免使用时的互相干扰。

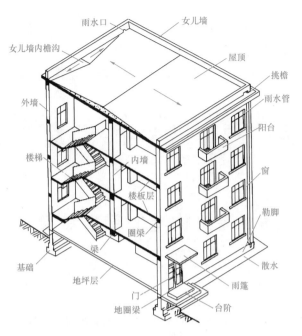

图 6-1　建筑的组成

当建筑采用柱子作为竖向承重构件时，墙填充在柱子之间，仅起围护和分隔的作用。

（3）楼地层

楼地层是楼板层与地坪层的总称。楼板层把建筑内部空间在垂直方向划分成若干层，并将楼层上的人、家具等使用荷载连同自重传给墙（柱），此外，楼板层还对墙或柱起水平支撑作用。地坪层是建筑一层（底层）与土接触的构造层，承受建筑一层以上的使用荷载并向土层传递。

（4）楼梯

楼梯是楼房中联系上下各层的垂直交通构件，满足人们日常上下楼层和在火灾、地震时的紧急疏散需求。

（5）屋顶

屋顶是建筑顶部的承重和围护构件，承受屋顶上的风、雨、雪、人等荷载并传给墙（柱），同时抵御严寒、酷热等各种自然因素的影响。此外，屋顶的形式对建筑的整体形象起着很重要的装饰作用。

（6）门窗

门的主要作用是联系室内外，隔离空间，搬运家具、设备和在紧急时的安全疏散，此外，兼有通风、采光的作用。窗的作用主要是采光、通风和供人眺望。

建筑的各组成部分中，基础、墙（柱）、楼地层中的楼板、屋顶中的屋面板等属于承重构件，外墙、屋顶、门窗等属于围护构件。此外，建筑还有一些满足特定使用和装饰功能的构配件，如阳台、雨篷、台阶、散水、勒脚、通风道等。

2. 建筑构造的影响因素

（1）荷载的影响

作用在房屋上各种力的作用统称为荷载，包括建筑自重、人、家具、设备的重量、风雪荷载及温度变化引起的胀缩应力、地震作用等，这些荷载的大小和作用方式直接影响着建筑的结构类型、构件的材料与截面形状、尺寸等，所以荷载的影响是确定建筑构造做法首先要考虑的重要因素。

（2）自然因素的影响

我国地域辽阔，各地区之间的气候、地质、水文等自然条件差别较大，像太阳辐射、冰冻、降雨、地下水等因素均会对建筑物带来多重不利影响，在确定建筑构造做法时，建筑物的相关部位应采取防水、防潮、保温、隔热、防震、防冻等措施。

（3）人为因素的影响

人们在生产、生活活动中产生的机械振动、化学腐蚀、爆炸、火灾、噪声等人为因素，会对建筑物产生不利影响，甚至威胁建筑安全，在进行构造设计时，必须针对这些影响因素，采取相应的防振动、防腐、防火、隔声等构造措施，防止建筑物遭受不应有的损失。

（4）物质技术条件的影响

近年来，建筑产业有了很大的发展，新材料、新结构、新技术不断出现，建筑构造与之相适应，打破了一成不变的固定模式，在不断发展、不断变化中。

（5）经济条件与建筑标准的影响

随着人民生活水平的日益提高，人们对建筑的使用功能和质量要求越来越高，建筑构造也随之发生着变化。特别是近年来，我国陆续颁布了一系列建筑节能标准，促使房屋建筑在屋顶、墙体和外墙门窗等构造做法上更加符合建筑节能标准的要求。

3. 对建筑构造的要求

确定建筑构造做法时，要考虑各种影响因素，根据各组成部分在建筑中的作用，合理选择建筑构造的类型、材料、尺寸，并满足以下要求：

（1）满足建筑使用功能的要求

建筑各构造组成部分应根据其功能要求，进行相应的构造处理，如外墙、屋顶、门窗等属于围护构件，应满足保温、隔热、防风雨等节能、环保的要求。

（2）确保结构安全

建筑中的承重构件，如基础、墙（柱）、楼地层中的楼板、屋顶中的屋面板等应按荷载大小及结构要求确定构件的基本断面尺寸，保证建筑的安全性要求。

（3）适应建筑工业和建筑施工的需要

建筑构造应摒弃工艺落后、耗能大的落后做法，从材料、结构、施工等方面引入先进技术，并注意因地制宜，以适应建筑工业和建筑施工的需要。

（4）注重社会、经济和环境效益

建筑构造选型在经济上应注意降低建筑造价，还应注重经济、社会和环境的综合效益。

（5）注重美观

建筑构造选型应与人们对建筑的艺术设计相协调，努力塑造出与功能吻合、符合大众审美需求、具有时代气息或民族特色的建筑环境。

6.2 建筑的分类与分级

1. 建筑的分类

（1）建筑按使用功能分类

1）民用建筑

民用建筑指供人们工作、学习、生活、居住等的建筑物，包括居住建筑和公共建筑。

①居住建筑：指供人们居住使用的建筑，如住宅、宿舍、公寓、别墅等。居住建筑中住宅为主体，它建造量大，分布面广，与人们的生活关系密切。

②公共建筑：指供人们进行各种社会活动的建筑，如：行政办公建筑、文教建筑、科研建筑、托幼建筑、医疗建筑、商业建筑、生活服务建筑、旅游建筑、体育建筑、展览建筑、交通建筑、通信建筑、娱乐建筑、园林建筑、纪念建筑等。

公共建筑的使用功能差异较大，个体形象特征明显。有些大型公共建筑可能同时具备两个或两个以上的功能，这类建筑又称综合性建筑。

2）工业建筑

工业建筑指为工业生产服务的建筑，包括各类工厂中的生产及生产辅助车间、动力用房、运输和仓储用房等建筑。

3）农业建筑

农业建筑指满足农、林、牧、渔业的生产、加工等用的建筑，如种子库、温室、农机站、畜禽饲养场、水产品养殖场等。

（2）民用建筑按高度和层数分类

1）住宅建筑

住宅的层高相对固定，一般按层数分类，见表6-1。

住宅建筑分类 表 6-1

住宅的类型	层数
低层住宅	1~3 层
多层住宅	4~6 层
中高层住宅	6~9 层
高层住宅	≥10 层

2）公共建筑

① 普通建筑：指高度不超过 24m 的公共建筑和高度超过 24m 的单层主体建筑。

② 高层建筑：指建筑高度超过 24m 的公共建筑（不包括单层主体建筑高度超过 24m 的体育馆、食堂、剧院等公共建筑）。

③ 超高层建筑：当建筑高度超过 100m 时，不论是住宅还是公共建筑均为超高层建筑。

（3）民用建筑按规模和数量分类

1）大量性建筑

大量性建筑指建造量大、而规模不大的民用建筑，如居住建筑和服务于居民的中小型公共建筑（如住宅、公寓、中小学校、幼儿园、商店、诊疗所、办公楼等）。

2）大型性建筑

大型性建筑指体量大而数量少的公共建筑，如大型体育馆、火车站、航空港等。大型性建筑不仅具有建设周期长、投资量大的特点，而且往往在所处的地区具有标志性，对城市面貌影响较大，故在建设决策阶段应慎重考虑。

（4）建筑按结构类型分类

建筑结构指的是承受建筑荷载的主要部分所形成的骨架体系，一般包括以下类型：

1）墙承重结构

指由墙体承受梁、楼板（屋面板）传来的荷载的建筑。墙承重结构建筑中的墙体要承受楼板传来的荷载，故其间距不宜过大，一般适用于内部空间较小的住宅等建筑，如图 6-2 所示。

2）框架结构

指由梁、柱组成承重骨架来承受全部荷载的建筑，如图 6-3（a）所示。框架结构建筑内部可形成较大的使用空间，一般用于内部空间大、荷载大的建筑及高层建筑。

如果将建筑内部仍由梁、柱构成的骨架承重，而将梁端头搁置在外墙上，由外墙承重，便形成了内框架结构，如图 6-3（b）所示。内框架结构可发挥外墙的承重作用，经济节约，一般适用于要求有较大的室内空间的建筑，如食堂、商店等。

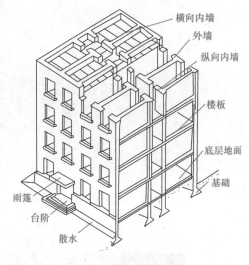

图 6-2　墙承重结构建筑

3）框架-剪力墙结构和筒体结构

框架-剪力墙结构以框架结构为主，只在必要位置设置必要长度的剪力墙，以提高整体结构的抗震能力，适用于柱距大和层高较高的高层建筑。筒体结构是由筒形的剪力墙和密排的框架组成的结构形式，一般适用于超高层且体量较大的建筑，如图 6-4 所示。

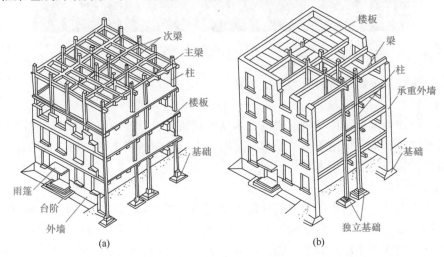

(a)　　　　　　　　　　　(b)

图 6-3　框架结构和内框架结构建筑
（a）框架结构；（b）内框架结构

4）空间结构

指由高性能材料形成网架、悬索、薄壳、膜、折板等空间承重结构，以此来承受全部荷载的建筑，如图 6-5 所示。空间结构一般适用于大跨度、大空间而内部又不允许设柱的大型公共建筑，如体育馆、火车站等。

此外，建筑结构类型还有刚架、排架结构等，刚架、排架结构主要适用于单层工业厂房等。

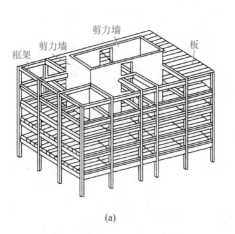
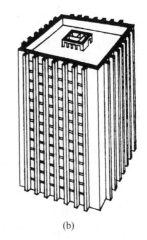

(a)　　　　　　　　　　　　　　(b)

图 6-4　高层建筑常见的建筑结构类型

（a）框架-剪力墙结构；（b）筒体结构

图 6-5　空间结构（组合索网）建筑

（5）建筑按主要结构材料分类

1）木结构

指用木材作为承重结构材料的建筑。木结构建筑的自重轻、施工方便，我国古代寺庙建筑多属于这类结构。但由于木材易燃、易腐，影响建筑的耐久性，加之我国森林资源短缺，所以现代建筑很少采用木结构了。

2）混合结构

指主要承重结构材料为两种或两种以上的建筑。包括砖墙、木楼板的砖木结构建筑，砖墙、钢筋混凝土楼板的砖混结构建筑，钢筋混凝土柱、钢屋架的钢混结构建筑等。

由于砖混结构建筑取材容易、造价低廉，故 20 世纪我国建造的大量建筑多属于此类结构。随着对环保和节能要求的加强，大多数地区已经限制或禁止使用普通黏土砖，故砖混结构建筑的建造量也随之减少。

3）钢筋混凝土结构

指用钢筋混凝土作为结构材料的建筑，框架结构和剪力墙结构大多属于此类。这种结构强度高、抗震性能好、施工技术成熟，是大跨度建筑、高层建筑的主要材料类型。

4）钢结构

指建筑结构材料全部采用钢材的建筑。钢结构建筑具有自重轻、强度高等优点，多用于大型公共建筑、工业建筑，大跨度和高层建筑中。

国家体育场"鸟巢"是目前世界上跨度最大的钢结构建筑，最大跨度达343m，其外罩由不规则的钢结构构件编制而成，"巢"内由一系列辐射门式钢桁架围绕成碗状座席，如图6-6（a）所示。中央电视台新址大楼总建筑面积约55万 m^2，最高处约230m，钢结构总重12万吨，整体建筑由两栋倾斜的大楼作为支柱，在悬空约180m处分别向外横挑数十米"空中对接"，形成"侧面S正面O"的特异造型，因其建筑外形前卫，被美国《时代》周刊评选为2007年世界十大建筑奇迹，如图6-6（b）所示。

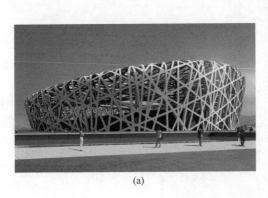 

(a)　　　　　　　　　　(b)

图6-6　钢结构建筑

（a）国家体育馆"鸟巢"；（b）中央电视台新址大楼

2. 建筑的分级

建筑等级包括耐久等级和耐火等级两个方面。

（1）按耐久性分级

耐久性是指建筑的使用年限，主要根据建筑物的重要性和规模大小分为四个耐久等级，并以此作为建设投资和建筑设计的重要依据，见表6-2。

建筑物的耐久年限　　　　　　　　　　　　　　　表6-2

耐久等级	耐久年限	适用范围
一级	100年以上	适用于重要建筑和高层建筑，如纪念馆、博物馆、国家会堂等
二级	50～100年	适用于一般性建筑，如城市火车站、宾馆、大型体育馆、大剧院等
三级	25～50年	适用于次要建筑，如文教、交通、居住建筑及厂房等
四级	15年以下	适用于简易建筑和临时性建筑等

（2）按耐火性能分级

《建筑设计防火规范（2018年版）》GB 50016—2014将民用建筑的耐火性能分为四个耐火等级，不同耐火等级建筑相应构件的燃烧性能和耐火极限不应低于表6-3的规定，以此规定作为相应等级建筑选择构件材料和做法的依据。

不同耐火等级建筑相应构件的燃烧性能和耐火极限（h）　　　表6-3

构件名称		耐火等级			
		一级	二级	三级	四级
墙	防火墙	不燃性 3.00	不燃性 3.00	不燃性 3.00	不燃性 3.00
	承重墙	不燃性 3.00	不燃性 2.50	不燃性 2.00	难燃性 0.50

续表

构件名称		耐火等级			
		一级	二级	三级	四级
墙	非承重外墙	不燃性 1.00	不燃性 1.00	不燃性 0.50	可燃性
	楼梯间和前室的墙 电梯井的墙 住宅建筑单元之间的 墙和分户墙	不燃性 2.00	不燃性 2.00	不燃性 1.50	难燃性 0.50
	疏散走道两侧的隔墙	不燃性 1.00	不燃性 1.00	不燃性 0.50	难燃性 0.25
	房间隔墙	不燃性 0.75	不燃性 0.50	难燃性 0.50	难燃性 0.25
柱		不燃性 3.00	不燃性 2.50	不燃性 2.00	难燃性 0.50
梁		不燃性 2.00	不燃性 1.50	不燃性 1.00	难燃性 0.50
楼板		不燃性 1.50	不燃性 1.00	不燃性 0.50	可燃性
屋顶承重构件		不燃性 1.50	不燃性 1.00	可燃性 0.50	可燃性
疏散楼梯		不燃性 1.50	不燃性 1.00	不燃性 0.50	可燃性
吊顶（包括吊顶搁栅）		不燃性 0.25	难燃性 0.25	难燃性 0.15	可燃性

注：1. 除另有规定外，以木柱承重且墙体采用不燃材料的建筑，其耐火等级应按四级确定；

2. 住宅建筑构件的耐火极限和燃烧性能可按现行国家标准《住宅建筑规范》GB 50368—2005 的规定执行。

1）燃烧性能

指建筑构件、配件或结构在明火或高温作用下是否燃烧，以及燃烧时的难易程度，一般表现为不燃性、难燃性和可燃性。

① 不燃性：用不燃烧材料如砖、石、混凝土、钢材等制成的构件，在空气中受到火烧或高温作用时不起火、不微燃、不碳化，即表现为不燃性。

② 难燃性：用难燃性材料做成的构件，或用燃烧性材料做成而用不燃烧材料做保护层的构件，如经过阻燃处理的木材、沥青混凝土、水泥刨花板等，在空气中遇到火烧或高温作用时难起火、难微燃、难碳化，当火源移走后燃烧或微燃立即停止，即表现为难燃性。

③ 可燃性：用燃烧材料如木材、胶合板等制成的构件，在空气中遇到火烧或高温作用时，立即起火或微烧，且离开火源继续燃烧或微燃，即表现为可燃性。

2）耐火极限

指在标准耐火试验条件下，建筑构件、配件或结构从受到火的作用时起，至失去承载能力、完整性或隔热性时为止所用的时间，用小时（h）来表示。

6.3 建 筑 变 形 缝

为了防止因气温变化、地基不均匀沉降以及地震等因素使建筑物产生裂缝或导致破坏，预先在变形敏感部位将建筑物断开，留出一定的缝隙，将建筑物垂直分割开来，以保证各部分建筑物在这些缝隙中有足够的变形空间，这种构造缝称为变形缝，如图6-7所示。

图 6-7 建筑变形缝
（a）室外变形缝；（b）室内变形缝

变形缝按使用性质分三种类型：伸缩缝、沉降缝和防震缝。

（1）伸缩缝

建筑物受温度变化影响时，会因胀缩变形应力出现裂缝或破坏，建筑物的体积越大，变形应力就越大。为避免这种情况发生，可沿建筑物长度方向隔一定距离预留垂直缝隙，将建筑物断开，使缝隙两侧部分自由胀缩，这种构造缝称为伸缩缝，也称温度缝。

伸缩缝的位置应结合建筑物长度、结构类型和屋盖刚度以及屋面是否设有保温或隔热层来考虑，间距一般不超过60m。伸缩缝的宽度一般为20～30mm，应将建筑物对应位置的墙体、楼板层、屋顶等地面以上部分全部断开，基础因埋在土中，受温度变化影响较小，不需断开。

（2）沉降缝

为防止建筑物因地基不均匀沉降引起破坏，沿建筑物高度方向设置的垂直缝隙称为沉降缝。沉降缝把建筑物分成若干个整体刚度较好，自成沉降体系的结构单元，以适应不均匀沉降。沉降缝的设置条件为：

1）平面形状复杂、连接部位比较薄弱；

2）同一建筑物相邻部分高差悬殊；

3）建筑物相邻部位荷载差异较大；

4）建筑物相邻部位结构类型不同；

5）地基土压缩性有明显差异处；

6）房屋或基础类型不同处；

变形缝相关知识

7）房屋分期建造的交接处。

沉降缝应从建筑物基础底面到屋顶将所有构件断开，缝的宽度与地基的性质和建筑物的高度有关，地基越软弱、建筑的高度越大，沉降缝的宽度也越大，见表 6-4。

沉降缝的宽度

表 6-4

地基情况	建筑物高度	沉降缝的宽度（mm）
一般地基	<5m	30
	5～10m	50
	10～15m	60
软弱地基	2～3 层	50～80
	4～5 层	80～120
	6 层以上	＞120
湿陷性黄土地基		≥30～60

（3）防震缝

对于抗震设防烈度为 6～9 度的地区，当建筑体形复杂或各部分的结构刚度、高度、重量相差较大时，应在应力集中、变形敏感部位设置缝隙，这种缝称为防震缝。

防震缝将建筑物划分成若干体形简单、结构刚度均匀的独立单元。防震缝的宽度，在多层砖混结构中为 50～100mm；在多层钢筋混凝土框架结构建筑中，当建筑物高度不超过 15m 时不应小于 100mm；当建筑物高度超过 15m 时，缝宽见表 6-5。

防震缝的宽度

表 6-5

抗震设防烈度	建筑物高度	缝　宽
6 度	每增加 5m	在 100mm 基础上增加 20mm
7 度	每增加 4m	
8 度	每增加 3m	
9 度	每增加 2m	

设置防震缝时，基础可以不断开。但在平面复杂的建筑中，当建筑各相连部分的刚度差别很大时，须将基础分开。

在实际工程中，一般将伸缩缝、沉降缝和防震缝合并设置，做到一缝多用，叫做变形缝，这时变形缝应同时满足各种缝的构造要求。

6.4 建筑构造的基本知识

1. 建筑模数与建筑尺寸协调

为推进房屋建筑工业化，实现建筑的设计、制造、施工安装等活动的互相协调，需选定一个标准尺度单位，作为建筑及其各组成构配件尺寸协调的基础，这便是建筑模数。

（1）建筑模数

建筑模数是选定的标准尺寸单位，作为建筑物、建筑构配件、建筑制品等尺寸相互协调的基础。

1）基本模数与导出模数

我国选定的基本模数数值为 100mm，记作 1M（1M＝100mm），是选定的尺寸单位，整个建筑物和建筑物中的一部分以及建筑部件的模数化尺寸，应是基本模数的倍数。

　　建筑建造过程中涉及的尺寸大小差别很大，若将其全部统一为基本模数的倍数会很不方便，为此产生了导出模数，导出模数分为扩大模数和分模数。

　　导出模数是基本模数的整数倍数，其基数应为 2M、3M、6M、9M、12M 等，相应的尺寸分别为 200mm、300mm、600mm、900mm、1200mm 等。

　　分模数是基本模数的分数值，其基数为 M/10、M/5、M/2，对应的尺寸分别为 10mm、20mm、50mm。

　　2）模数数列及其应用

　　确定建筑及其构配件的尺寸时，在满足功能性和经济性原则的前提下，符合《建筑模数协调标准》GB/T 50002—2013 的规定。建筑物的开间或柱距，进深或跨度，梁、板、隔墙和门窗洞口宽度等分部件的截面尺寸宜采用水平基本模数和水平扩大模数数列，且水平扩大模数数列宜采用 $2n$M、$3n$M（n 为自然数）；建筑物的高度、层高和门窗洞口高度等宜采用竖向基本模数和竖向扩大模数数列，且竖向扩大模数数列宜采用 nM；构造节点和分部件的接口尺寸等宜采用分模数数列，且分模数数列宜采用 M/10、M/5、M/2。

　　（2）建筑尺寸协调

　　建筑制品、构配件等的尺寸统一与协调需确定标志尺寸、构造尺寸、实际尺寸及其相互间的关系，如图 6-8 所示。

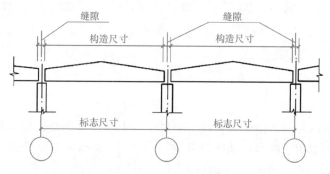

图 6-8　建筑尺寸协调

定位轴线演示

　　1）标志尺寸

　　标志尺寸是指用来标注建筑物定位轴线间的距离（如开间或柱距、进深或跨度、层高等）以及建筑构配件、建筑组合件、建筑制品、有关设备位置界限之间的尺寸。标志尺寸应符合模数数列的规定。

　　2）构造尺寸

　　构造尺寸是指建筑构配件、建筑组合件、建筑制品等的设计尺寸，一般情况下标志尺寸减去缝隙即为构造尺寸。缝隙尺寸应符合模数数列的规定。

　　3）实际尺寸

　　实际尺寸是指建筑构配件、建筑组合件、建筑制品等生产制作后的实有尺寸。实际尺寸与构造尺寸间的偏差应不超过产品的允许公差。

　　2. 定位轴线

　　定位轴线是确定建筑物主要结构构件（如承重墙、承重柱、梁等）的位置及其标注尺寸的基准线，它是施工中对主要结构构件进行定位、放线的重要依据。平面图上沿建筑物长度方向的轴为纵向定位轴线,沿建筑物短向的轴线为横向定位轴线。相邻纵、横向定位轴线确定了室内使用空间的大小,习惯上将横向定位轴线之间的距离称作开间,纵向定位轴线之间的距离称作进深。

(1) 定位轴线的画法和编号

定位轴线用细单点长画线绘制。为了识别方便,各条定位轴线应进行编号。横向定位轴线用阿拉伯数字,从左至右按顺序编号;纵向定位轴线用大写拉丁字母,从下至上按顺序编号。编号注写在轴线端部细实线绘制的圆内,直径为 8~10mm,位于定位轴线的延长线或延长线的折线上,如图 6-9 所示。

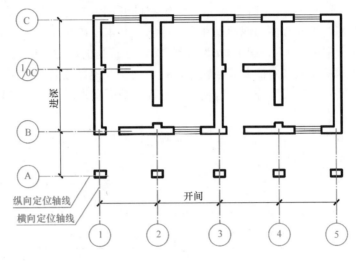

图 6-9　定位轴线的编号

纵向定位轴线编号时,由于大写拉丁字母中的 I、O、Z 易与阿拉伯数字中的 1、0、2 混淆,所以它们不能用于编号;如字母数量不够使用,可增用双字母或单字母加数字注脚进行编号,如 AA、BB、……YY 或 A1、B1、……Y1。当建筑平面比较复杂时,定位轴线可采取分区编号,编号的注写形式为"分区号-该区轴线号",如图 6-10 所示。

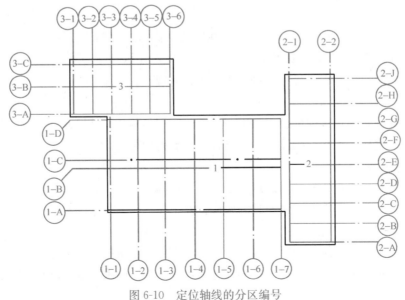

图 6-10　定位轴线的分区编号

建筑物中的次要构件一般用附加轴线进行定位。附加轴线的编号用分数表示，分母用前一轴线的编号或后一轴线编号前加零表示；分子表示附加轴线的编号，用阿拉伯数字按顺序编号，如图 6-11 所示。

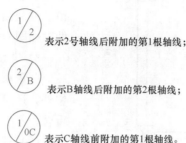

$\frac{1}{2}$ 表示2号轴线后附加的第1根轴线；

$\frac{2}{B}$ 表示B轴线后附加的第2根轴线；

$\frac{1}{0C}$ 表示C轴线前附加的第1根轴线。

图 6-11　附加轴线的表示方法

当一个详图适用于若干条定位轴线时，应同时注明各有关轴线的编号，如果是通用详图，定位轴线端头只画编号圆，不注写轴线编号，如图 6-12 所示。

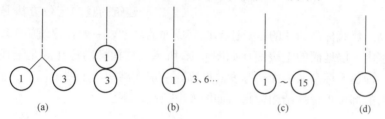

图 6-12　详图轴线的编号

（a）用于两条轴线；（b）用于三条或三条以上轴线；
（c）用于三条以上连续编号的轴线；（d）通用详图的轴线

（2）建筑结构的平面定位

1）砖混结构墙体的平面定位

砖混结构中承重内墙的定位轴线应位于该墙体顶层墙身中心线处，承重外墙的定位轴线，应位于该墙体与顶层墙身内缘与平面定位轴线相距 120mm，如图 6-13 所示。

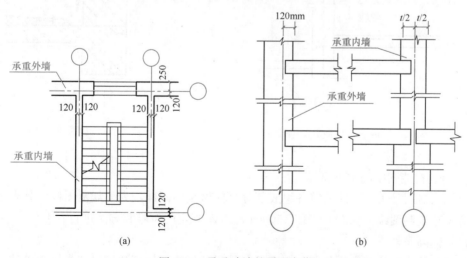

图 6-13　承重砖墙的平面定位

（a）承重墙平面定位平面图；（b）承重墙平面定位剖面图

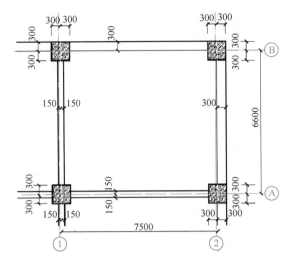

图 6-14　框架结构柱定位轴线

2）框架结构

中柱的定位轴线一般与顶层柱截面中心线重合。边柱的定位轴线一般位于顶层柱截面中心线处或距柱外缘 250mm 处，如图 6-14 所示。

3）非承重墙

非承重墙除了可按承重墙的规定定位外，还可使墙身内缘与平面定位轴线重合。

（3）建筑的竖向定位

建筑物在竖向（高度方向）需确定楼地面、阳台、屋面、门窗洞口等部位的高度，作为施工定位的依据。

建筑的竖向定位方法是标注建筑标高或结构标高。建筑标高标注的是上述部位完成面的高度，一般在建筑施工图中标注，其标注基准为室内一层地面的上表面，如图 6-15 所示。结构标高标注的是上述部位结构层表面的高度，即建筑标高减去面层厚度的标高，一般在结构施工图中标注。平屋面等不易标明建筑标高的部位可标注结构标高，如图 6-16 所示。

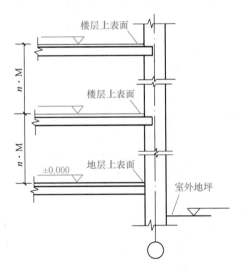

图 6-15　不同高度楼地面的竖向定位

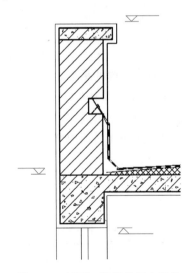

图 6-16　屋面、窗洞的竖向定位

3. 建筑构造图中的常见符号

建筑构造图是表达房屋建筑各组成部分具体做法的图样，为了规范图样，其表达方法按《房屋建筑制图统一标准》GB/T 50001—2017 规定的符号和方法进行。

（1）标高符号

标高是用来标注建筑物各部分高度的一种尺寸形式，标高数字以"米"为单位，一般省略不写，数字一般注写到小数点后第三位，在总平面图中可注写到小数点后第二位。标高符号的画法与标高数字的注写规定如下：

1）标高符号应以高度为 3mm 的等腰直角三角形表示，用细实线绘制，如图 6-17
（a）所示。

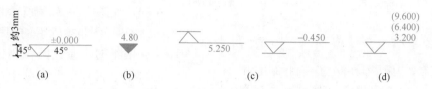

图 6-17 标高符号的画法与标高数字的注写

（a）零标高；（b）总平面图标高；（c）正、负标高；（d）一个标高符号标注多个标高

2）在总平面图中，室外地坪标高符号宜用涂黑的三角形表示，如图 6-17（b）所示。

3）零点标高应注写成±0.000；高于零点标高的为正标高，正标高的标高数字前的
"＋"号一般省略；低于零点标高的为负标高，负标高的标高数字前须注写"－"号，如
图 6-17（c）所示。

4）标高符号的直角顶点应对准被标注高度的位置，可朝下，也可朝上。标高数字可
注写在标高符号的上侧或下侧，如图 6-17（c）所示。

5）在图样的同一位置需表示几个不同的标高时，标高数字如图 6-17（d）所示。

（2）索引符号

如果图样中某一局部或构件因构造复杂，画出了详图表达时，应在该部位标注索引符
号。索引符号由直径 8～10mm 的圆、水平直径及编号组成，圆和水平直径用细实线绘
制，编号表明详图所在的位置及详图编号，索引编号编写要求如图 6-18 所示。

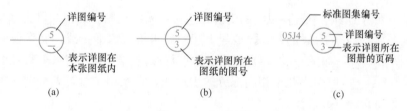

图 6-18 索引符号

（a）详图与被索引图样在同一张图纸；（b）详图与被索引图样不在同一张图纸；（c）详图采用标准图

索引符号如用于索引剖切详图，应在图样被剖切的位置绘制剖切位置线，并以引出线
引出索引符号，引出线应位于剖视方向一侧。其编号与图 6-18 中的规定相同，如图 6-19
所示。

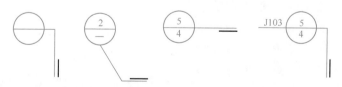

图 6-19 用于索引剖面详图的索引符号

（3）详图符号

详图符号用来表示详图的位置和编号。它由编号及圆组成，圆为直径 14mm 的粗实

图 6-20　详图符号

(a) 与被索引图样在同一张图纸的详图符号；

(b) 与被索引图样不在同一张图纸的详图符号

线圆，编号应符合下列规定：

1) 详图与被索引的图样在同一张图纸时，详图编号数字注写在圆中间，如图 6-20（a）所示。

2) 详图与被索引的图样不在同一张图纸时，应在圆中用细实线画一水平直径，在上半圆中注写详图编号，在下半圆中注写被索引图样所在图纸的编号，如图 6-20（b）所示。

（4）对称符号

当图样具有对称性时，只需画出对称轴一侧的图样，并在对称轴处绘制对称符号。对称符号由对称线和两端的两对平行线组成。对称线用细单点长画线绘制，端头超出平行线 2～3mm；每对平行线用细实线绘制，长度 6～10mm，间距 2～3mm，如图 6-21 所示。

（5）连接符号

当只需要表达图样两端的内容，中间不需画出时，需要用连接符号将两端的内容连接起来。连接符号由两条折断线组成，折断线表示需连接的部位。当两部位相距过远时，在折断线两端靠图样一侧应标注大写英文字母表示连接编号，两个被连接的图样应用相同的字母编号，如图 6-22 所示。

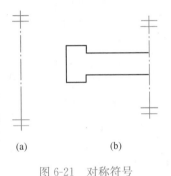

图 6-21　对称符号

(a) 对称符号；(b) 对称符号的应用

（6）引出线

引出线用来引出图样中需要说明的内容，应用细实线绘制。引出线可为水平直线、与水平线成 30°、45°、60°、90°的直线，或经上述角度再折成水平折线。文字说明宜注写在水平线的上方或端部，如图 6-23（a）所示。索引详图的引出线应与水平直径线相连，如图 6-23（b）所示。同时引出几个相同部分的引出线，宜互相平行，也可画成集中于一点的放射线，如图 6-23（c）所示。

多层构造或多层管道共用引出线，应通过被引出的各层，并用圆点示意对应各层次。文字说明宜注写在水平线的上方或端部，说明的顺序应由上至下，与被说明的层次对应一致；如层次为横向排序，则由上至下的说明顺序应与由左至右的层次对应一致，如图6-24所示。

（7）指北针

指北针一般绘制在建筑工程图的总平面图和建筑物底层平面图中，用于指示建筑物的布局方向。它由直径为 24mm 的细实线圆和指针组成，指针应通过圆

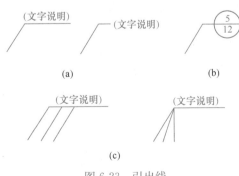

图 6-23　引出线

(a) 文字说明引出线；(b) 索引详图引出线；(c) 共用引出线

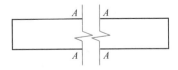

图 6-22　连接符号

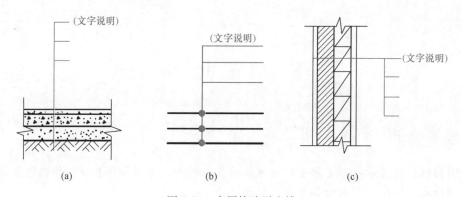

图 6-24　多层构造引出线

（a）上下分层的构造；（b）多层管道；（c）左右分层的构造

心，头部应注写"北"或"N"字，尾部宽度为 3mm。当需要绘制较大直径的指北针时，指针尾部宽度宜为直径的 1/8，如图 6-25 所示。

图 6-25　指北针

7 基础与地下室

 学习目标

知识目标： 通过学习，了解基础与地基的基本概念，熟悉各种基础的构造特点，掌握常用基础的构造和地下室的防潮与防水做法。

能力目标： 通过技能训练，会识读基础与地下室的构造图，能够根据建筑结构特点和环境条件情况初步确定基础类型和地下室的防水做法。

7.1 基　　础

1. 基础与地基

（1）基础与地基的关系

基础是建筑物最下面承受建筑物全部荷载的组成部分，它与土壤直接接触，一般要宽出建筑物的上部结构。

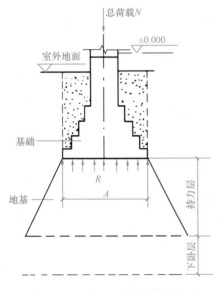

图 7-1 基础、地基与荷载的关系

地基是基础下面承受建筑物全部荷载的土层。在地基土较均匀的情况下，一般越向下越密实，承载力越高。通常把承受建筑荷载、属于承载力计算范围的土层称为持力层，持力层以下的土层称为下卧层，如图 7-1 所示。

上图中，当公式：

$$R \geqslant N/A$$

式中　R——地基的承载力；

N——建筑物的全部荷载；

A——基础底面积。

成立时，说明建筑物传给基础底面的平均压力不超过地基承载力，地基就能够保证建筑物的稳定和安全。

（2）地基的分类

根据地基是否经过人工加固处理，一般将地基分为天然地基和人工地基。

1）天然地基

天然土层具有足够的承载力，不需要经过人工改良和加固，就可直接承受建筑物的全部荷载并满足变形要求，这种地基为天然地基。岩石、碎石、密实的黏土层等均可为天然地基。

2）人工地基

如果天然土层比较软弱，必须对其进行人工加固以提高其承载力，并满足变形要求，这种地基为人工地基。人工地基的处理方法有压实法、换土法、打桩法和化学加固法等。

2. 基础的埋置深度及影响因素

（1）基础的埋置深度

室外设计地面到基础底面的距离称为基础的埋置深度，简称基础埋深，如图 7-2 所示。基础埋深应根据地基土质条件、建筑物特征和基础施工条件等因素进行确定，一般不得浅于 500mm。通常把位于天然地基上埋置深度小于 5m 的一般基础（柱基或墙基）以及埋置深度虽超过 5m，但小于基础宽度的大尺寸基础（如箱形基础），统称为天然地基上的浅基础。

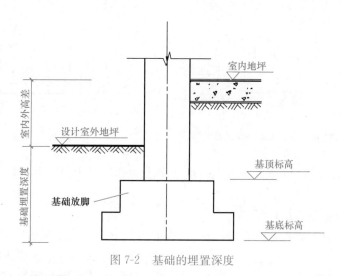

图 7-2　基础的埋置深度

常见基础类型
动画

（2）影响基础埋深的因素

一般来说，基础的埋置深度越浅，基坑土方开挖量就越小，基础材料用量也越少，工程造价就越低，但过浅时，基础在水平风荷载、地震荷载等的作用下，容易滑移而失稳，实际工程中，确定基础埋深应综合考虑以下因素。

1）建筑物自身特性

建筑物的高度、有无地下室、荷载大小和性质等建筑物自身特性因素会对基础埋深有很大的影响。一般来说，建筑物高度越大、设置地下室、荷载越大时，基础埋深均应加大。

2）地基土的地质条件

地基土质好、承载力高，基础宜尽量浅埋，以降低造价，相反则应深埋。如果地基土层构造复杂，上层承载力大于下层承载力时，应尽量利用上层土作持力层，基础宜浅埋；反之，基础应埋在下层土范围内。总之，必须对地基土的构造特点进行综合分析，确定基础的合理埋置深度。

3）地下水位的深度

一般情况下，基础应位于最高地下水位之上，以避免基础施工时采取特殊的降水、排水措施。当地下水位较高时，基础底面须位于最低地下水位之下至少 200mm，如图 7-3 所示。

4）当地冰冻线的位置

当建筑物位于季节冰冻地区，并且地基为冻胀土时，应使基础底面位于当地的冰冻线（土层的冻结深度位置）之下至少 200mm，如图 7-4 所示。

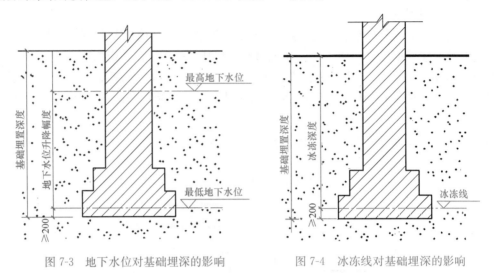

图 7-3　地下水位对基础埋深的影响　　　　图 7-4　冰冻线对基础埋深的影响

对于冰冻线浅于 500mm 的南方地区或地基土为非冻胀土时，基础埋深不考虑冰冻线的影响。

5）相邻建筑物基础的埋深

当新建建筑物距离原有建筑物较近时，一般情况下，新建建筑物基础埋深不应大于原

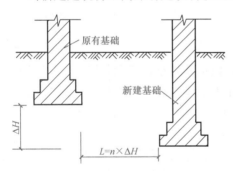

图 7-5　相邻建筑物基础的埋深

有建筑的基础埋深。当新建建筑物基础埋深受前面各种因素影响，可能深于原有建筑基础时，为了避免扰动原有基础下的地基土，应使新建建筑物基础与原有基础保持一定的净距 L，如图 7-5 所示。图中 L 的大小应根据原有建筑荷载大小、基础形式和土质情况确定。

3. 基础的类型与构造

（1）按基础材料及受力特点分类

基础作为建筑物下部重要的承重构件，应通过结构设计来确定其结构类型、材料和尺寸。一般按照基础材料及受力特点将其分为无筋扩展基础和扩展基础。

1）无筋扩展基础

该类基础通常用砖、石块、混凝土等抗压强度高，而抗拉、抗剪强度较低的材料做基础。如果基础外形宽而薄时，底面容易因受拉而出现裂缝。经研究发现，此类基础出现裂缝的范围一般在角度 α 之外，如果基础大放脚挑出的宽度 b 与高度 h 之比对应的角度小于 α，则基础底面不会出现受拉破坏。一般将 α 称刚性角，其大小与基础材料有关，此类受刚性角限制的基础称为无筋扩展基础，如图 7-6 所示。

无筋扩展基础在增加基础底面宽度 B 时，必须同时增加基础高度 H，消耗的材料较

多，不经济。故无筋扩展基础一般适用于上部荷载较小、地基承载力较高的中小型建筑。

① 砖基础

砖基础一般做成台阶形，有等高式和间隔式两种。为使基础底面平整，便于砌筑，一般需在基底下先铺设砂、混凝土或灰土垫层，如图 7-7 所示。

砖基础取材容易，构造简单，造价低廉。但其强度低，耐水性和抗冻性较差，一般只宜用于地基土干燥、质量等级较低的小型建筑中。

② 毛石基础

毛石基础由未加工的块石用水泥砂浆砌筑而成。毛石的厚度不小于 150mm，宽度 200～300mm。基础的剖面成台阶形，顶面比上部结构每边宽出 100mm，每个台阶的高度不宜小于 400mm，挑出的长度不应大于 200mm，如图 7-8 所示。

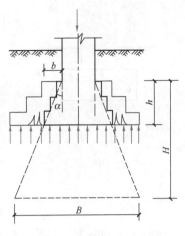

图 7-6　无筋扩展基础

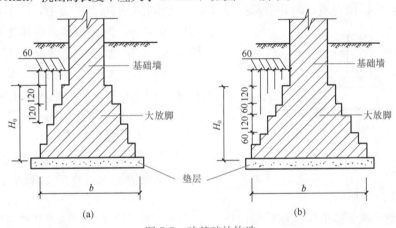

(a)　　　　　　　　　　　　(b)

图 7-7　砖基础的构造

（a）等高式；（b）间隔式

毛石基础的强度高，抗冻、耐水性能好，适用于地下水位较高、冰冻线较深的产石区的建筑。

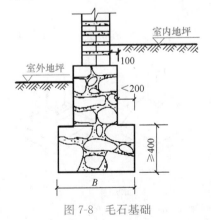

图 7-8　毛石基础

③ 混凝土基础

混凝土基础断面可为矩形、阶梯形或锥形。当基础底面宽度较小时，多做成矩形、阶梯形；当基础底面宽度大于 2000mm 时，为了节约混凝土常做成锥形，如图 7-9 所示。

当混凝土基础的体积较大时，为了节约水泥，可以加入适量的毛石，这种混凝土基础称为毛石混凝土基础。在毛石混凝土基础中，毛石加入量约为总体积的 20％～30％，尺寸不得大于 300mm，且不大于基础宽度的 1/3。

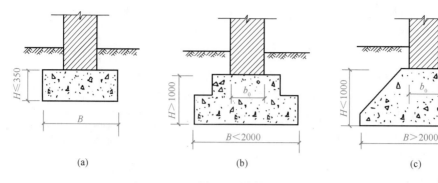

图 7-9　混凝土基础

(a) 矩形；(b) 阶梯形；(c) 锥形

混凝土基础坚固、耐久、耐水，可用于受地下水和冰冻作用的建筑。

2) 扩展基础

柱下或墙下的钢筋混凝土基础由于下部配置了钢筋来承受基底拉力，所以基础不受宽高比的限制，可以做得宽而薄，故称扩展基础。钢筋混凝土基础一般为扁锥形，端部最薄处的厚度不宜小于 200mm；底部受力钢筋的数量应通过计算确定，但钢筋直径不宜小于 8mm，间距不宜大于 200mm；混凝土强度等级不宜低于 C20。为了使基础底面能够均匀传力和便于配置钢筋，基础下面一般用强度等级为 C15 的混凝土做垫层，厚度宜为 70～100mm。有垫层时，钢筋下面保护层的厚度不宜小于 40mm；不设垫层时，保护层的厚度不宜小于 70mm，如图 7-10 所示。

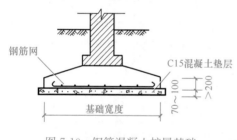

图 7-10　钢筋混凝土扩展基础

钢筋混凝土基础的适用范围特别广泛，尤其适用于有软弱土层的地基和高层建筑。

(2) 按构造形式分类

基础按构造形式分有独立基础、条形基础、筏板基础、箱形基础和桩基础等。建筑物在选择基础形式时，应综合考虑上部结构形式、荷载大小、地基状况等因素通过结构设计确定。

1) 独立基础

当建筑物采用柱子作为竖向承重构件时，柱下部截面尺寸加大形成扩大头，即为独立基础。独立基础的形状有阶梯形、锥形和杯形等，如图 7-11 所示。其特点是基坑土方工程量少，节约基础材料，便于地下管道的穿越布置。但基础相互之间没有可靠地联系，整体性差，一般适用于地基土质良好、建筑荷载分布均匀的框架结构建筑。

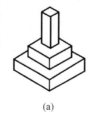
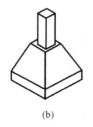
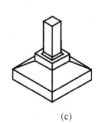

图 7-11　独立基础的形状

(a) 阶梯形；(b) 锥形；(c) 杯形

当建筑物为墙承重结构，且基础埋深较大时，为了减小土方开挖量和便于管道在土中穿越，可将墙下基础做成间距为3～4m的独立基础，上面搁置基础梁来支承墙体，如图 7-12 所示。

2）条形基础

当建筑采用墙承重结构时，将墙下部加宽，形成沿墙下连续长条状的基础，称条形基础，如图 7-13（a）所示。当建筑为框架结构时，如果上部荷载较大而地基又比较软弱，为了提高建筑物的整体性，防止出现不均匀沉降，可将柱下基础沿一个或两个方向连续设置，沿一个方向设置的为条形基础，沿两个方向设置的为井格基础，如图 7-13（b）、图7-13（c)所示。

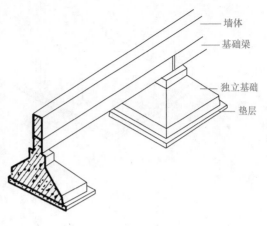

图 7-12　墙下独立基础

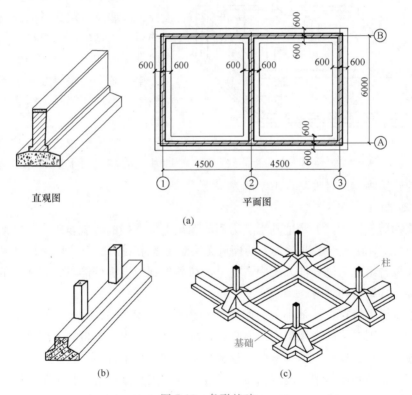

图 7-13　条形基础
（a）墙下条形基础；（b）柱下条形基础；（c）双向条形基础（井格基础）

3）筏板基础

当建筑物上部荷载很大，地基承载力相对较低，基础底面积占建筑物平面面积的比例比较大时，可将基础连成整片，称为筏板基础。筏板基础可以用于墙下和柱下，有板式和梁板式两种，如图 7-14 所示。

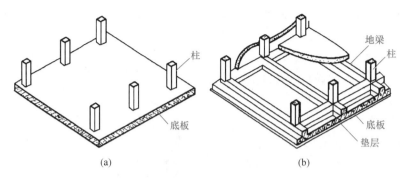

图 7-14　筏板基础

（a）板式筏板基础；（b）梁板式筏板基础

筏板基础既能充分发挥地基承载力，又能调整地基不均匀沉降，基础埋深也不大，广泛用于多高层住宅、办公楼等民用建筑中。

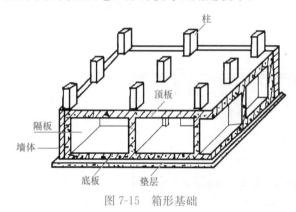

图 7-15　箱形基础

4）箱形基础

箱形基础是由钢筋混凝土的底板、顶板、侧墙及一定数量的内隔墙构成封闭的箱体，基础中部可在内隔墙开门洞作地下室，如图 7-15 所示。

箱形基础的整体性和刚度好，能够调整地基不均匀沉降，消除因地基变形导致的建筑物开裂，但混凝土及钢材用量较多，造价也较高。一般适用于软弱地基上的高层、重型或对不均匀沉降有严格要求的建筑物，及有人防地下室的建筑物。

5）桩基础

当建筑物荷载较大，天然地基承载力不能满足上部结构的荷载要求，且软弱土层的厚度在 5m 以上，对软弱土层进行人工处理也无法满足要求的情况下，可采用桩基础。桩基础由桩身和承台组成，桩身伸入土中，把上部荷载传到地层深处能够符合要求的地层，承台用来连接上部结构和桩身。

根据桩身受力特点，桩基础分为摩擦桩和端承桩，如图 7-16 所示。上部荷载如果主要依靠桩身与周围土层的摩擦阻力来承受，这种桩基础称为摩擦桩；上部荷载如果主要依靠下面坚硬土层对桩端的支承来承受，这种桩基础称为端承桩。

根据桩身是预制还是现场浇筑，桩基础分为预制桩和灌注桩。预制桩的断面形状有圆形、方形、圆环形等，在工厂或施工现场预制，由打桩机打入土中；灌注桩是先在施工场地上钻孔，当达到设计深度后，将绑扎好的钢筋笼放入孔中，最后浇灌混凝土而成的桩。桩基础施工典型场景如图 7-17 所示。

随着建筑物高度越来越大，基础埋置深度也越来越大，采用桩基础可以减少挖填土方工程量，改善工人的劳动条件，缩短工期，节省基础材料。因此，桩基础已成为深基础中应用最多的一种类型。

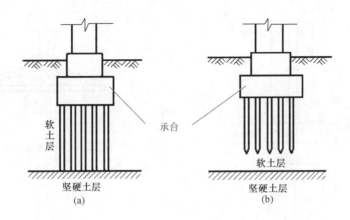

图 7-16 桩基础
（a）端承桩；（b）摩擦桩

图 7-17 桩基础施工典型场景
（a）预制桩起吊就位；（b）灌注桩放置钢筋笼

4. 基础的特殊构造

（1）变形缝处基础的构造

当变形缝处基础断开设置时，构造做法有双墙式、交叉式和悬挑式。双墙式基础是在变形缝两侧墙下设置各自的基础，由于受空间限制，基础只在离开变形缝一侧做出大放脚，所以双墙式基础属于偏心受压基础，一般只适用于上部荷载较小的建筑，如图 7-18（a）所示。交叉式基础是将沉降缝两侧的基础做成独立基础，两基础在平面上相互错开，交叉设置，如图 7-18（b）所示。悬挑式基础如图 7-18（c）所示，双墙挑梁基础是将变形缝一侧墙下基础正常设置，另一侧不设基础，而是将墙搁在基础梁上，利用压在纵墙下的挑梁支承其重量；单墙挑梁基础是将另一侧基础离开沉降缝一定距离，将楼盖、屋盖悬挑，端部与墙间留出变形缝。

（2）埋深不同基础的处理

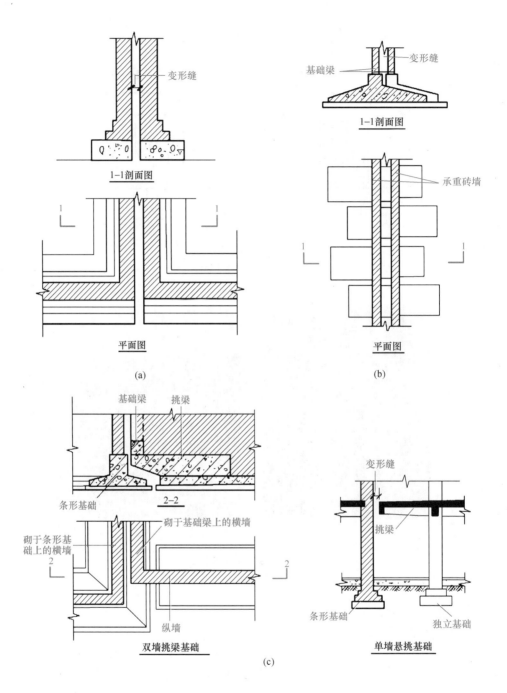

图 7-18　沉降缝处基础的构造

（a）双墙式；（b）交叉式；（c）悬挑式

　　当建筑物受上部荷载、地基承载力或使用要求等因素影响时，连续基础会出现不同的埋深，这时基础底面应做成台阶形逐渐过渡，过渡台阶的高度不应大于 500mm，长度不宜小于 1000mm，如图 7-19 所示。

　　（3）管道穿越基础的构造

基础特殊性构造
演示

引入室内的给排水、采暖和电气管路等一般不允许设置在基础底部，当这些管道穿越基础时，应按照图纸上标明的管道位置（平面位置和标高位置），在基础相应位置预埋管道或预留孔洞，预留孔洞的尺寸见表7-1。

管道穿越基础预留孔洞尺寸（单位：mm） 表 7-1

管径 d	$50\sim75$	$\geqslant100$
预留洞尺寸（宽×高）	300×300	$(d+300)\times(d+200)$

管道顶部到孔顶的净空 h 不得小于建筑物的沉降量，并且不小于 150mm，湿陷性黄土地区则不宜小于 300mm；预留孔洞底面与基础底面的距离不宜小于 400mm，当不能满足时，应将建筑物基础局部降低，如图 7-20 所示。

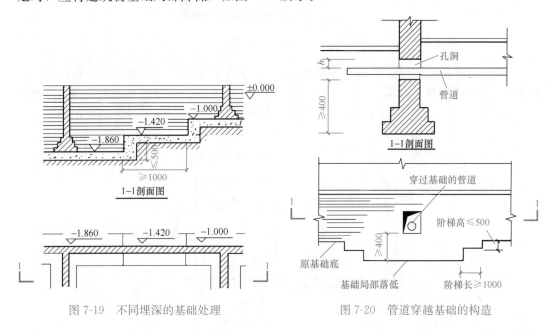

图 7-19　不同埋深的基础处理　　　　图 7-20　管道穿越基础的构造

7.2　地　下　室

地下室是建筑物底层下部的使用房间，当建筑物基础的埋深较大时，利用这个深度设置地下室，既可在有限的占地面积中争取到更多的使用空间，提高建设用地的使用率，又不致使建筑增加太多的投资，所以设置地下室有着非常重要的实用和经济意义。

1. 地下室的类型与组成

（1）地下室的类型

1）按照埋入深度分类

地下室按埋入地下深度的不同，分为全地下室和半地下室。当地下室地面低于室外地坪的高度超过该地下室净高的 1/2 时为全地下室；当地下室地面低于室外地坪的高度超过地下室净高的 1/3，但不超过 1/2 时为半地下室，如图 7-21 所示。

2）按照使用功能分类

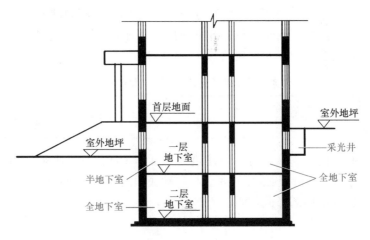

图 7-21　全地下室和半地下室

　　地下室按使用功能分为普通地下室和人防地下室。普通地下室主要用作正常生活中的设备用房、储藏用房、商场、餐厅、车库等，其构造要点与普通建筑基本相同；人防地下室主要用于战争防备，其结构和构造必须满足人防要求，并满足和平年代的使用要求。

　　（2）地下室的组成

　　地下室一般由墙体、底板、顶板、楼梯、门窗和采光井等部分组成，如图 7-22 所示。

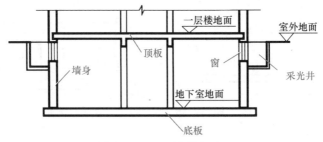

图 7-22　地下室的组成

　　1）墙体

　　地下室的墙体不仅要承受上部传来的垂直荷载，还要承受外侧土、地下水和土壤冻结时的侧压力，所以，厚度应根据结构设计确定。当采用砖墙时，墙体厚度不宜小于490mm，用水泥砂浆来砌筑，并保证灰缝饱满。当上部荷载较大或地下水位较高时，宜采用混凝土或钢筋混凝土墙，厚度不宜小于 200mm。

　　2）底板

　　地下室底板主要承受地下室内的使用荷载和自身重量，当地下水位高于地下室底板时，还要承受地下水浮力的作用，所以地下室底板应有足够的强度、刚度和抗渗能力。

　　3）顶板

　　普通地下室的顶板主要承受建筑物首层的使用荷载，可用现浇或预制钢筋混凝土楼板，也可在预制板上做现浇层（装配整体式楼板）。如果是人防地下室，顶板还要能够承受空袭时冲击波的作用，因此必须采用现浇板，并按有关规定确定厚度和混凝土强度等级。

　　4）楼梯

　　地下室的楼梯一般与上部楼梯结合设置，当地下室的层高较小时，楼梯多为单跑式。

对于防空地下室，应至少设置两部楼梯与地面相连，并且必须有一部楼梯通向安全出口。

5）门窗和采光井

普通地下室的门窗的构造与地上部分相同。人防地下室一般不允许设窗，门应采用钢门或混凝土门，以满足防护和密闭要求。

当地下室外墙设侧窗来解决天然采光和自然通风时，如果侧窗窗台低于室外地面，需将窗洞外侧的地面降低，形成采光井。采光井每边由窗侧向外扩出至少500mm，宽度不少于1000mm，以保证窗口外侧有足够的光线空间。采光井底板应低于窗台至少300mm；侧墙用砖砌或钢筋混凝土板制作，高出地面不少于500mm，并在侧墙外地面上做散水；底板用混凝土浇筑，并设1‰～3‰的排水坡度；顶部用金属铁箅子或玻璃罩覆盖，如图7-23所示。

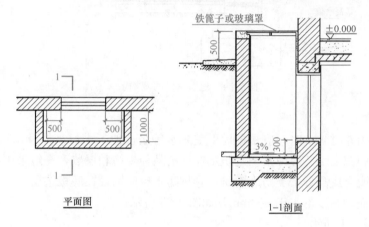

平面图　　　　　　　　　　　1-1剖面

图 7-23　地下室采光井

2. 地下室防潮与防水构造

地下室的墙和底板埋在土中，会长期受到潮气或地下水的侵蚀，引起室内地面、墙面霉变，装饰层脱落，严重时会使室内进水，影响地下室的正常使用和建筑的耐久性。因此必须对地下室采取必要的防潮、防水措施。

（1）地下室防潮构造

当地下最高水位低于地下室底板300～500mm，且地基土为渗透性较强的中粗砂、砂砾石或砾石层等，无形成上层滞水的可能时，地下室需采取防潮措施。若地下室外墙、底板为钢筋混凝土结构，可利用钢筋混凝土结构自身的密实性来防潮，不必再专门采取防潮措施。如果地下室外墙为砖墙结构，要求砖墙必须用水泥砂浆砌筑，灰缝饱满，并采取防潮措施。

地下室的防潮构造包括墙体防潮和底板防潮，墙体防潮由外墙外表面的垂直防潮层，和沿墙体设置的上下两道水平防潮层构成，如图7-24所示。

（2）地下室防水构造

当地下最高水位高于地下室底板或地下室周围土层属于弱透水性土，存在滞水可能时，地下室的外墙会受到地下水侧压力的影响，底板会受到地下水浮力的作用，这些压力水具有较强的渗透能力，会导致地下室漏水，影响正常使用。这时，地下室必须采取防水措施。地下室的防水构造要求迎水面主体结构应采用防水混凝土，并应根据防水等级采取卷材防水、混凝土构件自防水、涂料防水等做法。

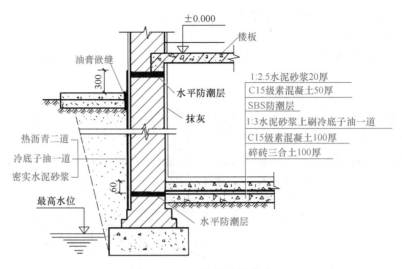

图 7-24　地下室的防潮构造

1）卷材防水

地下室采用卷材防水时，应根据地下室防水等级，地下水位高低及水压力作用状况，结构构造形式和施工工艺等因素确定防水卷材的品种规格和层数，一般采用高聚物改性沥青类防水卷材或合成高分子类防水卷材。卷材防水层应铺设在底板垫层上，并沿墙体铺设至顶板结构顶面，高度不小于 500mm，如图 7-25 所示。

2）防水混凝土防水

地下室采用防水混凝土防水时，结构厚度应不小于 250mm，钢筋保护层厚度应根据结构的耐久性和工程环境选用，迎水面钢筋保护层厚度不应小于 50mm，底板混凝土垫层

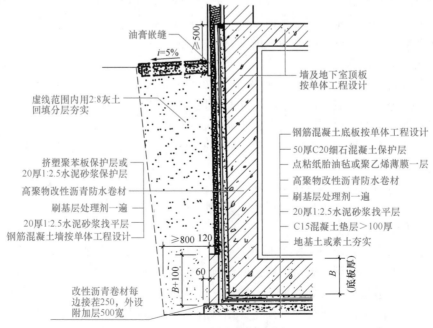

图 7-25　地下室卷材防水

强度等级不应小于 C15，厚度不应小于 100mm。为防止地下水对钢筋混凝土结构的侵蚀，需在墙体外侧先用水泥砂浆找平，然后刷热沥青隔离，如图 7-26 所示。

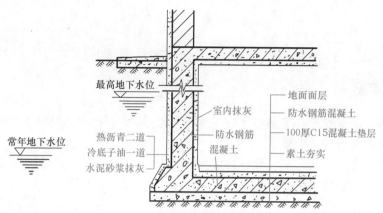

图 7-26　地下室防水混凝土防水

3）涂料防水

地下室涂料防水层包括无机防水涂料和有机防水涂料，有机防水涂料宜用于主体结构的迎水面，无机防水涂料宜用于主体结构的背水面。采用有机防水涂料时，基层阴阳角应做成圆弧形，阴角直径宜大于 50mm，阳角直径宜大于 10mm，在底板转角部位应增加胎体增强材料（聚酯无纺布、化纤无纺布、玻纤无纺布等），并应增涂防水涂料。防水涂料施工完成后应及时做好保护层。底板、顶板的保护层应采用 20mm 厚 1∶2.5 水泥砂浆或 40~50mm 厚的细石混凝土，并宜与防水层之间设隔离层；侧墙背水面应采用 20mm 厚 1∶2.5 水泥砂浆保护层，迎水面宜选用轻质保护层或 20mm 厚 1∶2.5 水泥砂浆保护层，如图 7-27 所示。

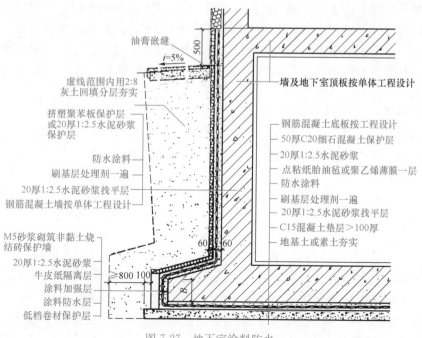

图 7-27　地下室涂料防水

8 墙 体

学习目标

知识目标：通过学习，了解墙体的类型和构造要求，熟悉砌体墙的基本构造，掌握墙体的细部构造和装饰装修做法。

能力目标：通过技能训练，能够读懂和绘制墙体构造图，并能根据客观条件和使用要求选择墙体的装饰装修做法。

墙体在房屋建筑中除了发挥承重、围护、分隔作用外，还直接影响着建筑结构、经济、使用功能的合理与否，因此选择合理的墙体材料和构造做法是实现建筑安全、经济、实用的重要保证。

8.1 墙体的类型与构造要求

1. 墙体的类型

（1）按墙体的位置和方向分类

根据墙体在建筑平面内的方向，一般将其分为纵墙和横墙，纵墙是沿建筑纵轴（长轴）方向布置的墙，横墙是沿建筑横轴（短轴）方向布置的墙。根据墙体在建筑平面的位置分为内墙和外墙。内墙位于建筑内部，主要起分隔内部空间的作用；外墙位于建筑外围四周，抵抗外界风、雨、日晒、冷空气、噪声等对室内的不利影响。外横墙俗称山墙。突出屋顶上部、起围护屋顶空间和装饰建筑立面的外墙为女儿墙。此外，根据墙体与门窗的位置关系，位于左右窗洞口之间的墙为窗间墙，位于上下窗洞口之间的墙为窗下墙，如图 8-1 所示。

（2）按墙体的受力情况分类

根据墙体是否承受屋顶、楼板层传来的荷载，墙体分为承重墙和非承重墙。承重墙是承受上部屋顶、楼板层传来荷载的墙；非承重墙是不承受屋顶、楼板层传来荷载的墙。非承重墙又分为以下几种：

1）自承重墙：不承受楼板、屋面板传来的荷载，仅承受自身重量，并把自重传给下部基础的墙。

2）框架墙：在框架结构中，填充在框架中间的墙。

3）隔墙：仅起分隔室内空间的作用，自身重量由楼板或梁承担的墙。

（3）按墙体的构造方式分类

墙体按构造方式分有实体墙、空体墙和组合墙，如图 8-2 所示。

1）实体墙：由单一材料组成，内部没有空腔的墙，如普通砖墙、实心砌块墙、钢筋混凝土墙等均属于实体墙。

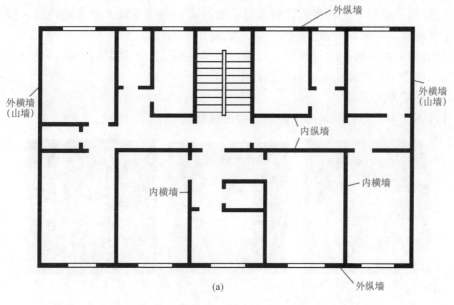

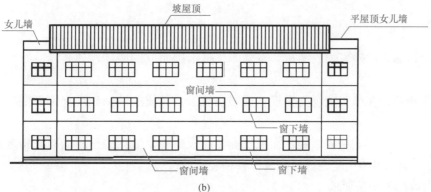

图 8-1 墙体按位置和方向分类

(a) 建筑平面图中的墙体；(b) 建筑立面图中的墙体

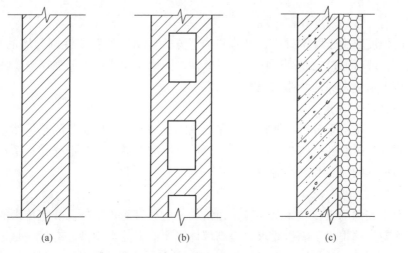

图 8-2 墙体按构造方式分类

(a) 实体墙；(b) 空体墙；(c) 组合墙

2）空体墙：由单一材料组成，内部有空腔的墙，如空斗墙、空心砌块墙、空心板材墙等属于空体墙。空体墙的强度一般比较小，多用来做隔墙。

3）组合墙：由两种以上材料组成的墙，如带保温层的钢筋混凝土墙，其中钢筋混凝土部分起承重作用，保温层起保温隔热作用。

（4）按施工方式分类

墙体按施工方式分有砌筑墙、板筑墙和板材墙，如图 8-3 所示。

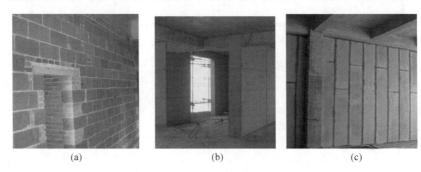

图 8-3　墙体按施工方式分类

(a) 砌筑墙；(b) 板筑墙（钢筋混凝土墙）；(c) 板材墙

1）砌筑墙：用砂浆类胶结材料将墙体块材组砌而成的墙体，如砖墙、石墙及各种砌块墙。

2）板筑墙：在施工现场支模板、现场浇筑湿料而成的墙，如现浇钢筋混凝土墙、生土墙等。

3）板材墙：预先制成墙板，在现场安装而成的墙，常见的预制墙板有预制钢筋混凝土墙板、预制保温隔声复合墙板和其他各种轻质墙板等。

2. 对墙体的构造要求

墙体在建筑中的位置不同、作用不同，对其的构造要求就不同，主要包括以下几方面：

（1）具有足够的强度和稳定性

墙体的强度取决于墙体材料、尺寸和构造方式，墙体的稳定性则与墙的长度、高度、厚度有关，一般可通过控制高厚比，加设壁柱、圈梁、构造柱，加强墙与墙或墙与其他构件间的连接等措施来保证墙体的强度和稳定性。

（2）满足热工要求

不同地区、不同季节对墙体提出了保温或隔热的要求，保温与隔热虽然是互逆的两种节能使用要求，采取的措施却不尽相同，但通过增加墙体厚度、选择导热系数小的材料都有利于提高墙体的保温和隔热能力。

（3）满足隔声的要求

为了获得安静的工作和休息环境，建筑构件应具有防止室外及邻室传来的噪声影响的能力，因而对墙体提出了隔声要求。提高墙体隔声能力的常用做法有：一是采用密实、容重大的墙体材料；二是将墙体做成空心、多孔构造；三是采用吸声材料进行墙面装饰。

（4）满足防火要求

墙体采用的材料及墙体厚度应符合《建筑设计防火规范》GB 50016—2014 的规定。当建筑物的占地面积或长度较大时，应按规范要求设置防火墙等进行防火分区与防火分隔，以限制火灾蔓延。

（5）满足工业化及节能要求

墙体要逐步改革以实心黏土砖为主要材料的状况，采用新型墙体材料和构造方案，为机械化施工创造条件，同时注意做好墙体的防潮、防水处理，满足可持续发展及环境保护的需要。

8.2 墙 体 的 构 造

目前，建筑中的墙体以砌筑墙为主，其构造具有典型性和代表性，下面以砌筑墙为例介绍墙体构造。

1. 墙体的一般构造

砌筑墙是以砂浆为胶结材料，将砖或砌块按一定规律砌筑起来的墙体。

（1）砖墙的一般构造

1）砖墙材料

① 砖：砖按材质分有黏土砖、页岩砖、煤矸石砖、粉煤灰砖、灰砂砖、混凝土砖等，按形状分有实心砖、多孔砖等。普通标准砖的尺寸为 240mm×115mm×53mm，空心砖的规格有 190mm×190mm×90mm、240mm×115mm×90mm、240mm×180mm×115mm等。黏土砖在我国大部分地区已被禁止使用，建筑中采用较多的是页岩、煤矸石、粉煤灰、灰砂等制作的标准砖。

② 砂浆：砌筑砖墙常用的砌筑砂浆有水泥砂浆、石灰砂浆和水泥石灰混合砂浆。水泥砂浆适合砌筑潮湿环境的墙体，石灰砂浆适于砌筑次要建筑地面以上的墙体，水泥石灰混合砂浆用来砌筑地面以上的墙体。

砖墙体中的砂浆主要起粘结和找平的作用，厚度一般为 10mm。当砌筑拱形、弧形砌体时，可通过将灰缝做成楔形来实现。

2）砖墙的砌筑方式与厚度

① 砖墙的砌筑方式：为了保证墙体的强度和稳定性，砖墙在砌筑时应遵循横平竖直、砂浆饱满、内外搭接、上下错缝的原则。工程中，一般把长度方向垂直于墙面而砌筑的砖叫丁砖，把长度方向平行于墙面砌筑的砖叫顺砖。上下皮之间的水平灰缝称横缝，左右两块砖之间的垂直缝称竖缝。砖墙常见的砌筑方式如图 8-4 所示。

② 砖墙的厚度尺寸：确定砖墙的厚度除了要考虑其在建筑物中的作用外，还应与砖的规格相适应。实心黏土砖墙的厚度是按半砖的倍数确定的，如半砖墙、3/4 砖墙、一砖墙、一砖半墙、两砖墙等，相应的尺寸为 115mm、178mm、240mm、365mm、490mm，习惯上把它们称作 12 墙、18 墙、24 墙、37 墙、49 墙。墙厚与砖规格的关系如图 8-5 所示。

（2）砌块墙的一般构造

砌块多用工业废料和地方性材料制作，具有材料来源广泛、节约能源、可改善墙体热工性能等优点，采用砌块墙成为我国目前对墙体进行改革的重要途径，砌块墙也是钢筋混

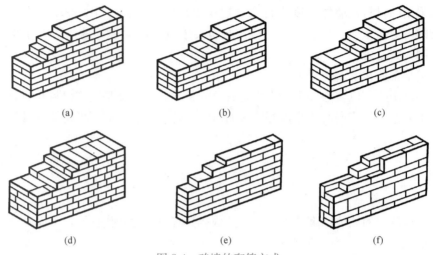

图 8-4　砖墙的砌筑方式

（a）一顺一丁（一砖墙）；（b）三顺一丁（一砖墙）；（c）梅花丁（一砖墙）；
（d）一顺一丁（一砖半墙）；（e）全顺无丁（半砖墙）；（f）两平一侧（3/4 砖墙）

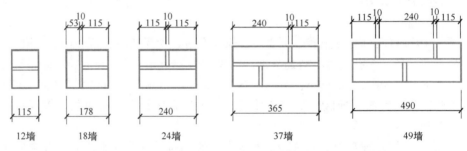

图 8-5　墙厚与砖规格的关系

凝土结构建筑中填充墙的主要类型。

1）砌块的类型

砌块按用途分为承重砌块和非承重砌块；按空心率分为实心砌块和空心砌块；按单块重量和尺寸大小分为小型砌块、中型砌块和大型砌块；按材质分为硅酸盐砌块、轻骨料砌块、普通混凝土砌块，如图 8-6 所示。

中、小型砌块的重量轻，人工搬动灵活，便于手工砌筑，故目前应用比较普遍。大型砌块则需要借助于起重吊装设备砌筑，相对来说砌筑的难度较大，所以较少应用。

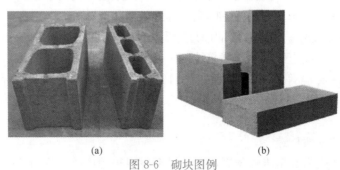

图 8-6　砌块图例

（a）混凝土空心砌块；（b）加气混凝土砌块

2）砌块的组砌

砌块墙在砌筑前，必须进行砌块排列设计，并满足相应的砌筑要求，如图 8-7 所示。

① 用 M5 砂浆砌筑，灰缝宽度一般为 10～15mm。当垂直灰缝大于 30mm 时，则需用 C15 细石混凝土灌实。

② 上下错缝搭接，减少通缝。搭接长度一般为砌块长度的 1/4，并且不应小于 150mm，当无法满足搭接长度要求时，应在灰缝内设 Φ4 钢筋网片连接。

③ 优先选用大砌块，主砌块占总数 70% 以上，局部可采用普通砖镶补。

④ 空心砌块上下孔、肋需对齐。

⑤ 在纵横墙交接处和外墙转角处均应搭接，以保证砌块墙的整体性。

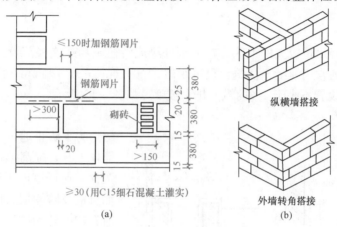

图 8-7　砌块墙的砌筑要求

（a）砌块的排列；（b）砌块的搭接

2. 墙体的细部构造

为了保证墙体的耐久性和与其他构件的连接，应对其相应位置进行构造处理，即为墙体的细部构造。墙体细部构造包括散水、勒脚、墙身防潮、窗台、门窗过梁、圈梁、构造柱、女儿墙等，这些构造主要分布在外墙上，如图 8-8 所示。

（1）散水和明沟

散水和明沟是沿建筑物四周在室外地坪上设置的排水构造，作用是将建筑物周围的地面水及时排除，避免沿外墙根向下渗透。

1）散水

散水是沿建筑物外墙四周，在地面上设置的排水坡。散水的坡度一般为 3‰～5‰，宽度不小于 600mm，并应比屋檐挑出的宽度大 200mm。

散水有砖铺、砂浆砌块石、混凝土等类型，因混凝土散水坚固、耐久，便于成型，所以应用广泛。混凝土散水与外墙之间应留置沉降缝，沿散水长度每隔 6～12m 和转角处应设伸缩缝，沉降缝和伸缩缝的宽度为 10～20mm，内填油膏或沥青砂浆，如图 8-9 所示。

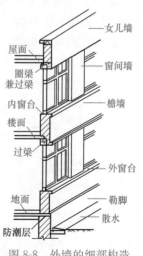

图 8-8　外墙的细部构造

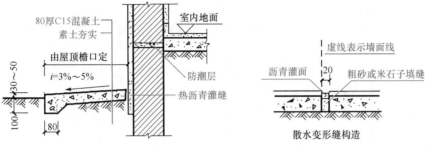

图 8-9　混凝土散水

散水与明沟演示

2）明沟

明沟是在年降水量较大的地区，在散水外缘或沿建筑物外墙根部设置的排水沟。明沟通常用混凝土浇筑，也可用砖、石砌筑，宽度 180mm、深 150mm，沟底应设置不小于 1％的纵向排水坡度，如图 8-10 所示。

（2）墙身防潮

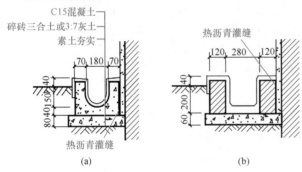

图 8-10　明沟

（a）混凝土明沟；（b）砖砌明沟

为了防止地下土壤中的潮气沿墙体上升，提高墙体的坚固性与耐久性，保证室内干燥、卫生，应在墙脚铺设防潮层。墙身防潮层应在所有的内外墙中连续设置，且按构造形式不同分为水平防潮层和垂直防潮层两种。

1）防潮层的位置

① 当室内地面垫层为混凝土等不透水材料时，防潮层位于垫层厚度中间，一般低于室内地坪 60mm，如图 8-11（a）所示；

② 当室内地面垫层为三合土、碎石灌浆等透水材料时，防潮层应位于与室内地坪平齐或高于室内地坪 60mm 处，如图 8-11（b）所示；

③ 当室内地面低于室外地面或内墙两侧室内地面有高差时，需设置两道水平防潮层，

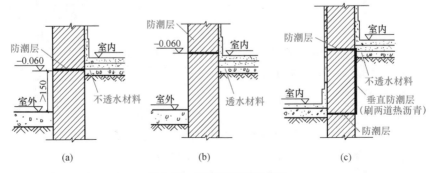

图 8-11　墙身防潮层的位置

（a）室内垫层为不透水材料；（b）室内垫层为透水材料；（c）室内地面有高差

并在两道水平防潮层之间靠土一侧的垂直墙面做防潮层，如图 8-11（c）所示。

2）防潮层的做法

① 水平防潮

墙身水平防潮层应位于室外地坪之上、室内地坪层密实材料垫层中部，一般在室内地坪以下 60mm 处，并应沿内、外墙连续设置，其做法有四种：

A. 卷材防潮。先用 20mm 厚 1：3 水泥砂浆找平，然后再干铺一层油毡或做一毡二油（油毡上下均为热沥青涂层），如图 8-12（a）所示。防潮卷材的宽度应每边宽出墙身 10mm，卷材间的搭接长度应不小于 100mm。卷材防潮效果好，但破坏了墙体的整体性，不宜用在有抗震要求或受振动影响的建筑中。

B. 防水砂浆或细石混凝土防潮。铺设 25mm 厚 1：2 的防水砂浆或浇筑 60 厚与墙等宽的细石混凝土来防潮，并按每半砖墙厚至少配 1φ6 钢筋（"1φ6"指 1 根直径为 6mm 的钢筋），如图 8-12（b）所示。

C. 地圈梁代替防潮层。当建筑物设置地圈梁时，可调整其位置，使其顶面低于室内地坪 60mm，以代替墙身水平防潮层，如图 8-12（c）所示。

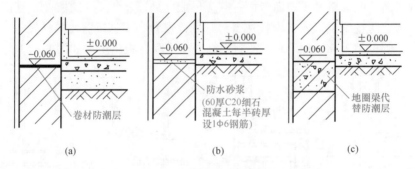

图 8-12　墙身水平防潮层的做法
（a）卷材防潮；（b）防水砂浆或细石混凝土防潮；（c）地圈梁代替防潮层

② 垂直防潮

墙身垂直防潮层的做法是：先用 1：2 水泥砂浆勾缝，再将墙面抹平，最后在上面刷一道冷底子油、两道热沥青，如图 8-11（c）所示。

（3）勒脚

勒脚是外墙下部与室外地面接近的部位，其作用是加固墙身，防止因外界人为碰撞和地面水、屋檐滴下的雨水对墙脚的损害，并能装饰建筑立面。

勒脚高度一般不应低于 700mm，在实际工程中，应结合建筑立面效果要求，根据建筑的整体形象要求而定。勒脚部位应采用防水耐久的材料，与散水、墙身水平防潮层形成闭合的防潮系统，常见的做法有如下三种：

1）抹灰勒脚：在勒脚部位抹 20～30mm 厚 1：2 或 1：2.5 的水泥砂浆，或做水刷石、斩假石等，如图 8-13（a）所示。

2）饰面板（砖）勒脚：在勒脚部位安装花岗岩、蘑菇石等饰面板，或粘贴外墙面砖、陶瓷锦砖等，如图 8-13（b）所示。

3）用坚固材料做勒脚：勒脚部位采用混凝土、天然石材等坚固耐水的材料，如图 8-13（c）所示。

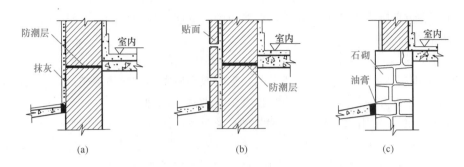

图 8-13　勒脚的构造

（a）抹灰勒脚；（b）饰面板（砖）勒脚；（c）石砌勒脚

（4）窗台

窗台是窗洞下部的构造，位于室外的叫外窗台，位于室内的叫内窗台。窗台可以排除沿窗流下的雨水和冷凝水，并对室内外起到一定的装饰作用。

1）外窗台

外窗台表面一般应略低于内窗台面，并应形成向外倾斜约 5％ 的坡度，底面外缘做滴水，以利排水，防止雨水流入室内。外窗台有悬挑窗台和不悬挑窗台两种做法。悬挑窗台常用砖平砌、侧砌挑出 60mm，或用预制钢筋混凝土窗台板出挑，如图 8-14 所示。

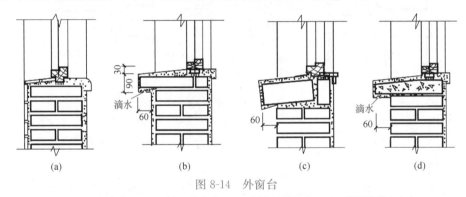

图 8-14　外窗台

（a）不悬挑窗台；（b）平砌悬挑窗台；（c）侧砌悬挑窗台；（d）预制混凝土窗台

2）内窗台

内窗台可直接做抹灰层或铺大理石、预制水磨石、木窗台板等形成窗台面。北方地区墙体厚度较大时，常在内窗台下留置暖气槽，如图 8-15 所示。

（5）过梁

过梁是设置在门窗洞口上部的横梁，主要用来承受洞口上部墙体传来的荷载，并传给窗间墙。过梁按照材料和构造形式分，有砖拱过梁、钢筋砖过梁和钢筋混凝土过梁。

1）砖拱过梁

砖拱过梁由普通砖侧砌和立砌形成，跨度一般不应超过 1.2m，有平拱和弧拱两种，如图 8-16 所示。

砖拱过梁砌筑时先从中间的拱心砖开始，两边砖对称倾斜砌筑，依靠上宽（不大于15mm）下窄（不小于 5mm）的楔形灰缝成形，砌筑难度大，整体性差，不宜在上部有集中荷载、受较大振动荷载影响和可能产生不均匀沉降等情况下使用。

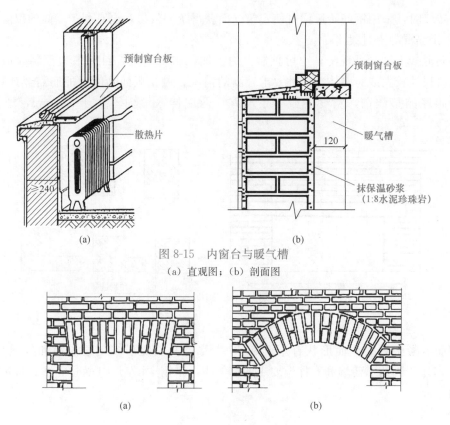

图 8-15　内窗台与暖气槽

（a）直观图；（b）剖面图

图 8-16　砖拱过梁

（a）平拱砖过梁；（b）弧拱砖过梁

过梁做法演示

2）钢筋砖过梁

钢筋砖过梁由配筋砂浆层和砌砖层组合而成。配筋砂浆层位于过梁底部，是在洞口上方设置约 30mm 厚的砂浆层，并在其中按每 120mm 墙厚放置至少 1Φ6 钢筋，钢筋端部做 60mm 高的垂直弯钩，两端伸入墙内不少于 240mm；砌砖层高度应经计算确定，一般不小于 5 皮砖，且不小于洞口跨度的 1/5，砌筑砂浆的强度不应低于M5，如图 8-17 所示。

钢筋砖过梁适用于上部荷载不大，跨度不超过 1.8m 的门、窗、设备洞口等。当墙身

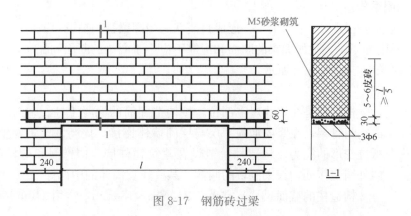

图 8-17　钢筋砖过梁

为清水砖墙时，采用钢筋砖过梁可使建筑立面获得统一效果，也有利于墙体的保温节能。

3）钢筋混凝土过梁

钢筋混凝土过梁可现浇，也可预制。为了加快施工进度，目前多为预制；现浇过梁用于洞口尺寸较大或对墙体整体性要求较高的情况。过梁截面高度及配筋需经计算确定，并应是砖厚的整数倍，宽度一般等于墙厚，两端伸入墙内不小于 240mm，如图 8-18 所示。

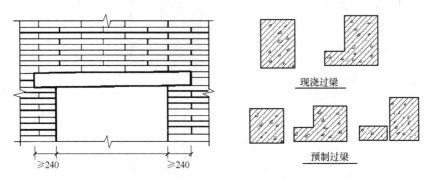

图 8-18　钢筋混凝土过梁

钢筋混凝土过梁截面形状有矩形和"L"形两种，矩形多用于内墙和外混水墙中，"L"形多用于外清水砖墙和有保温要求的墙体中，采用"L"形过梁时应注意将过梁的缺口朝向室外。

（6）圈梁

1）圈梁的基本构造

圈梁是沿建筑物的外墙、内纵墙和部分横墙设置的连续封闭的梁，其主要作用是加强房屋的空间刚度和整体性，防止由于基础不均匀沉降、振动荷载等因素引起的墙体开裂，提高建筑的抗震能力。

圈梁的设置数量、位置与建筑物的高度、层数、地基状况、抗震要求等因素有关，一般设在建筑物的楼（屋）盖处，如图 8-19 所示。

圈梁大多采用钢筋混凝土圈梁，其截面宽度宜与墙厚相同，高度不小于 120mm。当圈梁位于外墙中，并且外墙厚大于 240mm 时，为避免"冷桥"，圈梁宽度可以小于墙厚，但不宜小于墙厚的三分之二。

2）附加圈梁构造

圈梁应连续设在同一水平面上，并形成封闭状。当圈梁被门窗洞口截断时，应在洞口上部增设一道附加圈梁，附加圈梁的断面和配筋不应小于圈梁的断面和配筋，并须与圈梁有足够的搭接长度，如图 8-20 所示。

（7）构造柱

构造柱演示

构造柱是在墙体规定部位，按构造配筋的混凝土柱。它与圈梁一起构成空间骨架，在竖向加强了层与层间墙体连接，提高了建筑物整体刚度和抵抗变形的能力。构造柱一般设在建筑物外墙、楼梯间和电梯间的四角，内外墙交接处，较大洞口的两侧，某些较长墙体的中部等。

构造柱的截面尺寸不宜小于 240mm×180mm，常用 240mm×240mm。

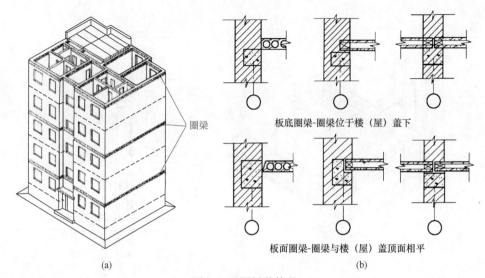

(a)

板底圈梁-圈梁位于楼（屋）盖下

板面圈梁-圈梁与楼（屋）盖顶面相平

(b)

图 8-19 圈梁的构造

（a）圈梁的位置；（b）圈梁与楼（屋）盖的位置关系

圈梁演示

竖向钢筋不少于4Φ12，箍筋为Φ6@250，并在柱的上下端适当加密。构造柱应先砌墙后浇柱，墙与柱连接处宜留出五进五退的大马牙槎，进退各60mm，并沿高度每隔500mm设2Φ6的拉结钢筋，每边伸入墙内不宜小

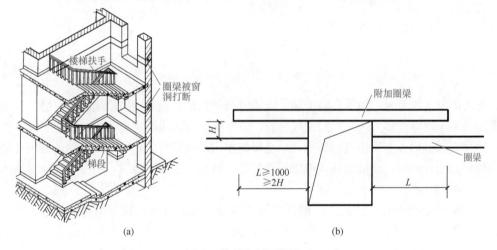

(a)

(b)

图 8-20 附加圈梁的构造

（a）圈梁被打断示意；（b）附加圈梁的构造

于1000mm，如图 8-21 所示。

构造柱不需专门设基础，下端可伸入室外地面下 500mm，或锚入埋置深度浅于500mm 的地圈梁内，上端伸入到屋顶圈梁或女儿墙压顶里。

（8）墙体变形缝

墙体变形缝的构造形式与变形缝的类型和墙厚有关，可做成平缝、错口缝或企口缝，如图 8-22 所示。平缝构造简单，但不利于建筑保温隔热，一般适用于厚度不超过 240mm 的墙

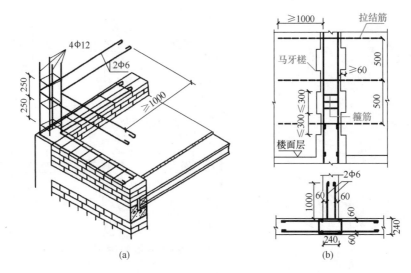

图 8-21　构造柱

（a）转角处的构造柱；（b）内外墙相交处的构造柱

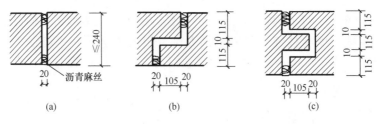

图 8-22　墙体变形缝的构造形式

（a）平缝；（b）高低缝；（c）企口缝

体。当墙体厚度较大时，为了有利于保证墙体的围护效果，应采用错口缝或企口缝。当为抗震缝时，不论缝宽度多大，一般需做成平缝，以保证地震时建筑物有适当的摇摆空间。

　　墙体变形缝内外表面应进行盖缝，以免影响室内外环境效果，特别是外墙的缝内还需用弹性材料如沥青麻丝、玻璃棉毡、泡沫塑料等进行填充，做到不透风、不渗水、保温隔热。

　　1）伸缩缝

　　伸缩缝的外墙表面应用耐气候的弹性材料盖缝，保证缝两侧建筑结构能够自由胀缩变形，如图 8-23（a）所示；伸缩缝的内墙表面盖缝材料应与室内装饰装修相适应，一般可采用木材、金属盖缝材料，构造上不影响建筑结构的由自变形，如图 8-23（b）所示。

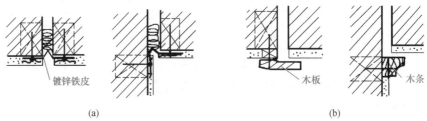

图 8-23　墙体伸缩缝的盖缝构造

（a）外侧缝口；（b）内侧缝口

2）沉降缝

沉降缝的盖缝板在构造上应断开，保证两侧单元能自由沉降，如图 8-24 所示。

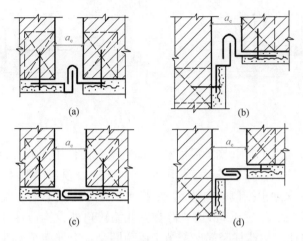

图 8-24　墙体沉降缝的构造（a_e——缝宽）

3）防震缝

防震缝应做成平缝，两侧设置双墙将缝两侧结构封闭。防震缝的构造要求与伸缩缝相同，但缝内一般不填充任何材料。由于防震缝的宽度较大，盖缝板应能保证缝两侧结构有较大的自由摇摆空间，构造上更应注意盖缝的牢固、防风沙、防水和保温等问题，如图 8-25所示。

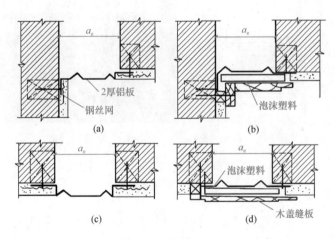

图 8-25　墙体防震缝的构造（a_e——缝宽）

目前，建材市场有专门的墙体盖缝板，如图 8-26 所示。外墙盖缝板一般用耐气候性好的材料，如镀铝合金、不锈钢、PVC 塑料板等进行覆盖，内侧盖缝构造应考虑与室内的装饰效果相协调，并满足隔声、防火要求，一般采用具有一定装饰效果的木条盖缝。此外选择盖缝板时一定要仔细阅读产品性能，应使伸缩缝、防震缝的盖缝板满足因温度变化或地震作用引起的伸缩要求，沉降缝的盖缝板满足竖向不均匀沉降的要求。

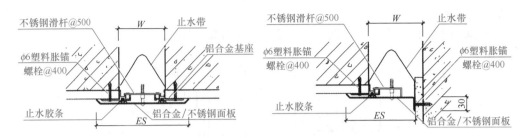

图 8-26　金属盖板型外墙变形缝

（9）女儿墙

女儿墙是凸出屋面之上，起围护屋面和装饰建筑立面作用的墙。为保证女儿墙在风荷载、地震力作用下的稳定性，墙身厚度应不小于 240mm，顶部设厚度不小于 120mm 的钢筋混凝土压顶。压顶向屋顶一侧倾斜约 5% 的排水坡度，内侧下端作滴水处理，如图 8-27（a）所示。当女儿墙长度超过 4.5m 时，除在女儿墙转角处设构造柱外，还应沿着女儿墙长度每隔 2m 设构造柱，构造柱竖筋底部植于屋顶圈梁，上部伸至女儿墙顶并与压顶整浇在一起，如图 8-27（b）所示。

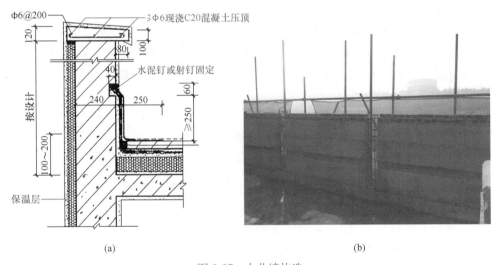

(a)　　　　　　　　　　　　　　　　　　(b)

图 8-27　女儿墙构造

（a）女儿墙及压顶；（b）女儿墙中间的构造柱

（10）墙体保温

北方地区，为防止冬季室内热量通过外墙散失，需在外墙上采取保温措施。外墙的保温做法一般有三种。

1）增加外墙厚度

即通过延缓传热过程，达到保温的目的。如北方地区砖混结构的外墙厚度一般就是根据保温要求来确定的，砖外墙厚度可达 370mm、490mm。但增加墙体厚度，会增加结构自重，使墙体材料消耗增大，影响综合节能效果。

2）外墙选用导热系数小的材料

导热系数小的材料有利于保温，但往往孔隙率大，强度低，承载力有限。

3）采用组合墙体

即外围护墙采用有保温层的组合墙体，根据保温层在墙体中的位置，组合墙体有外墙外保温、有外墙内保温和夹层保温三种方案，如图 8-28 所示。

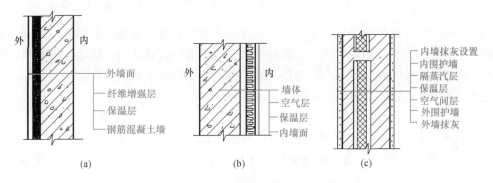

图 8-28　墙体保温构造

（a）外墙外保温；（b）有外墙内保温；（c）夹层保温

此外，采用提高墙体的密闭性、防止冷风渗透、避免"热桥"和在墙体中采取防潮防水措施等，都有利于提高墙体的保温效果。

（11）砌块墙的细部构造

1）圈梁

砌块墙的圈梁常和过梁统一考虑，有现浇和预制两种。不少地区采用槽形预制构件，在槽内配置钢筋，浇灌混凝土形成圈梁，如图 8-29 所示。

2）构造柱与芯柱

实心砌块墙一般通过在框架梁之间设置构造柱限制其长度，以保证砌块墙的稳定性。构造柱的断面与砌块的宽度相适应，并沿高度每间隔 500mm 设 2φ6 的钢筋与砌块墙拉结，拉结筋长度为 500mm，如图 8-30 所示。

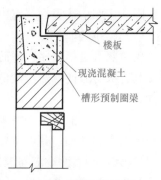

图 8-29　槽形预制圈梁

空心砌块墙在外墙转角及某些内外墙相接的"T"字接头处，将空心砌块上下孔对齐，在孔内配置φ10～φ12 的钢筋，然后用细石混凝土分层灌实，形成芯柱，使砌块在垂直方向连成一体，如图 8-31 所示。

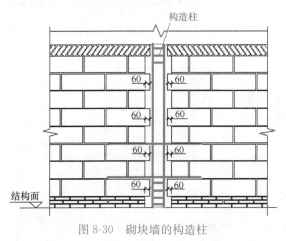

图 8-30　砌块墙的构造柱

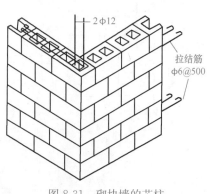

图 8-31　砌块墙的芯柱

8.3 隔墙与隔断

隔墙与隔断是建筑物中分隔室内空间，并起一定装饰作用的非承重构件。它们的主要区别在于两方面：一是隔墙较固定，而隔断的拆装灵活性较强；二是隔墙一般到顶，能在较大程度上限定空间，满足隔声，遮挡视线等要求，而隔断限定空间的程度比较小，一般不到顶，甚至有一定的通透性，会产生一种似隔非隔的空间效果。

1. 隔墙

隔墙的重量由其下部的楼板或梁承受，在选择构造做法时应注意以下几点：

1）自重要轻，厚度应薄，以减轻传给楼板或梁的荷载，增加室内有效使用面积；

2）有一定的隔声性能，避免各房间互相干扰；

3）满足不同使用部位的要求，如卫生间的隔墙要求防水、防潮，厨房的隔墙要求防潮、防火等；

4）便于安装和拆卸，提高室内空间使用的灵活性；

5）要有良好的稳定性，保证与承重墙的可靠连接。

隔墙按照构造类型分有砌筑隔墙、轻骨架隔墙和板材隔墙。

（1）砌筑隔墙

砌筑隔墙是指采用普通砖、空心砖、加气混凝土块等块状材料砌筑而成的隔墙。砌筑隔墙具有取材方便，造价较低，隔声效果好等优点，但自重大、墙体厚、湿作业多，拆移不便。

目前，加气混凝土砌块隔墙、粉煤灰硅酸盐砌块隔墙成为框架结构、剪力墙结构建筑填充墙的主要类型，其砌筑要求如下：

1）砌块隔墙两端应与框架柱或承重墙拉结，方法是沿框架柱或承重墙高度隔 500mm 埋入 2Φ6 拉结钢筋，伸入隔墙≥600mm，如图 8-32（a）所示。

2）砌块隔墙底部不能直接落在楼板上，应先在楼板上砌 3～5 皮砖或做 200mm 高的混凝土导墙，然后再在上面砌筑砌块，如图 8-32（b）所示。

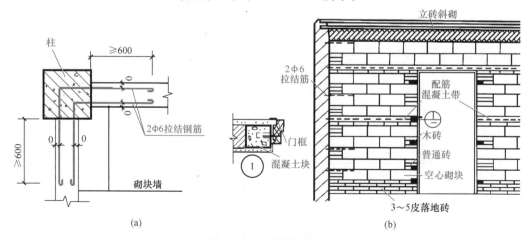

(a)　　　　　　　　　　　　(b)

图 8-32　砌块隔墙构造

（a）拉结钢筋；（b）砌块隔墙立面图

3）砌块隔墙顶部砌到接近上层梁、板底部时，应用普通黏土砖斜砌挤紧，砖的倾斜度约为60°，砂浆应饱满密实，如图8-32（b）所示。

4）在门窗洞口处，应预埋混凝土块，安装时打孔旋入膨胀螺栓，或预埋带有木楔的混凝土块，用圆钉固定门窗框，如图8-32（b）所示。

5）当墙高大于3m时，需加设水平混凝土带；如设计无要求，一般每隔1.5m加设2φ6或3φ6钢筋带，以增强墙体的稳定性，如图8-32（b）所示。

（2）轻骨架隔墙

轻骨架隔墙由骨架和面层组成。常用的骨架有轻钢骨架、木骨架、型钢骨架和铝合金骨架等，面层有纸面石膏板、水泥刨花板、金属板等。轻骨架隔墙中间为空气夹层，隔声效果好，自重轻，一般可直接放置在楼板上。

轻骨架隔墙的骨架由上槛（沿顶龙骨）、下槛（沿地龙骨）、立筋（竖向龙骨）与横撑组成，面板可与骨架的连接构造有两种：一是钉（粘）在骨架的一面或两面，用压条盖住板缝；二是将板材镶嵌到骨架中间，四周用压条固定。如图8-33所示为轻钢龙骨隔墙的构造图例，骨架由沿顶龙骨、沿地龙骨、竖向龙骨、横撑龙骨、加强龙骨和各种配套件组成，石膏面板用自攻螺钉固定在龙骨上，板缝用50mm宽玻璃纤维带粘贴后，再做饰面处理。

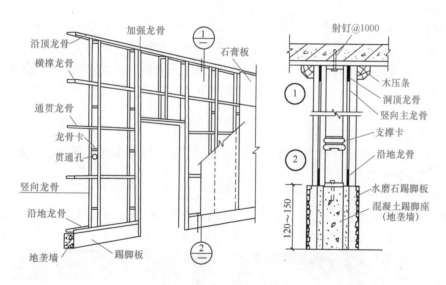

图 8-33 轻钢龙骨隔墙

（3）板材隔墙

板材隔墙是采用工厂生产的轻质板材，如加气混凝土条板、石膏条板、碳化石灰板、石膏珍珠岩板以及各种复合板等直接拼装，不依赖骨架的隔墙。板材隔墙具有自重轻、墙身薄，安装方便、工业化程度高、节能环保等特点。

板材厚度一般为60～100mm，宽度为600～1000mm，长度略小于房间的净高。安装时，板材下部先用一对对口木楔顶紧，然后用细石混凝土堵严，板缝用粘结剂粘结，并用胶泥刮缝，平整后再进行表面装修，如图8-34所示。

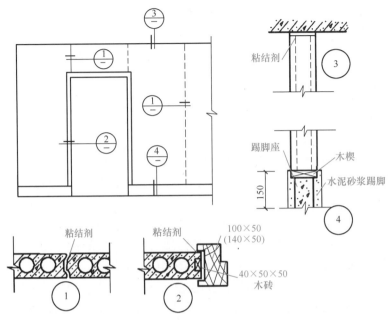

图 8-34　轻质空心条板隔墙

2. 隔断

隔断用于分割空间,但它不像隔墙那样能将空间完全割开,而是隔而不断,断中有连续。这种虚实结合的特点多用于对室内使用空间的艺术处理,也增加了使用功能上的灵活性。隔断的类型很多,按隔断的固定方式分,有固定式隔断和活动式隔断;按隔断的开启方式分,有推拉式隔断、折叠式隔断、直滑式隔断、拼装式隔断;按隔断的材料分,有木隔断、竹隔断、玻璃隔断、金属隔断等。

(1) 固定式隔断

固定式隔断一般固定在建筑结构上,在一定时间范围内基本固定不动。常见的有板材固定隔断和玻璃固定隔断。

1) 板材固定隔断

板材固定隔断由整板竖立而成的隔墙,板材高度相当于房间的净高。与板材隔墙区别在于板材固定隔断一般采用木材制作,如图 8-35 (a) 所示。

(a)　　　　　　　　　　　　(b)

图 8-35　固定式隔断

(a) 板材固定隔断;(b) 玻璃固定隔断

2）玻璃固定隔断

玻璃固定隔断是由钢化玻璃竖立而成的隔墙，玻璃材料分为单层玻璃、双层玻璃和艺术玻璃三种，搭配铝型材、五金件、密封条一起施工安装而成，如图 8-35（b）所示。

（2）活动式隔断

活动式隔断是一种能灵活移动的隔断，它能根据需要随时把大空间分割成小空间或把小空间连成大空间，具有易安装、可重复利用、可工业化生产、环保等特点，给人们的工作、生活带来很大的方便。

活动式隔断又分为拼装式隔断、直滑式隔断、折叠式隔断、帷幕式隔断等类型，如图 8-36所示。

图 8-36 活动式隔断的类型
(a) 拼装式隔断；(b) 直滑式隔断；(c) 折叠式隔断；(d) 帷幕式隔断

1）拼装式隔断

拼装式隔断是用若干可装拆隔扇单元拼装而成，不设滑轮和导轨。隔扇高 2～3m，宽 600～1200mm，厚度一般为 60～120mm。隔扇可用木材、铝合金、塑料做骨架，两侧粘贴胶合板或其他硬质装饰板、防火板、镀膜铝合金板等，外包人造革或各种装饰性纤维织物而成。拼装式隔断与房间等高时，顶部应设通长的上槛，上槛一般要安装凹槽，设插轴来安装隔扇；隔扇的下端一般设下槛，且在下槛上设凹槽或与上槛相对应设插轴。拼装式隔断在酒店、写字楼等建筑中应用非常广泛。

2）直滑式隔断

直滑式隔断是将拼装式隔断中的独立隔扇用滑轮挂置在轨道上，可沿轨道推拉移动的隔断。轨道可布置在顶棚或梁上，隔扇顶部安装滑轮，并与轨道相连；隔扇下部地面不设轨道，主要目的是避免轨道积灰损坏。面积较大的隔断，当把活动扇收拢后会占据较多的建设空间，影响使用和美观，所以多采取设贮藏壁柜或贮藏间的形式加以隐蔽。

3）折叠式隔断

折叠式隔断是由多扇可以折叠的隔扇、轨道和滑轮组成，多扇隔扇用铰链连在一起，可以随意展开和收拢，推拉快速方便。如果连接的隔扇数量多时，会因重量偏大造成变形而影响隔扇活动的自由度，所以常将两隔扇连在一起，此时每个隔扇上只需装一个转向滑轮，先折叠后推拉收拢，更增加了灵活性。

4）帷幕式隔断

帷幕式隔断是用软质、硬质帷幕材料利用轨道、滑轮、吊轨等配件组成的隔断。它占用面积少，能满足遮挡视线的要求，使用方便，便于更新，一般多用于住宅、旅馆和医院等建筑。帷幕隔断最简单的固定方法是用一般家庭中固定窗帘的方法，但比较正式的帷幕隔断，构造要复杂很多，且固定时需要一些专用配件。

8.4 墙 体 装 饰 装 修

1. 墙体装饰装修的作用

（1）保护墙体

墙体装饰装修分为外墙装饰装修和内墙装饰装修。外墙装饰装修层能防止墙体直接受到风吹、雨淋、日晒、冰冻等的影响，提高墙体抵抗外界各种因素作用的能力，保证有良好的耐久性；内墙装饰装修层能防止在使用建筑物时产生的水、污物和使用时的碰撞等对墙体的直接危害，延长墙的使用年限。

（2）改善建筑的物理性能

外墙装饰装修层增加了墙体的厚度，有的采用了特殊材料，提高了墙体的热工、防风沙、隔声等功能。内墙面经过装饰装修变得平整、光洁，可以加强对光线的反射，提高室内照度，有的内墙面采用吸声材料，还可以改善室内的音质效果。

（3）美化建筑环境

墙体装饰装修是建筑空间艺术处理的重要手段之一，也是塑造建筑整体形象和室内环境需重点处理的部位。墙面的色彩、质感、线脚和纹样等在很大程度上改善着建筑的内外形象和气氛，表达了建筑的艺术特点。

2. 墙体装饰装修的构造

外墙装饰装修位于室外，要受到风、雨、雪的侵蚀和大气中腐蚀气体的影响，故外墙装饰装修层要采用强度高、耐候性强、耐水性好及具有抗腐蚀性的材料。内装饰装修层则由室内使用环境和功能决定，在美化环境的同时，有的还要求防水、防火等。

墙体装饰装修按材料和工艺分抹灰类、饰面板（砖）类、涂饰类、裱糊与软包装类、幕墙类等。

（1）抹灰类墙面

抹灰类墙面是将砂浆或石渣浆通过抹灰工艺形成饰面层的墙面做法。抹灰类墙面材料来源广泛，造价低施工工艺简便，是墙体饰面中最常用的类型之一，抹灰类墙面按照观感要求和质量等级分一般抹灰、装饰抹灰和清水砌体勾缝。

1）一般抹灰

一般抹灰多采用石灰砂浆、水泥砂浆、混合砂浆、纸筋灰等形成墙体饰面层，厚度视装饰装修部位不同而异，一般外墙抹灰厚度为 20～25mm，内墙为 15～20mm。为保证抹灰层牢固、平整、避免开裂及脱落，抹灰前应先将基层表面清理干净，洒水湿润后，再分层抹灰，最后形成的饰面层由底层、中间层和面层组成。底层抹灰主要起粘结和初步找平的作用，厚度为 10～15mm；中间层抹灰主要起进一步找平的作用，厚度为 5～12mm；面层抹灰的主要作用是使表面光洁、美观，以达到装修效果，厚度为 3～5mm。

一般抹灰根据对墙面质量要求不同，分为普通抹灰和高级抹灰，普通抹灰墙面一般由三道抹灰工序完成，即一层底层抹灰、一层中间层抹灰、一层面层抹灰。高级抹灰墙面一般由三道以上抹灰工序完成，即一层底层抹灰、多层中间层抹灰、一层面层抹灰。

常见的一般抹灰墙面做法见表 8-1。

一般抹灰墙面做法举例   表 8-1

抹灰名称	做法说明	适用范围
纸筋灰或仿瓷涂料墙面	（1）14mm 厚 1∶3 石灰膏砂浆打底 （2）2mm 厚纸筋（麻刀）灰或仿瓷涂料抹面 （3）刷（喷）内墙涂料	砖基层的内墙面
混合砂浆墙面	（1）15mm 厚 1∶1∶6 水泥石灰膏砂浆找平 （2）5mm 厚 1∶0.3∶3 水泥石灰膏砂浆面层 （3）喷内墙涂料	砖基层的内墙面
水泥砂浆墙面	（1）10mm 厚 1∶3 水泥砂浆打底扫毛或划出纹道 （2）9mm 厚 1∶3 水泥砂浆刮平扫毛 （3）6mm 厚 1∶2.5 水泥砂浆罩面	砖基层的外墙面或有防水要求的内墙面
	（1）刷（喷）一道 108 胶水溶液 （2）6mm 厚 2∶1∶8 水泥石灰膏砂浆打底扫毛或划出纹道 （3）6mm 厚 1∶1∶6 水泥石灰膏砂浆刮平扫毛 （4）6mm 厚 1∶2.5 水泥砂浆罩面	加气混凝土等轻型基层外墙面

在做外墙面抹灰时，为了消除外界温度变化引起抹灰层的胀缩裂缝，和便于抹灰面层在上下施工班组间的衔接，应在面层施工时留置分格缝。分格缝做法是在面层抹灰时，镶嵌木条或塑料条进行分格，待面层初凝后取出（塑料条可不取）形成，如图 8-37 所示。

内墙阳角经常会受到碰撞而损坏，故应做护角进行保护。护角的传统做法是用 1∶2 水泥砂浆抹高度不小于 2m，每侧宽度不小于 50mm；现代建筑中，为了加快施工速度，增强护角的美观度，一般采用木塑、亚克力或玉石等材质的成品护角用螺栓或胶粘固定，如图 8-38 所示。

2）装饰抹灰

装饰抹灰的底层和中层与一般抹灰相同，面层材料在选材、工艺方面有与普通抹灰相

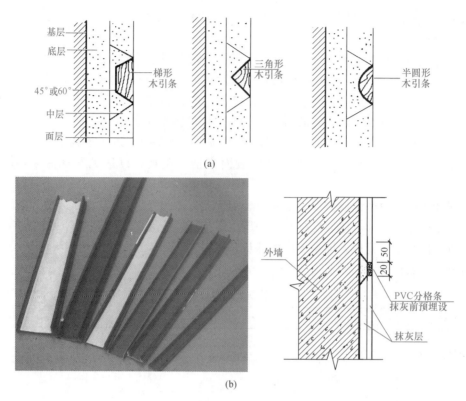

图 8-37　分格缝的构造

（a）木分格缝；（b）塑料分格条与分格缝

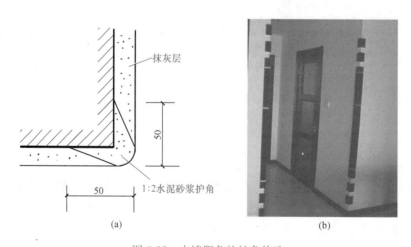

图 8-38　内墙阳角的护角构造

（a）水泥砂浆护角；（b）成品护角

比有较大突破，使墙面在材料、质感方面取得鲜明的艺术特色和独特的装饰效果。装饰抹灰常用的面层材料主要有：水泥石子浆、水泥色浆、聚合物水泥砂浆等，根据不同的施工工艺形成的墙面有水刷石、干粘石、假面砖、斩假石、拉毛灰、彩色灰等。具有代表性的装饰抹灰做法见表 8-2。

装饰抹灰做法举例　　　　　　　　　　　　　　　　　表 8-2

抹灰名称		做法说明	适用范围
水刷石墙面	1	(1) 12mm厚1∶3水泥砂浆打底扫毛或划出纹道 (2) 刷素水泥浆一道 (3) 8mm厚1∶1.5水泥石子（小八厘）罩面，水刷露出石子	砖基层外墙面
	2	(1) 刷加气混凝土界面处理剂一道 (2) 6mm厚1∶0.5∶4水泥石灰膏砂浆打底扫毛 (3) 6mm厚1∶1∶6水泥石灰膏砂浆抹平扫毛 (4) 刷素水泥浆一道 (5) 8mm厚1∶1.5水泥石子（小八厘）罩面，水刷露出石子	加气混凝土等轻型基层外墙面
剁斧石墙面 （斩假石）		(1) 12mm厚1∶3水泥砂浆打底扫毛或划出纹道 (2) 刷素水泥浆一道 (3) 10mm厚1∶2.5水泥石子（米粒石内掺30％石屑）罩面赶光压实 (4) 剁斧斩毛两遍成活	外墙面
机喷石、机喷石屑、机喷砂		(1) 5～7mm厚1∶3水泥砂浆打底 (2) 5～7mm厚1∶3水泥砂浆中层抹灰 (3) 刷4～5mm厚水泥浆结合层 (4) 抹聚合物水泥砂浆粘结层 (5) 机械喷粘小八厘石粒、米粒石或石屑、粗砂	内、外墙面

3）清水砌体勾缝

清水砌体勾缝是在砌块墙砌好后，用1∶1或1∶1.5水泥砂浆或原浆将砌块间的缝隙逐一勾实处理，如图 8-39 所示。经过勾缝处理的砖墙又叫清水砖墙。为进一步提高墙面的装饰效果，可在勾缝砂浆中掺入建筑颜料。

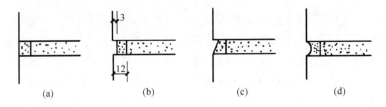

图 8-39　勾缝的形式

（a）平缝；（b）平凹缝；（c）斜缝；（d）弧形缝

（2）饰面板（砖）墙面

饰面板（砖）墙面是指利用各种天然或人造板材、块材，通过安装或粘贴形成墙体装饰装修层的做法。饰面板指边长大于 500mm，厚度在 25mm 左右的板材，采用"挂"的施工方法形成墙面；饰面砖指边长小于 400mm，厚度在 10mm 左右的小规格材料，采用粘贴的施工方法形成墙面。饰面板（砖）墙面具有耐久性强、防水、易于清洗、装饰效果好的优点，被广泛用于外墙装饰装修和潮湿房间的墙体装饰装修。

1）饰面板挂贴

常见的墙体饰面板有石材饰面板、瓷板饰面板、金属饰面板、木质饰面板、玻璃饰面板、塑料饰面板等，安装时，需在墙体上先固定骨架，饰面板与骨架相连接。现以石材饰面板为例介绍饰面板挂贴构造。

① "湿挂" 构造。石材饰面板的加工尺寸一般为 600mm×600mm、800mm×800mm、600mm×800mm 等，厚度为 20mm、25mm，传统的挂贴方法是采用拴挂与砂浆粘结相结合的 "湿挂" 做法，即先在墙身或柱内预埋双向间距 500mmΦ6 的 U 形钢筋，用来固定Φ6 或Φ8 的双向钢筋网，然后用铜丝或镀锌铁丝穿过石板上下边预凿的小孔，将石板绑扎在钢筋网上。石板与墙体之间保持 30～50mm 宽的缝隙，缝中用 1：3 水泥砂浆浇灌（浅色石板用白水泥白石屑，以防透底），每次灌缝高度应低于板口 50mm 左右，如图 8-40 所示。

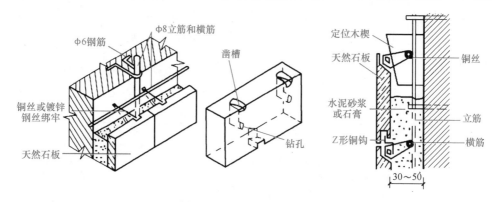

图 8-40　石材 "湿挂" 构造

② "干挂" 构造。随着施工技术的发展，石板墙面采用 "干挂" 构造的也越来越多。"干挂" 构造需用型钢做骨架，板材侧面开槽，用专用的不锈钢或铝合金挂件连接于角钢架上，缝中垫泡沫条后打硅酮胶进行密封，如图 8-41 所示。"干挂" 构造对施工精度要求较高，特别适用于冬期施工和墙体装饰装修改造工程。

2）饰面砖粘贴

墙体饰面砖包括陶瓷面砖、玻璃面砖两种，其特点是单块尺寸小，重量轻，通常用传统的砂浆粘贴形成饰面层，具体做法是：将墙体表面清理干净后，先抹 15mm 厚 1：3 水泥砂浆打底，再抹 5mm 厚 1：1 水泥细砂砂浆粘贴饰面砖，如图 8-42 所示。

饰面砖的排列方式和接缝大小对墙面效果有较大的影响，通常有横铺、竖铺和错开排列等方式。陶瓷锦砖生产时，一般按设计图案要求反贴在 300mm×300mm 的牛皮纸上，粘贴前先用 15mm 厚 1：3 水泥砂浆打底，再用 1：1 水泥细砂砂浆粘贴，用木板压平，待砂浆硬结后，用水湿润后，洗去牛皮纸即可。

（3）涂饰类墙面

涂饰类墙面是指将建筑涂料涂刷在基层表面形成牢固的膜层，达到保护和装修墙面的目的。涂饰类装修与其他墙面相比，具有省工、省料、工期短、工效高、自重轻、更新方便、造价低廉的优点，所以是一种有发展前途的墙面做法。

墙面涂料有无机涂料（如石灰浆、大白浆、水泥浆等）和有机涂料（如过氯乙烯涂料、乳胶漆、聚乙烯醇类涂料、油漆等），多以抹灰层为基层，也可以直接涂刷在砖、混

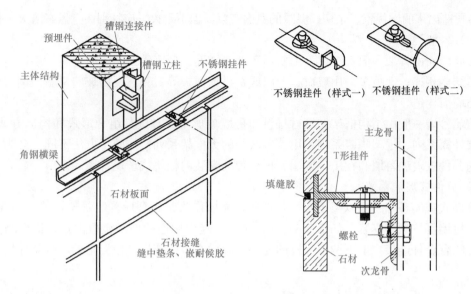

图 8-41 石材"干挂"构造

凝土、木材等基层上。根据饰面观感要求，涂料可采用刷涂、滚涂、弹涂、喷涂等方法完成。目前，乳胶漆类涂料在内外墙的装修上应用广泛，可以喷涂和刷涂在较平整的基层表面。

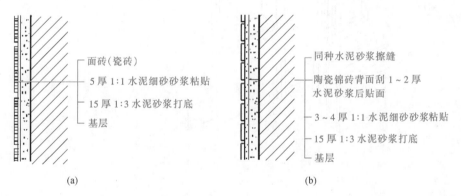

图 8-42 饰面砖粘贴

(a) 瓷砖面砖；(b) 陶瓷锦砖

（4）裱糊与软包类墙面

裱糊与软包类饰面均属于内墙饰面做法。

裱糊类墙面是将各种具有装饰性的墙纸、墙布等卷材用粘结剂裱糊在

饰面砖粘贴演示

墙体表面形成饰面的做法。常用的墙纸有 PVC 塑料墙纸、纺织物面墙纸等，墙布有玻璃纤维墙布、锦缎等。墙纸和墙布是幅面较宽并带有多种图案的卷材，它要求粘贴在坚硬、表面平整、无裂缝、不掉粉的洁净基层（如水泥砂浆、水泥石灰膏砂浆、木质板及其石膏板等）上，裱糊前应在基层上刷一道清漆封底（起防潮作用），然后按幅宽弹线，再刷专用胶液粘贴。墙纸、墙布粘贴应自上而下缓缓展开，排出空气并一次成活。

软包装墙面是用各种纤维织物、皮革等铺钉在墙体表面形成墙面的做法。软包装墙面装修能够塑造出华丽、优雅、亲切、温暖的室内气氛，但不耐火，应特别注意做好防火工作。

（5）幕墙类墙面

幕墙墙面由骨架和面板组成，主要用于外墙饰面。幕墙骨架一般为金属骨架，与建筑物主体结构相连；面板多采用玻璃、金属或石材饰面板等材料。现以玻璃幕墙为例，介绍幕墙类墙面构造。

玻璃幕墙一般由结构框架、填衬材料和幕墙玻璃组成。按其组合形式和构造方式分，有框架外露系列、框架隐藏系列和用玻璃做肋的无框架系列。按施工方法不同，分为现场组合的分件式玻璃幕墙和在工厂预制后再到现场安装的板块式玻璃幕墙。

1）分件式玻璃幕墙

分件式玻璃幕墙一般以竖梃作为龙骨柱，横档作为梁组合成幕墙骨架，然后将窗框、玻璃、衬墙等按顺序安装，如图8-43（a）所示。竖梃用连接件和楼板固定，横档与竖梃用角形铝合金件连接，上下两根竖梃的连接一般设在楼板连接件位置附近，且须在接头处

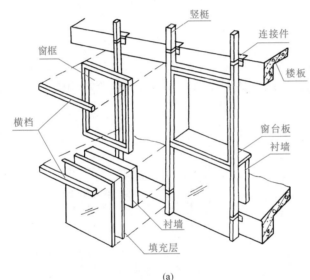

墙面软包构造

(a)

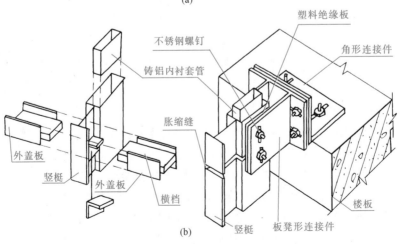

(b)

图8-43　分件式玻璃幕墙

（a）分件式玻璃幕墙；（b）幕墙竖梃连接构造

插入一截断面小于竖梃内孔的铸铝内衬套管作为加强措施。上下竖梃在接头端应留出15～20mm的伸缩缝，缝内用密封胶堵严，以防止雨水进入，如图 8-43（b）所示。

2）板块式玻璃幕墙

板块式玻璃幕墙的幕墙板块须设计成定型单元，在工厂预制。每一单元一般由 3～8 块玻璃组成，每块玻璃尺寸不宜超过1500mm×3500mm。为了便于室内通风，在单元上可设计成上悬窗式的通风扇，通风扇的大小和位置根据室内布置要求来确定，如图 8-44 所示。

同时，预制板块还应与建筑结构的尺寸相配合。当幕墙预制板悬挂在楼板上时，板的高度尺寸同层高；当幕墙预制板以柱子为连接点时，板的长度尺寸则与柱距尺寸相同。为了便于幕墙预制板的固定和板缝密封操作，上下预制板的横向接缝应高于楼面 200～300mm，左右两块板的竖向接缝宜与框架柱错开。

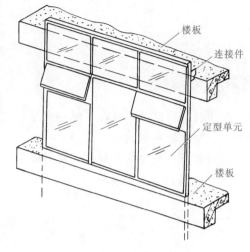

图 8-44 板块式玻璃幕墙

目前，点支式玻璃幕墙常用于建筑的外立面中，它由玻璃面板、点支撑装置和支撑结构构成，如图 8-45 所示。点支式玻璃幕墙体现的是建筑物内外的流通和融合，强调的是玻璃的透明性，透过玻璃，人们可以清晰地看到支撑玻璃幕墙的整个结构系统，将单纯的支撑结构系统转化为可视性、观赏性和表现性。

(a)　　　　　　　　　　(b)

图 8-45 点支式玻璃幕墙

（a）点支式玻璃幕墙；（b）点支式节点

玻璃幕墙的装饰效果好、质量轻、安装速度快，是一种美观新颖的外墙装饰方法，是现代建筑的显著特征，但在阳光照射下易产生眩光，造成光污染，所以在建筑密度高、居民人数多的地区的高层建筑中，应慎重选用。

9 楼 地 层

学习目标

知识目标：通过学习，了解楼地层的组成及使用要求，熟悉楼板的类型，掌握楼地面和顶棚、阳台的基本构造。

能力目标：通过技能训练，能够绘制和识读楼地层的构造图，会识读并正确理解建筑施工图中的楼地层工程做法。

9.1 楼地层的组成和楼板的类型

楼地层包括楼板层和地坪层，楼板层分隔上下楼层空间，也是水平方向的承重构件，承受楼面荷载及自重，并将荷载传给墙或柱，再由墙、柱传给基础。地坪层分隔大地与底层空间，承受地面荷载及自重，并将荷载均匀地传给夯实的地基。

1. 楼地层的构造组成

（1）楼板层的构造组成

为满足使用功能要求，楼板层一般由面层、楼板层、顶棚层组成，当房间有其他特殊要求时，可加设相应的附加构造层，如隔声层、防水层、保温层、管道敷设层等，如图 9-1 所示。

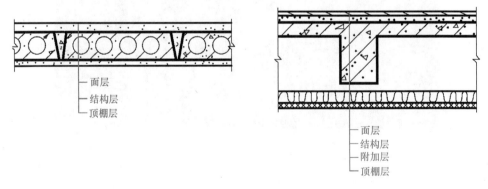

图 9-1 楼板层的组成

1）面层

楼板面层又称楼面或地面。楼板面层供人们直接在其上活动，要求易清洁、耐磨、耐水、光洁，并具有装饰性等。

2）结构层

结构层位于楼板层中部，是楼板层的结构层，通常称为楼板。结构层主要承受并传递楼面荷载，同时楼板还对墙体起着水平支撑的作用，传递水平方向的风荷载及地震力，以

增强建筑物的整体刚度。因此要求具有足够的强度、刚度和耐久性，并满足隔声、防火等要求。

3）顶棚

顶棚是楼板层下面的装饰装修层。顶棚可以遮盖楼板下部，保护楼板并起装饰作用，有直接顶棚和悬吊顶棚。

（2）地坪层的构造组成

地坪层直接与大地相接，一般由面层、垫层和基层组成，根据实际需要还可以增设结合层、找平层、防潮层、保温层和管道敷设层等附加构造层，如图 9-2 所示。

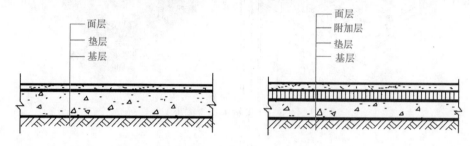

图 9-2 地坪层的组成

1）面层

地坪面层是地坪层上表面的装饰层，和楼板面层相同，是人们活动直接接触的地方。面层的材料做法应满足不同房间的使用功能和要求。

2）垫层

垫层位于面层之下，是地坪层的结构层，承受荷载并将荷载传给地基。垫层按受力特点分为刚性垫层和柔性垫层，刚性垫层如 C15 素混凝土垫层，用于地面要求高且较薄、易断裂的面层，如水磨石地面、瓷砖地面等；柔性垫层可用砂垫层、碎石垫层、石灰炉渣、三合土垫层等，常用于较厚且不易裂的面层如混凝土地面，或大块料面层如水泥制品块地面。

地坪层的结构组成

3）基层

基层是地坪层的最下面的土层，需承受垫层传来的荷载，多由素土或灰土分层夯实，其压缩变形量不得超过允许值。

2. 楼板的类型

楼板是楼板层的结构层，楼板根据所采用的材料不同，可分为木楼板、砖拱楼板、钢筋混凝土楼板以及压型钢板与混凝土组合楼板等多种类型。木楼板和砖拱楼板一般用于有特殊要求或有地方特色的建筑中，钢筋混凝土楼板、压型钢板与混凝土组合楼板是目前建筑广泛采用的楼板类型。

（1）钢筋混凝土楼板

钢筋混凝土楼板的强度高、刚度大、耐久性和耐火性好，且具有良好的可塑性，便于机械化施工，楼板形式多样，是目前我国应用最广泛的一种楼板类型。

（2）压型钢板混凝土组合楼板

压型钢板组合楼板是利用凸凹相间的压型钢板做衬板，其上浇筑混凝土形成的整体式楼板,如图9-3所示。压型钢板的跨度一般为2~3m,与钢梁之间用栓钉连接,上面混凝土的浇筑厚度为100~150mm。压型钢板组合楼板中压型钢板既是面层混凝土的模板,又是板底的受拉钢筋。这种楼板承载力大、刚度和稳定性好,现场作业方便,施工进度加快,但耗钢量大,板底需做防火处理,一般适用于大空间和高层钢结构建筑中。

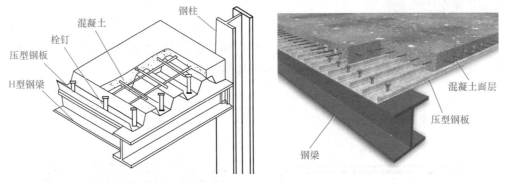

图9-3 压型钢板组合楼板

9.2 钢筋混凝土楼板

钢筋混凝土楼板根据施工方式分为现浇钢筋混凝土楼板、预制装配式钢筋混凝土楼板和装配整体式钢筋混凝土楼板。

1. 现浇钢筋混凝土楼板

现浇钢筋混凝土楼板是在施工现场支设模板、绑扎钢筋,浇筑混凝土并养护,当混凝土达到要求的强度拆除模板后形成的楼板。这种楼板现场需要消耗大量模板,现场作业量大,劳动强度高,工期较长,但其刚度大、整体性好、抗震性强,平面形式灵活。随着商品混凝土、泵送混凝土以及工具式模板的使用,现浇钢筋混凝土楼板应用非常广泛。

楼板的构造

现浇钢筋混凝土楼板按构造形式分为板式、梁板式、无梁式楼板和现浇空心板楼板。

(1)板式楼板

板式楼板是直接支撑在墙上的平板。根据四周支撑情况及板的长短边边长的比值,又可把板分为单向板、双向板和悬臂板。

1)单向板

单向板是沿两对边支承的板,或板虽为四边支承,但其长、短边比值≥3时,板上的荷载主要沿短边传递,这种板也称为单向板,如图9-4(a)所示。单向板的厚度大于跨度的1/30,且≥60mm。

2)双向板

沿四边支承的板,当板的长、短边比值<2时,板上的荷载将沿两个方向传递,这种板称为双向板,如图9-4(b)所示。长边与短边比值≥2且<3时的板,一般也按双向板设计。双向板的厚度应大于跨度的1/40,且≥80mm。

3)悬臂板

悬臂板是指只有一边固定在建筑主体结构上的板。悬臂板板厚为挑出长度的1/35,

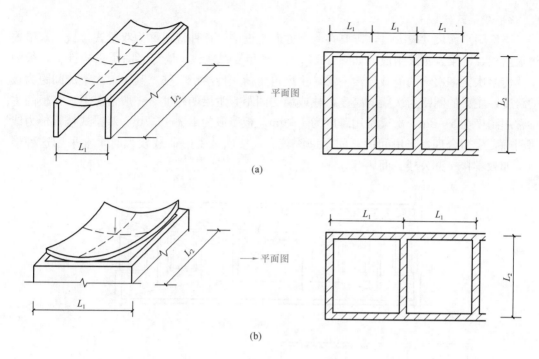

图 9-4　板式楼板

（a）单向板；（b）双向板

且根部≥60mm，从受力角度考虑悬臂板的端部厚度一般小于根部厚度。

板式楼板底面平整，便于支模施工，但楼板跨度小，适用于平面尺寸较小的房间（如厨房、厕所、储藏室、走廊）楼板及雨篷板、遮阳板等。

（2）梁板式楼板

当房间平面尺寸较大时，可在楼板下设梁来减小板的厚度，这种由梁、板组成的楼板称为梁板式楼板。根据梁的布置情况，梁板式楼板分为单梁式楼板、双梁式楼板。

1）单梁式楼板

当房间平面尺寸较小时，可仅在一个方向上设梁，梁直接支撑在墙上，这种楼板称为单梁式楼板，如图 9-5 所示。单梁式楼板上的荷载先由板传递给梁，再由梁传递给墙或柱，适用于教学楼、办公楼等建筑。

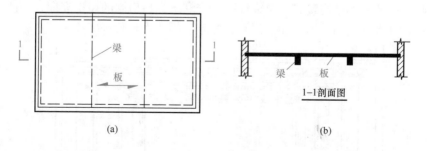

图 9-5　单梁式楼板

（a）平面图；（b）剖面图

2) 双梁式楼板

当房间平面尺寸较大时，需要在两个方向上设梁，这种楼板称为双梁式楼板。双梁式楼板由板、次梁、主梁组成，如图 9-6 所示。楼板支撑在柱、墙等竖向承重构件上，板的荷载传给次梁，次梁的荷载传给主梁，主梁再将荷载传给墙、柱。其中，次梁的间距为板的跨度，主梁的间距为次梁的跨度，柱或墙的间距为主梁的跨度。一般情况下，楼板的主梁常用跨度为 5~8m，次梁常用跨度为 4~6m，板一般为 1.7~2.7m。双梁式楼板传力线路明确，受力合理，当房间的开间、进深较大，楼面承受的荷载较大时，常采用这种楼板，如教学楼、办公楼、商店等。

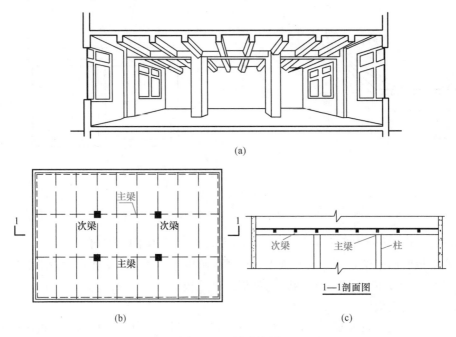

图 9-6 双梁式楼板
(a) 直观图；(b) 平面图；(c) 剖面图

井字楼板是双梁式楼板的一种特例，其特点是楼板两个方向的梁不分主次，截面相同，呈井字形，如图 9-7 所示。因此，井字楼板宜用于正方形平面，长短边之比不超过 1.5 的矩形平面也可采用。梁与楼板平面的边线可正交也可斜交，分别称为正井式和斜井式。井字形楼板的底部结构整齐，装饰性强，有利于提高房屋的净空高度，一般多用于公共建筑的门厅和大厅式的房间，如会议室、餐厅、小礼堂、歌舞厅等。

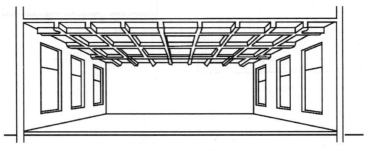

图 9-7 井字楼板

（3）无梁楼板

无梁楼板不设梁，楼板直接支撑于柱上，所以与相同柱距的肋梁楼板相比，其板厚要大些。当楼面荷载较大时，为了提高柱顶处楼板的抗冲切能力、减小板的跨度，可在柱顶设置柱帽和托板，如图 9-8 所示。无梁楼板的柱距一般为 6m，呈方形或接近方形布置，板厚不小于 150mm，一般为 160～200mm。

无梁楼板的板底平整，视觉效果好，通风采光好，室内有效空间大，常用于多层的工业与民用建筑中，如商店、仓库、厂房等。

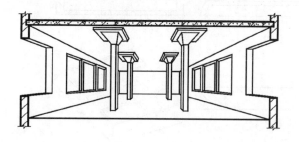 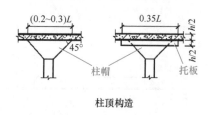

图 9-8　无梁楼板

（4）现浇空心板楼板

现浇混凝土空心板楼板是按一定规则在楼板中放入永久性内模，并在内模之间布置钢筋骨架，然后浇筑混凝土而成的空腔楼板，如图 9-9 所示。"内模"一般为轻质材料制成，主要起到规范成孔的作用，当混凝土成型，达到设计强度后，内模也就完成了"工作使命"，不用取出，也不参与结构受力。现浇混凝土空心楼板由于置入了内模，从而使楼板自重减轻，跨度增大，混凝土用量减少，层高降低，隔声隔热效果也得到了很好的改善。

(a)　　　　　　　　　　(b)

图 9-9　现浇空心楼板

2. 预制装配式钢筋混凝土楼板

预制装配式钢筋混凝土楼板是指在预制厂或施工现场之外预先制作，运到施工现场安装的钢筋混凝土楼板。预制钢筋混凝土楼板不需在现场浇筑，可以加快施工进度，便于实现工业化生产，但是预制混凝土楼板建筑的整体性差，不利于抗震，楼板灵活性也不如现浇板，也不宜在楼板上开洞，目前主要用在多层砌体房屋中。

（1）预制板的类型

预制装配式钢筋混凝土楼板按截面形式可以分为实心平板、空心板、槽形板和夹心板等，如图 9-10 所示。

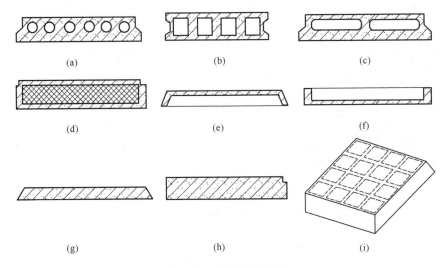

图 9-10　预制板的类型

(a) 预应力圆孔空心板；(b) 矩形孔空心板；(c) 预应力椭圆形空心板；(d) 夹心板；

(e) 正槽板；(f) 反槽板；(g) 实心单向板；(h) 大尺寸双向板；(i) 大尺寸空心双向板

1）实心平板

实心平板上下板面平整，板的跨度一般较小，不超过 2.4m，如做成预应力构件跨度可达 2.7m。板厚一般为板跨的 1/30，常用板厚 60～80mm，宽度为 600～1000mm。

预制实心平板制作简单，造价低，但隔声效果差，常用于小跨度的走道板、管沟盖板、搁板、阳台栏板等。

2）空心板

空心板是将平板沿纵向抽孔而形成。板中孔的断面有方形、椭圆形和圆形等，如图 9-10(a)、(b)、(c) 所示，其中圆孔板构造合理，制作方便，最为常见。空心板的跨度一般为 2.4～7.2m，板宽通常为 500～1200mm，板厚 120～240mm。

预制空心板板面平整，地面及顶棚容易处理，且隔声、保温隔热效果好，因此大量地用作工业和民用建筑楼板和屋面板，其缺点是板面不能任意开洞。

3）槽形板

槽形板是由顶面（或底面）的平板和四周及中部的小梁（又叫肋）组成，是肋梁与板的组合构件。槽形板由于有肋，其允许的跨度可以大些，跨度一般为 3～7.2m，板宽 600～1200mm，板厚 25～35mm，肋高 150～300mm。

当肋在板下时，槽口向下，为正槽板；当肋在板上时，槽口向上，为反槽板，如图 9-10(e)、(f) 所示。正槽板的受力合理，但板底的肋梁使顶棚凸凹不平隔声效果差，常用于对观瞻要求不高或做吊顶的房间。反槽板受力不如正槽板，板上方需做构造处理（如假设木地板做地面等），但板底平整，槽内可填充轻质材料以提高楼板的隔声、保温隔热效果，常用于有特殊隔声、保温隔热要求的建筑。

4）夹心板

夹心板是采用自防水混凝土代替普通混凝土，在中间填充泡沫混凝土等保温材料而形成复合楼板，如图 9-10（d）所示，具有承重、保温、防水三种功能，常用作屋面板。

（2）预制板的安装构造

1）预制板的布置方式

预制板的布置方式视结构布置方案而定，一般应根据房间的平面尺寸并结合板的规格确定，一种是板直接搁置在墙上，形成板式结构；另一种是先将板架在梁上，梁再架在墙或柱子上的梁板式结构。

2）预制板的搁置构造

预制板在墙或梁上应有足够的搁置长度，在砖墙上的搁置长度应不小于 100mm，在钢筋混凝土梁上的搁置长度应不小于 80mm，如图 9-11 所示。

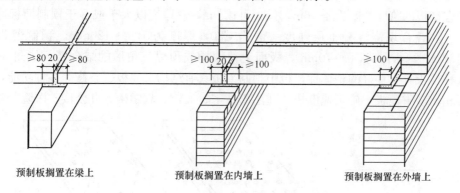

预制板搁置在梁上　　　预制板搁置在内墙上　　　预制板搁置在外墙上

图 9-11　预制板的搁置构造

预制板在安装前，为使板和墙（或梁）之间有可靠连接，应先在墙（或梁）上铺10～20mm 厚的水泥砂浆（俗称"坐浆"）；板安装后，板端缝内需用细石混凝土或水泥砂浆灌缝，若为空心板，应用混凝土或砖填塞端部孔洞（俗称"堵头"），目的是提高板端的承压能力，避免灌缝材料进入孔洞内。

3）预制板的侧缝构造

为了便于板的铺设，预制板之间应留有 10～20mm 的缝隙，板铺设完毕之后，用细石混凝土或水泥砂浆灌实，以加强预制楼板的整体性，同时保证振捣密实，避免出现裂缝影响使用和美观。为提高抗震能力，还可将板端露出的钢筋交错搭接在一起，或者加钢筋网片，再灌细石混凝土。板缝的形式和预制板的侧边形状有关，有 V 形缝、U 形缝和凹槽缝三种，如图 9-12 所示。

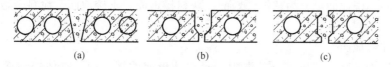

(a)　　　　　　(b)　　　　　　(c)

图 9-12　预制板侧缝构造

（a）V 形缝；（b）U 形缝；（c）凹槽缝

预制板在布置时，一般要求板的规格类型越少越好，通常宽度尺寸的规格不超过两种。当出现板宽方向的尺寸与房间的尺寸出现差值，即出现不足以排开一块板的余缝，应根据缝隙的大小不同，分别采取相应的措施处理，见表9-1。

预制板缝差的处理

表 9-1

板缝差	处理措施
≤60mm	调整板缝的宽度
60～120mm	沿墙边挑两皮砖
120～200mm	缝隙处局部现浇板带
>200mm	采用调缝板或重新选择板的规格

3. 装配整体式钢筋混凝土楼板

装配整体式钢筋混凝土楼板是将楼板下层做成预制薄板，安装后，在上面整浇一层混凝土叠合而成的楼板，又叫叠合楼板。

叠合楼板的跨度一般为4～6m，最大可达9m，总厚度以大于或等于预制薄板厚度的两倍为宜。叠合现浇混凝土层强度一般为C20，厚度为100～120mm。预制薄板宽为1.1～1.8m，薄板厚为50～70mm，板面上留凹槽或预留三角形的结合筋，如图9-13所示。这种楼板具有良好的整体性，板中预制薄板具有结构、模板、装修等多种功能，与现浇楼板相比节省模板，施工速度快，适用于住宅、宾馆、教学楼、办公楼、医院等建筑。

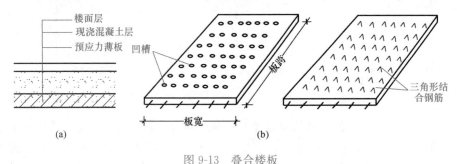

图 9-13　叠合楼板
（a）叠合楼板的组成；（b）叠合楼板中的预制薄板

9.3　楼地面的构造

1. 楼地面的构造

楼地面是楼板层面层和地坪层面层的总称，它是人们日常生活、工作、学习必须接触的部分，楼地面的材料和做法应根据房间的使用要求和装饰要求来选择，按面层材料和施工工艺的不同，楼地面可分为整体楼地面、块材楼地面、木楼地面、涂料楼地面和卷材类楼地面等。

（1）整体楼地面

整体楼地面是用在现场拌合的湿料，经浇抹形成的楼地面。整体楼地面具有构造简单、取材方便、造价低的特点，是一种应用较广泛的楼地面。

1）水泥砂浆楼地面

水泥砂浆楼地面是在混凝土垫层或楼板上抹压水泥砂浆形成的楼地面，其特点是构造简单、坚固、耐磨、防水、造价低廉，但导热系数大、易结露、易起灰、不易清洁，是一种被广泛采用的低档楼地面。通常有单面层和双面层两种做法，如图9-14所示。

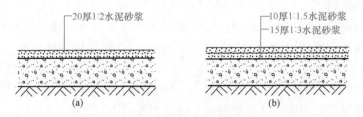

图 9-14　水泥砂浆楼地面

（a）地面单层做法；（b）地面双层做法

2）现浇水磨石楼地面

现浇水磨石楼地面是将水泥石渣浆浇抹硬结后，经磨光打蜡而成的楼地面，如图9-15所示。现浇水磨石楼地面所用的用水泥石渣浆的拌合比为1∶（1.5～2.5），胶结材料为水泥，骨料为大理石、白云石等中等硬度石料的石屑，可根据面层图案设计加入不同的颜料。水磨石的常见做法为双层做法，底层用10～15mm厚的水泥砂浆找平后，上面用1∶1的水泥砂浆固定分隔条（可为铜条、铝条或玻璃条），如图9-16所示。然后按设计图案在不同的分格内填上拌合好的水泥石渣浆，并抹面，厚度为12mm，经养护一周后磨光打蜡形成。

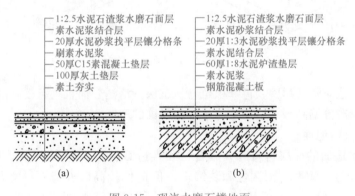

图 9-15　现浇水磨石楼地面

（a）现浇水磨石地面；（b）现浇水磨石楼面

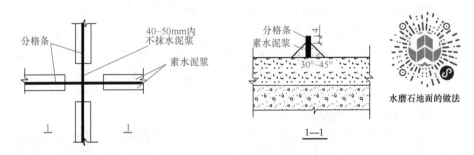

图 9-16　现浇水磨石楼地面分格条镶固做法

现浇水磨石楼地面的整体性好，防水、不起尘、易清洁、装饰效果好，但导热系数偏大、弹性小，一般适用于人流量较大的交通空间和房间，如门厅、营业厅、厨房、盥洗室等房间的楼地面。

（2）块材楼地面

块材楼地面是以天然或人造预制块材或板材作为面层材料，通过铺贴形成的楼地面。根据地面材料的不同有陶瓷板块楼地面、石材楼地面、塑料板块楼地面、橡胶板块楼地面等。

1）陶瓷板块楼地面

陶瓷板块楼地面是用陶土或瓷土经人工烧结而成的小块地砖，有缸砖、瓷砖、陶瓷锦砖等，它们均属于小型块材，铺贴工艺相类似，一般做法是在混凝土垫层或楼板上抹15～20mm厚1∶3的水泥砂浆找平，再用5～8mm厚1∶1的水泥砂浆或水泥胶（水泥∶107胶∶水=1∶0.1∶0.2）粘贴，最后用素水泥浆擦缝。陶瓷锦砖在整张铺贴后，用滚筒压平，使水泥砂浆挤入缝隙，待水泥砂浆硬化后，用草酸洗去牛皮纸，然后用白水泥浆擦缝。陶瓷板块楼地面构造如图9-17所示。

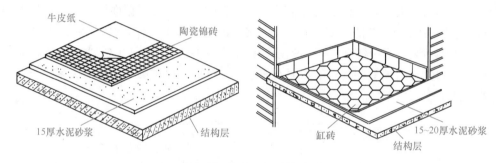

图 9-17　瓷砖、缸砖楼地面

陶瓷板块楼地面坚硬耐磨、色泽稳定、易于保持清洁，而且具有较好的耐水和耐酸碱腐蚀的性能，但造价偏高，一般用于有水或有腐蚀的房间。

2）石材板块楼地面

石材板块楼地面的面层材料有天然石材和人造石材。天然石材有大理石和花岗石，天然石材具有较好的耐磨、耐久性和装饰性，但造价较高。人造石材有预制水磨石板、人造大理石板等，价格低于天然石板，具有品种多，选择面广的特点，故应用较为广泛。

花岗岩板、大理石板的尺寸一般为300mm×300mm～600mm×600mm，厚度为20～30mm。铺设前应按房间尺寸预定制作，铺设时需预先试铺，合适后再开始正式粘贴，具体做法是：先在混凝土垫层或楼板找平层上实铺30mm厚1∶（3～4）干硬性水泥砂浆结合层，上面撒素水泥面（洒适量清水），然后铺贴楼地面板材，将缝隙挤紧，用橡皮锤或木锤敲实，最后用素水泥浆擦缝，如图9-18所示。

3）塑料板块楼地面

塑料板块楼地面是以有机物为主要材料经塑化热压而成的板块作为地面覆盖材料的楼地面，塑料板块楼地面具有色彩鲜艳、装饰效果好、质量轻、弹性好、价格低、易于保养的优点，一般用于装修要求不高，人流量大的建筑中。

塑料板块楼地面的一般做法是在混凝土基层上抹3～5mm厚自流平水泥浆找平层，再用建筑胶在其上粘铺2mm厚塑胶地板，基层面与塑料板块背面同时涂胶。

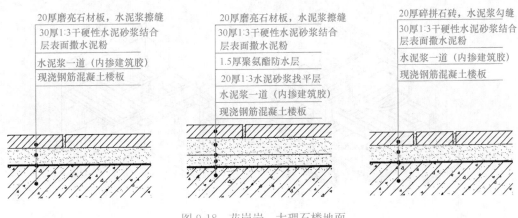

20厚磨亮石材板，水泥浆擦缝
30厚1:3干硬性水泥砂浆结合层表面撒水泥粉
水泥浆一道（内掺建筑胶）
现浇钢筋混凝土楼板

20厚磨亮石材板，水泥浆擦缝
30厚1:3干硬性水泥砂浆结合层表面撒水泥粉
1.5厚聚氨酯防水层
20厚1:3水泥砂浆找平层
水泥浆一道（内掺建筑胶）
现浇钢筋混凝土楼板

20厚碎拼石砖，水泥浆勾缝
30厚1:3干硬性水泥砂浆结合层表面撒水泥粉
水泥浆一道（内掺建筑胶）
现浇钢筋混凝土楼板

图 9-18 花岗岩、大理石楼地面

4）橡胶板块楼地面

橡胶板块楼地面是天然橡胶、合成橡胶和其他成分的高分子材料所制成的板块所铺贴而成的楼地面。具有高耐磨、高弹性、防滑、防潮、阻燃、抗静电、色泽艳丽、易铺设、易清洗保养等特点，尤其是通过不同的制作工艺，可以把橡胶板块仿制成石材、水磨石及木质板块图案，质地柔软，特别适合作为运动场所楼地面的铺设。橡胶板块楼地面的铺设方法同塑料板块楼地面。

（3）木楼地面

木楼地面是在楼板或地坪基层铺设木质板块而形成的楼地面，它具有良好的弹性、吸声能力和保温隔热性，易于保持清洁，装饰效果好，常用于住宅、宾馆、体育馆、剧院舞台建筑中。

木楼地面按材料分有实木楼地面、复合木楼地面、实木复合木楼地面、竹木楼地面和软木楼地面等。实木楼地面是木材经烘干加工而成的木质板块，其花纹自然、脚感舒适，但稳定性较差，造价高。复合木楼地面板块是由耐磨层、装饰层、高密度基材层、防水层经胶合压制，四边开榫而成，具有强度高、精度高、耐磨、阻燃、耐污性、无需上漆打蜡、易打理的特点，最适合现代家庭生活节奏，近来使用范围广。实木复合木楼地面板块是由不同树种的板材交错层压而成，它克服了实木板材尺寸稳定性差的缺点，且保留了实木板材的自然木纹和舒适的脚感，兼稳定性与美观性于一体，是木楼地面行业发展的趋势。

木楼地面按工艺和构造方式分，有空铺式和实铺式两种。

1）空铺式木楼地面

空铺式木楼地面是将木楼地面架空铺设，使板下有足够的空间便于通风，保持干燥，构造包括地垄墙（或砖墩）、垫木、搁栅、剪刀撑及毛地板等几个部分，如图 9-19 所示。地垄墙一般采用砖砌筑，其厚度应根据架空的高度及使用条件来确定；垫木的厚度一般为 50mm；木搁栅的作用是固定和承托面层；剪刀撑布置于木搁栅之间，用来增加木搁栅的侧向稳定性。空铺木楼地面构造复杂，较少采用。

2）实铺式木楼地面

实铺式木楼地面有龙骨铺设法、直接粘结法和悬浮铺设法三种做法。

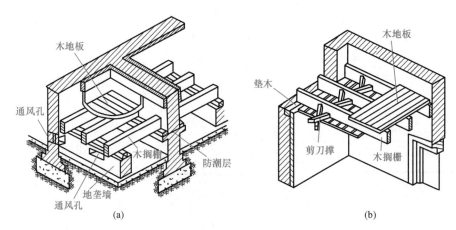

图 9-19　空铺式木楼地面

（a）空铺木地面；（b）空铺木楼面

龙骨铺设法是先在混凝土垫层或楼板上固定木龙骨，然后在木龙骨上铺定木地板而形成的木楼地面。木龙骨的断面尺寸一般为 50mm×50mm 或 50mm×70mm，间距 400～500mm。木地板常用的有条木地板和拼花木地板。条木地板一般为长条企口板，宽 50～150mm，直接铺钉在木龙骨上。拼花木地板是由长度为 200～300mm 的窄条硬木地板纵横镶铺而成，铺设时需先在木龙骨上斜铺毛木板，如图 9-20（a）所示。

直接粘结法是在混凝土垫层或楼板上先用水泥砂浆找平，干燥后用专用粘结剂粘结木地板，如图 9-20（b）所示。若为地坪层地面，则应在找平层上设防潮层，或直接用沥青砂浆找平。

当在地坪层上采用实铺式木楼地面时，须在混凝土垫层上设防潮层。

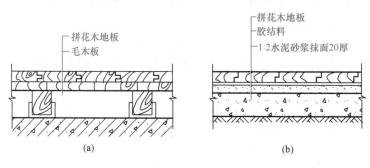

木楼地面的做法

图 9-20　实铺式木楼地面

（a）铺钉式双层实铺木楼地面；（b）粘贴式木楼地面

悬浮铺设法可用于复合木地板的铺设，为先在较平整的基层上铺设一层聚乙烯薄膜做防潮层，然后将木地板逐块榫接铺设，并将四周榫槽用专用的防水胶密封，以防止地面水向下浸入，如图 9-21 所示。

（4）涂料楼地面

涂料楼地面是在水泥砂浆地面的基础上涂刷或涂刮涂料而形成楼地面，用以改善水泥砂浆地面在使用和装饰方面的不足。地面涂料的品种较多，有溶剂型、水溶型和水乳型等，这些涂料具有美观、耐磨、防水、防腐、施工方便、造价低的特点，常用于展馆展厅、大型娱乐场所和公园等公共建筑以及轻型工业厂房中。

（5）卷材类楼地面

卷材楼地面是指用成卷的卷材铺贴而成的楼地面，常见的有塑料地毡、橡胶地毡、地毯等。这类楼地面可以干铺，也可用粘结剂粘贴到水泥砂浆面层上，施工、拆除都很方便。

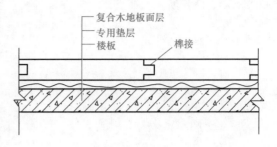

图 9-21　悬浮铺设式木楼地面

地毯一般加工精细、平整丰满、图案典雅、色调宜人，具有柔软舒适、清洁吸声，美观适用等特点，但造价较高，属于一种高档的地面装饰。地毯的铺设方法分不固定式与固定式两种。不固定式地毯是将地毯裁边粘结拼缝成一整片，直接摊铺，不与楼地面固定。对于经常要卷起或搬动的地毯，宜铺不固定式地毯。固定式是将地毯裁边粘结拼缝成一整片，四周用胶粘剂或倒刺条将地毯与楼地面固定，如图 9-22 所示为倒刺条固定式地毯构造。

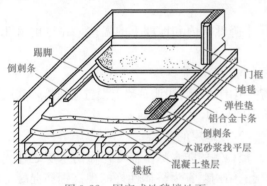

图 9-22　固定式地毯楼地面

2. 踢脚和墙裙

踢脚，也叫踢脚线或踢脚板，是地面和墙面交接处墙角的构造处理，其作用是保护墙面，防止清洗地面时污染和损坏墙面。踢脚的高度一般为 120～150mm，踢脚材料通常和地面相同，有水泥砂浆踢脚、石材或瓷砖踢脚、木踢脚等。

墙裙是内墙面下部 900～1500mm 高度范围内与内墙上部不同的构造部分，主要起保护和装饰作用，有水泥砂浆墙裙、大理石或瓷砖墙裙、木墙裙等。卫生间、厨房的墙裙，要求能够防水和便于清洗，多做水泥砂浆墙裙、釉面瓷砖墙裙等，高度可适当提高到900～1200mm。

3. 楼地层的特殊构造

（1）楼地层的防潮、防水

当室内外高差较小或地下水位较高时，地坪层中潮气较大，不仅会影响结构的耐久性，而且会影响室内卫生和人体健康，因此，需要对潮湿的地坪进行防潮处理。另外，建筑中一些用水量大的房间，如卫生间、厨房、盥洗室、洗浴中心等房间的楼地面还须做好防水、排水处理。

1）地坪层的防潮

地坪层的防潮，一般有设防潮层、设保温层和架空地坪层三种做法。

① 设防潮层

防潮层可设在混凝土垫层上，如在混凝土垫层上刷热沥青或聚氨酯防水涂料；也可以在混凝土垫层下，在垫层下干铺粗砂、碎石等，以切断地下毛细水的上升途径，如

图 9-23(a)、(b) 所示。

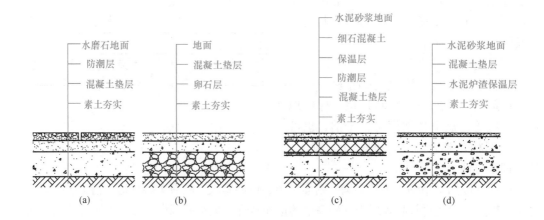

图 9-23 地坪层防潮

(a)、(b) 设防潮层；(c)、(d) 设保温层

② 设保温层

即在垫层的面层之间设保温层和隔汽层来降低室内和地坪下的温差，并防止潮气上升，如图 9-23 (c)、(d) 所示。

③ 架空地坪层

利用地垄墙将地坪层架空，在架空层高度范围的外墙和地垄墙上设置通风口，利用架空层与室外空气的流动，带走潮气，达到防潮的目的，如图 9-24 所示。

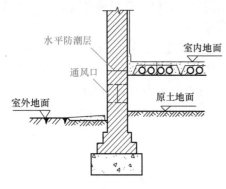

图 9-24 架空地坪层防潮

2）楼地层的防水

楼地层的防水除了需专门做防水层之外，楼板层的结构层宜为整体性好的现浇钢筋混凝土楼板，面层应选用防水性好、整体性好的材料，如水泥砂浆、现浇水磨石、瓷砖等。防水层可选用防水砂浆、防水卷材或防水涂料等材料，一般在结构层与面层之间设置，并沿四周墙体向上延伸 100～150mm，在门洞口处向外延伸不小于 250mm。为防止溢水，地面应降低 20～50mm，并设不小于 1‰的坡度，坡向地漏，如图 9-25 所示。

（2）楼地层变形缝构造

当建筑物设有变形缝时，在楼地层的对应位置应贯通各层设置变形缝，变形缝的缝宽和墙体变形缝保持一致，变形缝的构造需满足变形、防水、防尘、美观等要求。变形缝内一般用薄镀锌钢板做封箍处理，内填沥青麻丝等保温材料，并做隔火处理；上部用钢板盖缝或在盖缝钢板上铺贴地砖、石材或木地板等面层材料；下部（顶棚处）用铝合金、不锈钢等金属盖板盖缝，盖缝板一侧固定，另一侧自由，以保证自由变形。变形缝构造如图 9-26所示。

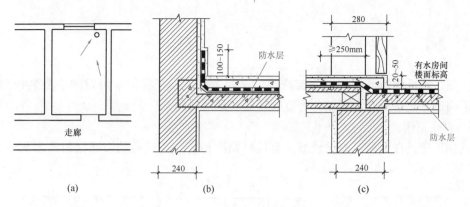

图 9-25　楼地层的排水与防水
（a）楼地面排水；（b）墙身防水；（c）洞口处延伸

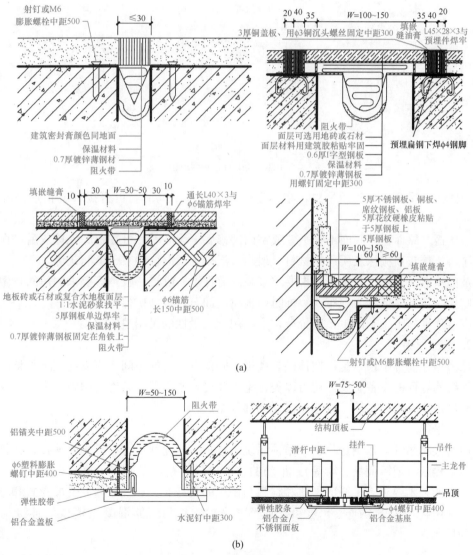

（a）

（b）

图 9-26　楼地层变形缝
（a）楼地面变形缝图例；（b）顶棚变形缝图例

9.4　顶　棚

顶棚是楼板层最下面的装饰装修层，又叫天棚、天花板，是房屋的主要装修部位之一。依构造方式的不同，顶棚分为直接顶棚和悬吊顶棚。

1. 直接顶棚

直接顶棚是在钢筋混凝土楼板下直接喷刷涂料、抹灰或粘贴饰面材料而形成的顶棚，如图 9-27 所示。

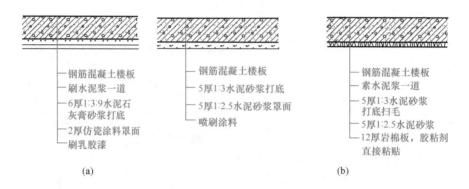

（a）

（b）

图 9-27　直接式顶棚构造

（a）抹灰顶棚；（b）贴面顶棚

当楼板（屋面板）底面平整，室内装修效果要求不高时，可直接（或稍加修补刮平后）喷刷大白浆或涂料等。

当楼板（屋面板）底面不够平整或室内装修要求较高时，可在板底先抹灰后，再喷刷各种涂料，抹灰顶棚抹灰所用的材料一般为水泥砂浆、混合砂浆、纸筋灰等。

贴面顶棚一般用于对装修效果要求较高或有保温、隔热、吸声等要求的房间，做法是在板底找平后粘贴壁纸、壁布或装饰吸声板材，如石膏板、矿棉板等。

直接顶棚施工工艺简单，造价低，广泛用于大量性的民用建筑中。

2. 悬吊顶棚

悬吊顶棚简称吊顶，是指在顶棚与楼板之间留有一定的空间，可以隐藏不平整的结构底面和结构底面的设备管线，还可以美化室内环境，改善采光条件，增强室内音质效果。

悬吊顶棚一般由吊筋、骨架和面层三部分组成。

（1）吊筋

吊筋又称吊杆，作用是将整个吊顶系统与楼板（或屋面板、梁等）相连接，并将吊顶荷载传给楼板（或屋面板、梁等）。吊筋的长度可以调整，以适应吊顶的高度变化，从而满足一定的艺术要求。吊筋的形式和材料与吊顶的荷载有关，一般与龙骨的形式和材料相适应，常用 $\phi 6 \sim \phi 8$ 钢筋、8 号铅丝或 M8 螺栓。它与钢筋混凝土楼板的连接构造如图 9-28所示。

（2）骨架

骨架由主龙骨、次龙骨组成，作用是固定吊顶面层、承受面层荷载以及附加在吊顶上

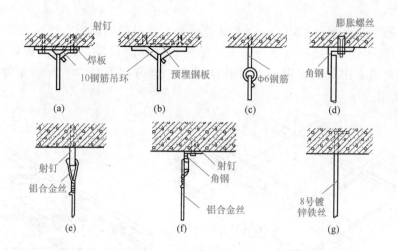

图 9-28　吊筋与楼板的连接

（a）射钉固定；（b）预埋铁件固定；（c）预埋钢筋吊环；（d）金属膨胀螺丝固定；
（e）射钉直接连接钢丝；（f）射钉角铁连接法；（g）预埋镀锌铁丝

的其他荷载，并将荷载由吊筋传给楼板（或屋面板、梁等）。主龙骨是骨架中的主要受力构件，与上面吊筋相连，下面连接次龙骨，龙骨之间可以增设横撑，以便于铺钉装饰面板。骨架按材料分，有木龙骨和轻钢龙骨、铝合金龙骨等，其断面大小视其材料品种、是否上人（吊顶承受人的荷载）和面层构造做法等因素而定，如图 9-29 所示为轻钢龙骨构造。

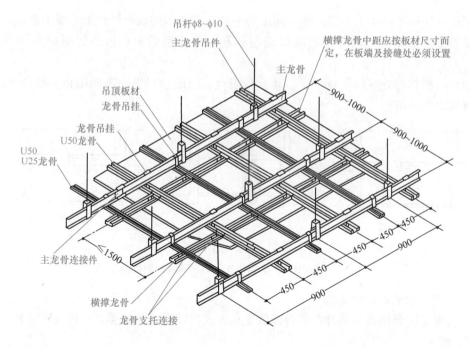

图 9-29　轻钢龙骨

（3）面层

吊顶面层主要起装饰作用，一般为装饰面板，常见的饰面板有纸面石膏板、装饰石膏板、吸声矿物棉板、玻璃、铝合金板、塑料制品饰面板等。装饰面板可利用自攻螺钉、膨胀铆钉或专用卡具固定于龙骨和横撑上，也可搁置在"⊥"形龙骨的翼缘上，如图9-30所示。

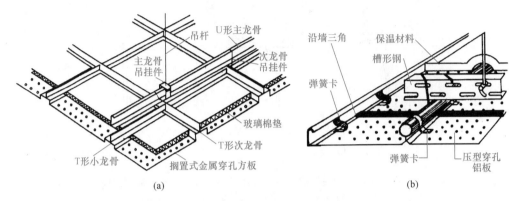

图 9-30 悬吊顶棚面层

（a）搁置式吊顶面层；（b）卡入式吊顶面层

9.5 阳台与雨篷

1. 阳台

阳台是楼房建筑中由各层向室外伸出的平台，并在四周设有栏杆做为围护设施而形成的供人们室外活动的场所。阳台的组成包括起承重作用的阳台板和起围护作用的栏杆扶手。

阳台按照其与外墙的相对位置，分为凸阳台、凹阳台和半凸半凹阳台，如图9-31所示，目前多为凸阳台。

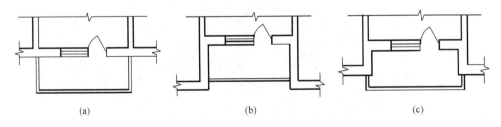

图 9-31 阳台的形式

（a）凸阳台；（b）凹阳台；（c）半凸半凹阳台

（1）阳台的承重结构类型

阳台板是阳台的承重构件，阳台板的支承方式有墙承式、挑梁式、挑板式三种。

1）墙承式

墙承式是将阳台板直接搁置在墙上，这种支承方式结构简单，施工方便，多用于凹阳台，如图9-32（a）所示。

2）挑板式

挑板式是将阳台板悬挑，一般有两种做法：一种是将房间楼板直接向外悬挑成阳台板，如图 9-32(b) 所示；另一种是将阳台板和墙梁（或圈梁、过梁）现浇在一起，如图9-32(c) 所示，利用楼板或梁上部的墙体来平衡阳台板，防止阳台倾覆。挑板式阳台底部平整，外形轻巧，但受力复杂，由楼板悬挑阳台板的做法阳台地面和室内地面标高相同，不利于排水，由墙梁悬挑阳台板的做法阳台悬挑长度受限。

3）挑梁式

挑梁式是从建筑物的横墙上伸出挑梁，阳台板搁置在挑梁上，如图 9-32(d) 所示。为防止阳台倾覆，挑梁压入横墙的长度应不小于悬挑长度的 1.5 倍。为防止阳台外露而影响美观，可在挑梁端部增设与其垂直的边梁。挑梁式阳台的悬挑长度可大些，阳台宽度受横墙间距限制，即一般与房间间距一致，应用较广泛。

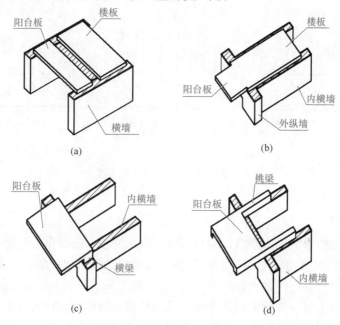

图 9-32　阳台的结构类型
（a）墙承式；（b）楼板挑板式；（c）过梁挑板式；（d）挑梁式

（2）阳台的围护构件

阳台的栏杆和扶手是阳台的安全围护设施，要求具有一定的抗侧力性和美观性。栏杆的形式可分三种：空花栏杆、实心栏板和组合式栏杆，如图 9-33 所示。

为保证安全，栏杆和栏板应有适宜的尺度，低、多层住宅阳台栏杆净高不应低于 1.05m，中高层住宅阳台栏杆净高不应低于 1.1m，但也不应大于 1.2m。空花栏杆垂直杆之间的净距不应大于 110mm，也不宜设水平分格，以防儿童攀爬。

空花栏杆具有空透性，装饰效果好，在公共建筑和南方地区的建筑中应用较多。栏板便于阳台封闭，在北方地区的居住建筑中应用广泛。栏板多为钢筋混凝土栏板，有现浇和预制两种，现浇栏板通常与阳台板整浇在一起；预制栏板可预留钢筋与阳台板的预留孔洞浇筑在一起，或预埋铁件焊接。栏杆与阳台板的连接如图 9-34 所示。

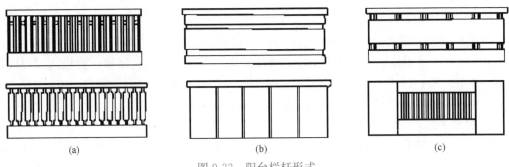

图 9-33 阳台栏杆形式
（a）空花栏杆；（b）实心栏板；（c）组合式栏杆

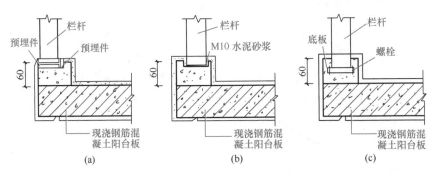

图 9-34 栏杆与阳台板的连接
（a）预埋铁件焊接；（b）预留孔洞插接；（c）螺栓连接

（3）阳台的排水

为避免阳台上的雨水流入室内，阳台须做好排水处理。一般阳台地面应低于室内地面20～50mm，并设置不小于1%的排水坡，坡向排水口。排水口一般设在阳台前端一侧或两侧，内埋镀锌钢管或塑料管（称作水舌），阳台面上积水就由水舌排出，如图9-35（a）所示。在高层建筑中或为避免阳台排水影响建筑物的立面形象，也可将阳台的排水口与室外雨水管相连，由雨水管排除阳台积水，如图9-35（b）所示。

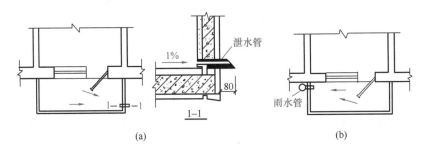

图 9-35 阳台排水构造
（a）水舌排水；（b）雨水管排水

2. 雨篷

雨篷是设置在建筑物外墙出入口的上方用以强调出入口、装饰立面的水平构件，还可用来挡雨、保护大门和人们进出时不被砸伤。雨篷按材料分有钢筋混凝土雨篷和金属骨架雨篷两大类。

（1）钢筋混凝土雨篷

钢筋混凝土雨篷一般与建筑主体结构整体浇筑而成，其支承方式多为悬挑式，雨篷按照结构形式不同，有板式雨篷和梁板式雨篷两种类型。

1）板式雨篷

板式雨篷由门洞口上的过梁悬挑伸出，上下表面相平，悬挑板的板面与过梁顶面可不在同一标高上，梁面高于板面标高，可防止雨水浸入墙体。从受力角度考虑，雨篷板一般做成变截面形式，根部厚度不小于 70mm，端部厚度不小于 50mm，如图 9-36(a) 所示。

2）梁板式雨篷

当门洞口尺寸较大，雨篷挑出尺寸也较大时，雨篷应采用梁板式结构。梁板式雨篷由挑梁和板组成，为使雨篷底面平整，一般将挑梁翻在板的上面做成翻梁，如图 9-36(b) 所示。

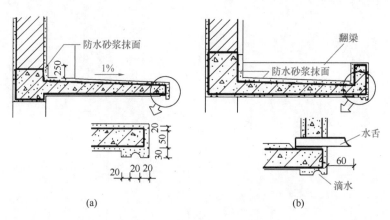

图 9-36　钢筋混凝土雨篷构造
（a）板式雨篷；（b）梁板式雨篷

当雨篷尺寸更大，如雨篷下方为车辆通道时，可在雨篷下面设柱支撑，这时的雨篷便成为梁板柱结构的雨篷。

雨篷顶面应进行防水和排水处理。防水做法通常可采用防水砂浆抹面，同时在雨篷板的下部边缘做滴水，防止雨水沿板底漫流。当雨篷面积较大时也可铺贴防水卷材。排水做法是在雨篷顶面设置 1% 的排水坡，并在一侧或双侧设排水口将雨水排出。为避免排水影响立面效果，也可将雨篷上的排水口与室外雨水管相连，由雨水管集中排出。

（2）金属结构雨篷

金属结构雨篷是以 H 型钢等轻钢结构作为骨架，其上安装面板而形成的雨篷。金属结构雨篷结构和造型简单轻巧，施工方便，装饰效果好，富有现代感，在现代建筑中使用越来越广泛。

金属结构雨篷根据面板材料的不同，有玻璃雨篷、铝塑板雨篷、彩钢雨篷等，如图 9-37 所示。

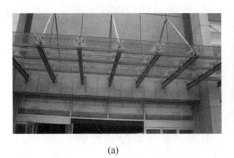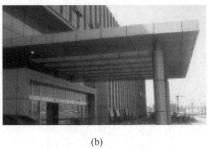

(a)　　　　　　　　　　　　　　　　(b)

图 9-37　金属结构雨篷

（a）玻璃雨篷；（b）铝塑板雨篷

10　楼梯与室外台阶和坡道

知识目标：通过学习，了解楼梯的类型和电梯、自动扶梯的构造，熟悉楼梯的尺度和台阶、坡道的构造，掌握钢筋混凝土楼梯的构造。

能力目标：通过技能训练，会识读楼梯的构造图，并能根据工程条件进行直行式、平行双跑式楼梯的基本构造设计。

建筑物层与层之间的竖向交通联系主要依靠楼梯、电梯、自动扶梯等设施。楼梯构造简单，使用方便，应用最为广泛；电梯一般用于层数较多的建筑中；自动扶梯用于人流量较大的商场、车站等建筑中。即使以电梯或自动扶梯为主要交通设施的建筑物，也必须同时设置楼梯，供紧急疏散时使用。台阶通常用来联系室内外高差或室内局部高差。坡道用于有车辆通行需求或有无障碍设计要求的建筑中。

10.1　楼　梯　概　述

1. 楼梯的组成

楼梯由楼梯段、平台、栏杆扶手三部分组成，如图 10-1 所示。

（1）楼梯段

楼梯段简称梯段，由梯板和若干踏步组成，梁板式楼梯梯板下还设有斜梁。为避免人们上下楼梯过于疲劳，一个梯段的踏步数不应超过 18 级；为避免因踏步数量过少而不易觉察，使人摔倒，踏步数不应少于 3 级。

（2）平台

平台是联系两楼梯段的水平构件，一般由平台梁、平台板组成。根据其所处位置不同，平台可分为楼层平台和中间平台。与楼面平齐的平台为楼层平台，两个楼层之间的平台为中间平台。楼层平台和中间平台可供人们上下楼梯时调节疲劳、改变行进方向，楼层平台还可以分配从楼梯到达各层的人流。

平台和梯段所围成的空间称为楼梯井。

（3）栏杆和扶手

楼梯栏杆一般设置在梯段和平台的边缘，起安全围护作用。扶手设于栏杆顶部供人行走时扶持。栏杆和扶手应坚固可靠，并应保证具有足够的安全高度，同时在选择材料及形式时要注意其装饰效果。

2. 楼梯的类型

（1）楼梯按所在位置分为室内楼梯、室外楼梯两种。

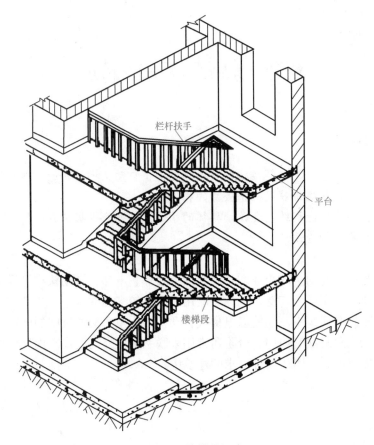

图 10-1　楼梯的组成

（2）楼梯所处的空间为楼梯间，楼梯间按平面形式分为开敞楼梯间，封闭楼梯间及防烟楼梯间，如图 10-2 所示。

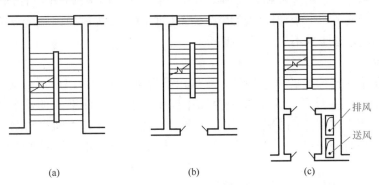

图 10-2　楼梯间的平面形式

（a）开敞楼梯间；（b）封闭楼梯间；（c）防烟楼梯间

（3）楼梯按使用性质分为主要楼梯、辅助楼梯、消防楼梯、疏散楼梯等。

（4）楼梯按材料分为木楼梯、竹楼梯、钢筋混凝土楼梯、金属楼梯和混合材料楼梯等。

（5）转折楼梯

转折楼梯指的是相邻梯段不平行、成一定角度的楼梯形式，其折角可变，多为90°，如图 10-3(g)、图 10-3(h) 所示。转折楼梯中部常形成较大楼梯井，使楼梯间空间开阔，视觉范围增大，常用于层高较大的公共建筑中。供少年儿童使用的建筑物不宜采用此种楼梯，若采用此种楼梯，应采取安全防护措施。

（6）剪刀楼梯

剪刀楼梯由两个单跑直行楼梯并列布置而成，或由两个平行双跑楼梯共用中间平台组合而成，如图 10-3 (i)、图 10-3 (j) 所示。剪刀楼梯的通行能力强，空间开敞，有利于不同方向的人流组织，多用于人流量较大的公共建筑中。

（7）楼梯按形式分有直行楼梯、平行双跑楼梯、双分（双合）楼梯、转折楼梯、剪刀楼梯、交叉楼梯、螺旋楼梯、弧形楼梯等，如图 10-3 所示。

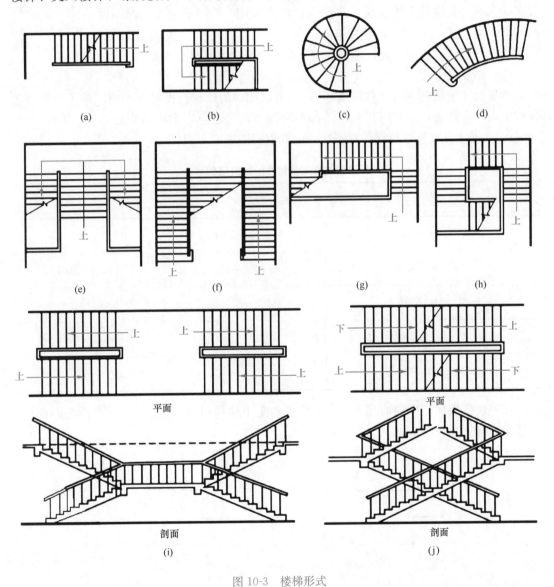

图 10-3　楼梯形式

（a）直行楼梯；（b）平行双跑楼梯；（c）螺旋楼梯；（d）弧形楼梯；（e）双分楼梯；
（f）双合楼梯；（g）、（h）折形楼梯；（i）、（j）剪刀楼梯

（8）楼梯按结构形式分为板式楼梯、梁板式楼梯和悬挑楼梯等。

3. 楼梯的尺度

（1）楼梯坡度

楼梯坡度指梯段中各级踏步前缘连线与水平面间的夹角。楼梯坡度小时，行走舒适，但占地面积大；坡度大时可节约面积，但行走较吃力，故楼梯坡度宜合理，常用坡度范围 $23°\sim45°$，其中以 $30°$ 左右较为适宜。

确定楼梯坡度应根据楼梯的使用频率、使用对象的体质状况和经济等因素综合考虑。一般说来，在人流较大、安全标准较高，或面积较充裕的场所楼梯宜平缓些；仅供少数人使用或不经常使用的辅助楼梯，坡度可以陡些。如公共建筑中的楼梯及室外的台阶常采用 $26°34'$ 的坡度，即踢面高与踏面宽之比为 $1:2$；居住建筑的户内楼梯可以达到 $45°$；坡度超过 $45°$ 的属爬梯，爬梯一般用于通往屋顶、电梯机房等非公共区域。

楼梯平面尺寸演示

（2）踏步尺寸

踏步尺寸包括踢面高 h 和踏面宽 b，二者之比即为楼梯坡度的正切值。踏步的尺寸范围应使人行走舒适，一般应与人正常行走时的步幅相适应，根据经验公式 $b+2h=600\sim620\mathrm{mm}$ 来确定。常见建筑楼梯踏步尺寸的取值范围见表 10-1。

常见建筑楼梯踏步尺寸的取值范围（mm）　　　　　　表 10-1

楼梯类别	最小宽度 b（范围）	最大高度 h（范围）
住宅公用楼梯	250(260～300)	180(150～175)
幼儿园楼梯	260(260～280)	150(120～150)
医院、疗养院等楼梯	280(300～350)	160(120～150)
学校、办公楼等楼梯	260(280～340)	170(140～160)
剧院、会堂等楼梯	(300～350)	(120～150)

在不改变楼梯坡度的情况下，为了使人们上下楼梯时更加舒适，可采用如图 10-4 所示措施来增加踏面宽度。

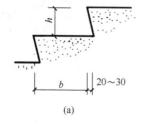
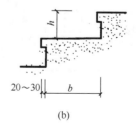

(a)　　　　　　　　　　　　(b)

图 10-4　增加踏面宽的方法
(a) 踢面倾斜；(b) 加做凸缘

（3）梯段尺度

梯段尺度包括梯段宽度和梯段长度。

1）梯段宽度

梯段宽度 D 是墙面到扶手中心线之间的水平距离。当梯段较宽，设靠墙扶手时，梯段宽度 D 则是两道扶手中心线之间的水平距离。梯段宽应满足正常通行、搬运家具和防火疏散的需要，应根据建筑的类型、耐火等级、层数、疏散人数和通过的人流股数来确定。

楼梯剖面尺寸演示

人流较多的公共建筑的梯段宽应根据通行的人流股数来确定，每股人流通行的宽度按 $550 \sim 700\text{mm}$ 考虑。实际工程中，满足一股人流通行的梯段宽应不小于 900mm，两股人流梯段宽为 $1100 \sim 1400\text{mm}$，三股人流梯段宽为 $1650 \sim 2100\text{mm}$。一般公共建筑梯段宽应至少保证两股人流通行，如图 10-5 所示。

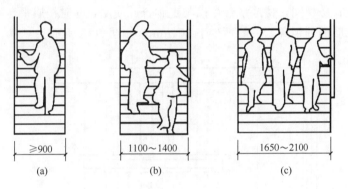

图 10-5　楼梯的梯段宽

（a）一股人流梯段宽；（b）两股人流梯段宽；（c）三股人流梯段宽

对于平行双跑楼梯，在楼梯间的尺寸已定的情况下，梯段宽应按开间确定，如图10-6所示，当楼梯间开间净宽为 A 时，则梯段宽 D 为：

$$D = (A - C - 2E)/2 \tag{10-1}$$

式中　D——梯段宽；

　　　A——楼梯间净开间净宽；

　　　C——楼梯井宽度；

　　　E——栏杆、扶手占据的宽度，一般为 60mm（当栏杆、扶手位于楼梯井时不包括此项）。

2）梯段长度

梯段长度 L 是每一楼梯段的水平投影长度，取决于踏面宽 b 和梯段上踏步数量 n。梯段长度为 $L = (n-1)b$，如图 10-6 所示。

（4）平台宽度

平台宽度指梯井处扶手中心线至墙面的水平距离，分为楼层平台宽 B_1 和中间平台宽 B_2，为确保楼梯段上的人流和货物也能顺利地在平台上通过，平台宽度不应小于梯段宽，并且不应小于 1.2m。在有门开启的出口处和有构件突出处，楼梯平台应适当放宽，如图 10-7 所示。

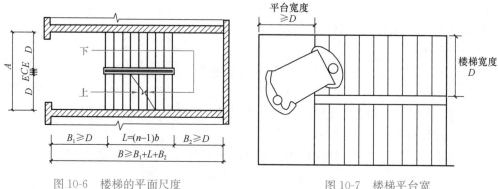

图 10-6 楼梯的平面尺度   图 10-7 楼梯平台宽

对于封闭式楼梯间，楼层平台考虑门扇占用的宽度，故应更宽一些，以便于人流疏散。如果是开敞式楼梯间，楼层平台可以与走廊合并使用，此时楼层平台的净宽为第一个踏步前缘到走廊墙面的距离，一般不少于 500mm，如图 10-8 所示。

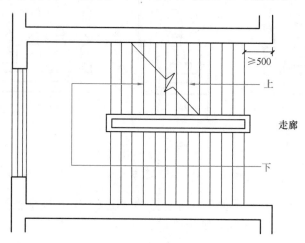

图 10-8 开敞式楼梯间的楼层平台

（5）楼梯井宽度

楼梯井宽度 C 为两梯段之间的空隙宽，此空隙从顶层到底层贯通。考虑消防、安全和施工的要求，楼梯井宽度以 $60 \sim 200$mm 为宜。有儿童使用的楼梯，当梯井净宽大于 110mm 时，必须采取防止儿童攀爬的措施。

（6）栏杆扶手尺度

栏杆扶手尺度包括扶手高度和栏杆净距。扶手高度是指踏步前缘至扶手顶面的垂直距离，一般不小于 0.9m。室外楼梯，特别是消防楼梯的扶手高度应不小于 1.1m。当栏杆水平段的长度超过 0.5m 时，其高度不应低于 1.05m。使用对象主要为儿童的建筑中，需要增设一道约 0.60m 高的扶手，以适应儿童的身高，如图 10-9 所示。对于养老建筑以及需要进行无障碍设计的场所，楼梯扶手的高度一般为 0.85m。楼梯栏杆垂直杆件间净空不应大于 110mm。

（7）楼梯的净空高度

楼梯的净空高度包括梯段净空高度和平台净空高度，如图 10-10 所示。梯段净空高度

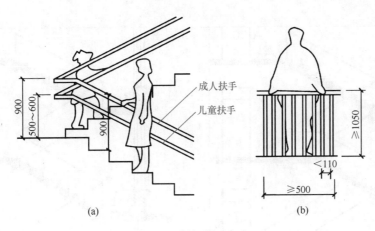

图 10-9　栏杆扶手高度

(a) 梯段上扶手高度；(b) 水平扶手高度

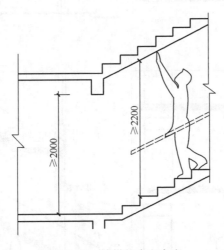

图 10-10　楼梯的净空高度

是指楼梯段踏步前缘至其正上方结构下表面的垂直距离，一般应不小于 2.2m；平台净空高度是指平台、过道地面至上部结构（如平台梁）底面的垂直距离，应不小于 2m。楼梯净空高度对楼梯的正常使用影响很大，各部位的净空高度应满足人流通行和搬运家具的需求，并考虑人的心理感受。

当平行双跑楼梯底层中间平台设置对外出入口时，为保证平台梁下净空高度大于 2m，常采用以下几种处理方法：

1）底层采用"长短跑"梯段。将第一跑梯段加长，中间平台得到提高。由于第二跑梯段的踏步级数减少，梯段多为折板或折梁形式，如图 10-11(a) 所示。

2）降低平台下地坪。各梯段级数不变，降低底层中间平台下的地面标高，使其低于底层室内地坪标高±0.000。但降低后的地坪标高仍应高于室外地坪，以免雨水内溢，如图 10-11(b) 所示。

3）综合以上两种方式，既降低底层中间平台下的地面标高，又将两梯段设计成"长短跑"，如图 10-11(c) 所示。

4）采用直跑楼梯直通二层，如图 10-11(d) 所示。

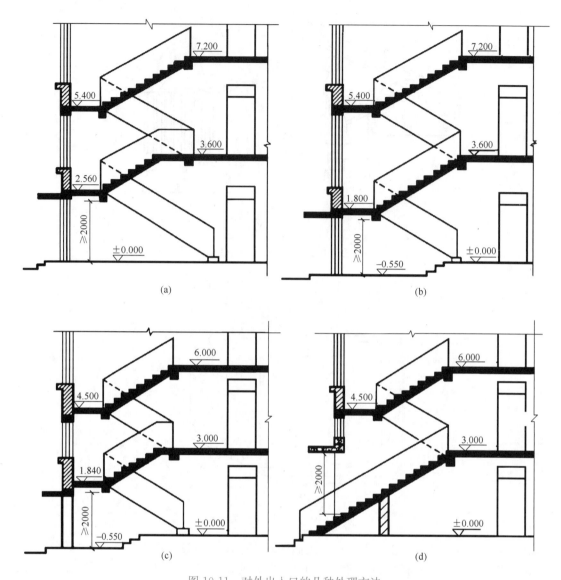

图 10-11　对外出入口的几种处理方法

（a）底层采用"长短跑"；（b）降低平台下地坪；（c）既降低室内地坪，又"长短跑"；（d）直跑楼梯

10.2　钢筋混凝土楼梯

楼梯梯段、平台可用木材、钢材、钢筋混凝土等材料制作，由于钢筋混凝土楼梯具有坚固耐久、防火性好的特点，故应用最为广泛。钢筋混凝土楼梯按施工方法分为现浇钢筋混凝土楼梯和预制装配式钢筋混凝土楼梯。

1. 现浇钢筋混凝土楼梯

现浇钢筋混凝土楼梯是在施工现场支设模板、绑扎钢筋、浇筑混凝土而形成的楼梯。现浇楼梯一般将楼梯段和平台整体浇筑，因此整体性好、刚度大，具有良好的可塑性，能适应各种楼梯间平面和楼梯形式。但缺点是模板耗费多，施工周期长，故多用于楼梯形式复杂、抗震要求高的建筑中。

现浇钢筋混凝土楼梯的结构形式最常见的有板式楼梯和梁板式楼梯。

（1）板式楼梯

板式楼梯的梯段由梯板和若干踏步组成，梯板倾斜，两端支承在高度不同的平台梁上，将使用荷载与自重，通过平台梁传给墙或柱，如图 10-12（a）所示。工程中有时为了增加平台下的净空高度，可将平台梁去掉，使梯段与平台板连为一体，形成折线型的板直接支承在墙或柱上，如图 10-12（b）所示。

板式楼梯的梯段底面平整，外形简洁，施工方便，当梯段跨度不大时一般采用这种形式的楼梯。

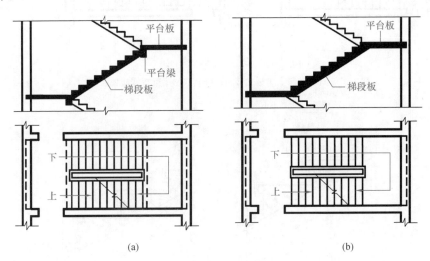

图 10-12　板式楼梯
(a) 有平台梁的板式楼梯；(b) 无平台梁的板式楼梯

（2）梁板式楼梯

梁板式楼梯的梯段由梯段板和斜梁构成，梯段板两端支承在斜梁上，斜梁支承在平台梁上。梯段板通过两侧斜梁把荷载传给上下平台梁，再通过平台梁将荷载传给墙或柱。斜梁的布置有单斜梁和双斜梁两种，如图 10-13 所示。

梁板式楼梯梯段根据斜梁与梯段板在竖向的相对位置可分为正梁式梯段和反梁式梯段两种，正梁式梯段的斜梁在梯段板之下，踏步外露，又称明步，如图 10-14（a）所示；反梁式梯段的斜梁在梯段板之上，踏步包在里面，又称暗步，如图 10-14（b）所示。

2. 预制装配式钢筋混凝土楼梯

预制装配式钢筋混凝土楼梯是将楼梯各构件在工厂或工地现场预制，然后在施工现场拼装而成的楼梯。其优点是节省模板，施工速度快，施工受季节影响小，缺点是楼梯后期的整体性与抗震性较差，需加强构件之间的连接构造。

根据预制构件的构造形式和尺寸的差别，预制装配式钢筋混凝土楼梯分为小型构件装配式楼梯、中型构件装配式楼梯、大型构件装配式楼梯三种。

（1）小型构件装配式楼梯

小型构件装配式楼梯一般将楼梯的踏步和支承构件分开预制，其特点是构件小而轻，

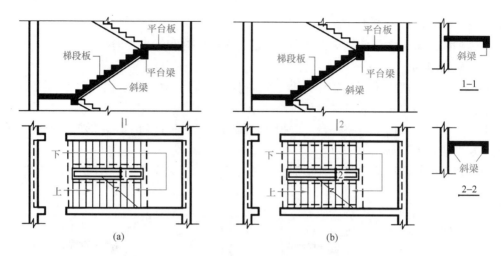

图 10-13　梁板式楼梯

（a）单斜梁梁板式楼梯；（b）双斜梁梁板式楼梯

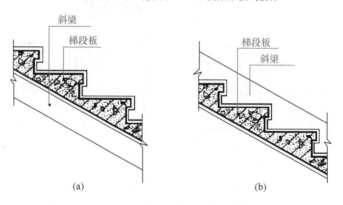

图 10-14　梁板式楼梯梯段的类型

（a）正梁式梯段；（b）反梁式梯段

易制作，但施工繁琐，速度慢，一般适用于施工条件差的情况。

小型构件装配式根据支承结构不同，一般有梁支承、墙支承、悬挑式三种形式。

1）梁承式楼梯

梁承式楼梯一般由踏步板、斜梁、平台梁和平台板四种预制构件组成。预制踏步搁置在斜梁上形成梯段，斜梁搁置在平台梁上，平台梁搁置在两边墙或柱上，如图 10-15 所示。平台板可搁在两侧横墙上，也可搁在平台梁和纵墙上。

踏步板的断面形式可为一字形（踢面可镂空或用砖填充）、L 形、三角形等，斜梁形式应与踏步板协调，一字形、L 形踏步板应采用锯齿形斜梁，三角形踏步板应采用矩形斜梁。平台板可用空心板或槽形板，平台梁的断面一般为 L 形。

斜梁支承踏步板处用水泥砂浆坐浆连接，需加强时，可在斜梁上预埋插筋与踏步板支承端预留孔插接。斜梁与平台梁连接时，在支座处除了用水泥砂浆坐浆外，应在连接端预埋钢板进行焊接。

2）墙承式楼梯

墙承式楼梯是把预制踏步板、平台板直接搁置在两侧墙上，而省去斜梁和平台梁的做

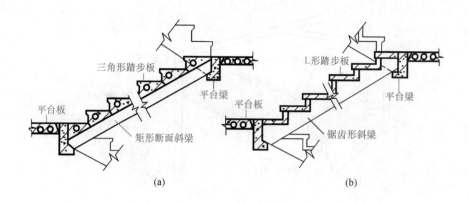

图 10-15 梁承式楼梯

(a) 三角形踏步板、矩形断面斜梁；(b) L 形踏步板、锯齿形梯段斜梁

法。墙承式楼梯的踏步板一般采用一字形、L形断面，适用于直行楼梯，或中间有电梯间的转折三跑楼梯。当为平行双跑楼梯时，楼梯间中间梯井位置需加砌一道砖墙，为了采光和扩大视野，可在中间的墙上适当部位开设观察口，如图 10-16 所示。

墙承式楼梯构造简单，节省材料，但楼梯间空间狭窄，视线、光线受阻，搬运家具和人流上下时均感不便，且不利于抗震，一般用于抗震要求较低的住宅建筑中。

3）悬挑式楼梯

悬挑式楼梯由踏步板、平台板两种预制构件组成，这种楼梯的每一踏步板为一个悬挑构件，可由墙悬挑或现浇斜梁悬挑。墙悬挑式是将预制钢筋混凝土踏步板一端嵌固于楼梯间侧墙上，另一端凌空悬挑，踏步板用一字形板及正反 L 形板均可，一般肋在上的 L 形踏步，结构较为合理，使用最为普遍，如图 10-17 所示。

悬挑式楼梯的悬臂长度通常为 1200mm，一般不超过 1500mm。由于省去了平台梁和斜

图 10-16 墙承式楼梯

梁，也无楼梯间的中间墙，所以造型轻巧，空间通透。但悬挑式楼梯的整体性差，抗震能力弱，一般用于没有抗震要求的小型建筑或非公共区域的楼梯。

（2）中型构件装配式楼梯

中型构件装配式楼梯一般由梯段板、平台板、平台梁三种预制构件拼装而成，有时也将平台梁和平台板合成一个构件预制。梯段板两端搁在平台梁出挑的翼缘上，将梯段荷载直接传给平台，如图 10-18 所示。梯段与平台梁可通过预埋件焊接，也可通过构件上的预埋件和预埋孔相互套接。

（3）大型构件装配式楼梯

大型构件装配式楼梯是将整个梯段和平台预制成一个构件，梯段按结构形式的不同，有板式梯段和梁板式梯段两种，如图 10-19 所示。

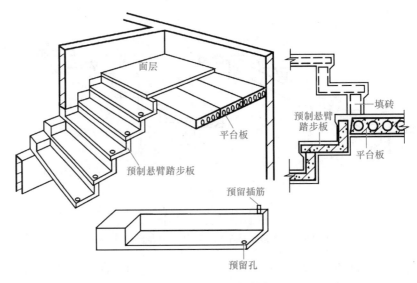

图 10-17　悬挑式楼梯

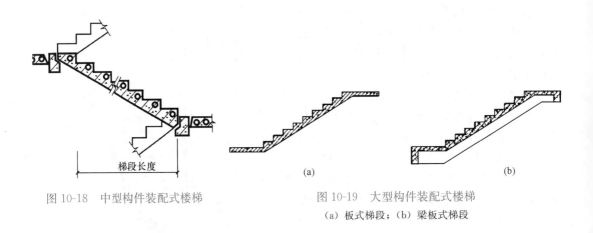

图 10-18　中型构件装配式楼梯　　　　图 10-19　大型构件装配式楼梯

　　　　　　　　　　　　　　　　　　　　　（a）板式梯段；（b）梁板式梯段

　　大型构件装配式楼梯的楼梯段和平台这一整体构件支承在钢支托或钢筋混凝土支托上，其特点是构件数量少，装配化程度高，施工速度快，但构件的通用性和互换性差，施工时需要大型起重运输设备。大型构件装配式楼梯主要用于装配式工业化建筑中。

　　3. 楼梯的细部构造

　　（1）踏步面层及防滑措施

　　1）踏步面层

　　楼梯踏步面层做法一般与楼地面面层做法一致，但由于楼梯是建筑的主要交通疏散构件，应明显、醒目，以便于引导人流，因此装修标准应高于或至少不低于楼地面装修标准。同时，楼梯的使用率很高，在考虑面层材料时应考虑耐磨、美观、便于清洗的材料，常用的有水泥砂浆、水磨石、防滑砖、大理石等。

　　2）防滑措施

　　为防止行人在楼梯上行走时滑倒，踏步表面应有防滑措施，通常是在踏步口留 2～3

道凹槽或设防滑条，防滑条长度一般为踏步长度每边减去 150mm，如图 10-20 所示。

（2）栏杆与扶手

1）栏杆

栏杆是楼梯的安全防护设施，同时也对楼梯起到装饰作用。栏杆应满足安全、坚固、美观的要求，同时注意施工与维修的方便。楼梯栏杆按形式可分为空花栏杆、实心栏板和组合栏杆三种。

① 空花栏杆

空花栏杆多采用圆钢、方钢、扁钢、钢管及铸铁花饰等金属材料制作，空花栏杆的式样如图 10-21 所示。对于经常有儿童活动的建筑，空花栏杆的分格应设计成儿童不易攀登的竖向形式，以确保安全。

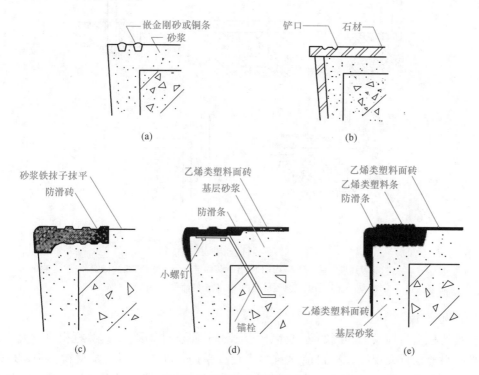

图 10-20　踏步防滑做法

（a）嵌金刚砂或铜条；（b）石材铲口；（c）贴防滑面砖；（d）锚固金属防滑条；（e）粘贴复合材料防滑条

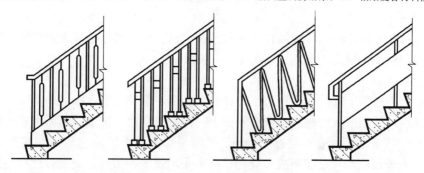

图 10-21　空花栏杆典型式样图例

空花栏杆多安装在梯段的边缘或侧边，与梯段的连接固定应可靠，连接方法有预埋铁件焊接、预留孔洞插接和螺栓连接等方法。预埋铁件焊接是将栏杆立杆与梯段中预埋的钢板或套管焊接在一起，如图 10-22(a)、(e) 所示。预留孔洞插接是将栏杆立杆端部做成开脚或倒刺插入梯段预留的孔洞内，用水泥砂浆或细石混凝土填实，如图 10-22(b)、(d)所示。

螺栓连接是用螺栓将栏杆固定在梯段上，如用板底螺帽栓紧贯穿踏板的栏杆等，如图 10-22(c)所示。

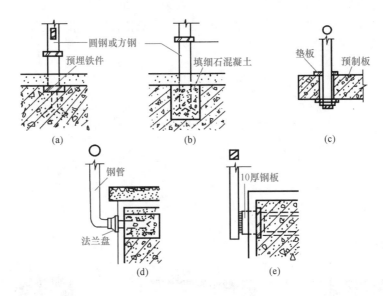

图 10-22　栏杆与梯段的连接

(a) 梯段预埋铁件；(b) 梯段预留孔砂浆固定；(c) 预留孔螺栓固定；
(d) 踏步侧面预留孔；(e) 踏步侧面预埋铁件

② 实心栏板

传统的栏板为加设钢筋网的砖砌体、现浇钢筋混凝土栏板等，这些栏板自重大、施工效率低，易遮挡行人视线，故目前建筑中已较少采用。随着新型建筑材料出现，玻璃栏板、复合材料栏板等施工简便、装饰效果好，在装饰要求较高的公共建筑中使用得越来越多。栏板构造如图 10-23 所示。

③ 组合栏杆

组合栏杆是空花栏杆与栏板两种栏杆形式的组合。空花部分竖杆多为金属材料，栏板可选用木板、铝板、钢化玻璃等，如图 10-24 所示。

2) 扶手

扶手设置在栏杆上部供人手扶持，楼梯应至少于一侧设扶手，梯段净宽达三股人流时应两侧设扶手，达四股人流时宜加设中间扶手。扶手应坚固、美观，断面形式和尺寸以方便手握为宜，顶面宽度一般不超过 90mm。栏板顶部的扶手可用水泥砂浆或水泥抹面而成，也可用大理石或木材贴面而成；空花栏杆多采用硬木、塑料、金属等材料制作，断面形状有圆、方、扁形等，如图 10-25 所示。

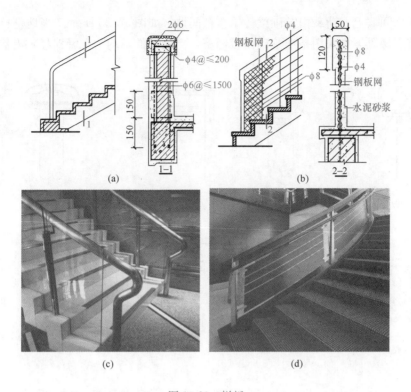

图 10-23　栏板

（a）1/4 砖砌栏板；（b）钢板网水泥栏板；（c）玻璃栏板；（d）复合材料栏板

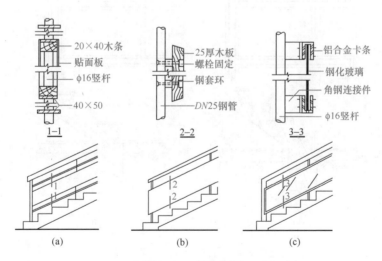

图 10-24　组合栏杆

（a）贴面板栏板；（b）木板栏板；（c）钢化玻璃栏板

（3）楼梯基础

首层楼梯的第一个梯段与地面相连，此处无平台梁但应设置楼梯基础，以承受梯段传来的荷载，楼梯基础的做法有两种：一种是在梯段下设砖、石材或混凝土条形基础；另一种是在梯段下方设置断面不小于 240mm×240mm 的钢筋混凝土基础梁，基础梁两端支承在两侧的楼梯间墙上,荷载由基础梁传给楼梯间墙,如图 10-26 所示。当地基持力层深度较浅时,首层梯段下方采用条形基础比较经济,但地基的不均匀沉降对楼梯有影响。

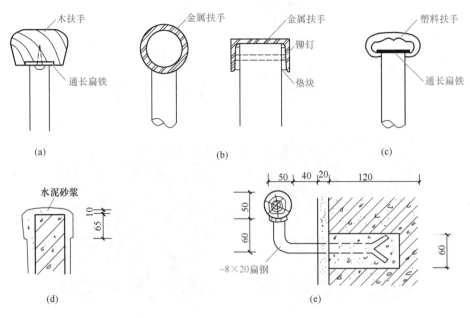

图 10-25　扶手构造

(a) 木扶手;(b) 金属扶手;(c) 塑料扶手;(d) 栏板扶手;(e) 靠墙扶手

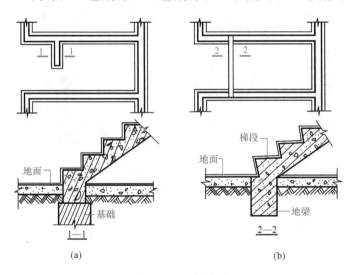

图 10-26　楼梯基础

(a) 梯段下设条形基础;(b) 梯段下设基础梁

10.3　室外台阶和坡道

1. 室外台阶

室外台阶是建筑物出入口处联系室内外高差的主要交通设施,由于其作为建筑出入口的重要组成部分,所以在构造形式和选材上应特别注重其实用性与美观性。

（1）室外台阶的组成及形式

室外台阶一般由踏步和平台组成，当台阶高差较大时还需设置护栏，如图 10-27（a）所示。室外台阶的平面形式一般有单面踏步式、三面踏步式等，当考虑车辆通行的要求时，可采用台阶与坡道相结合的形式，如图 10-27(b) 所示。

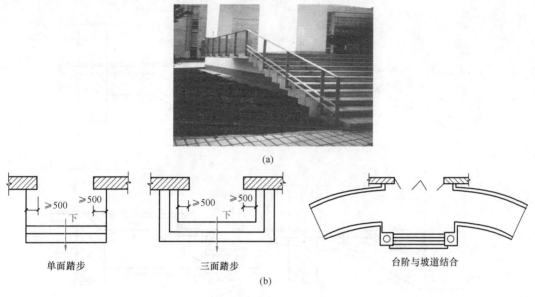

（a）

单面踏步　　　　　三面踏步　　　　　台阶与坡道结合

（b）

图 10-27　室外台阶的组成与形式

（a）设护栏的室外台阶 ；（b）室外台阶的平面形式

（2）室外台阶的尺度

室外台阶是进出室内外的必经之地，人流量大，因此坡度应比楼梯坡平缓，通常踏步高度宜为 120～150mm、宽度为 300～400mm。平台宽度应比大门洞口每边至少宽出 500mm；平台进深尺度应保证在门开启后，还有站立一个人的位置，即其尺寸不小于门扇宽加 300～600mm，一般应不小于 1000mm，以作为人们上下台阶的缓冲空间。平台表面应比底层室内地面的标高略低，并应做向外倾斜 1％～4％ 的流水坡，以免积水或雨水流入室内。如果室外场地未做硬化处理，还应在平台处设刮泥槽。台阶尺度如图 10-28 所示。

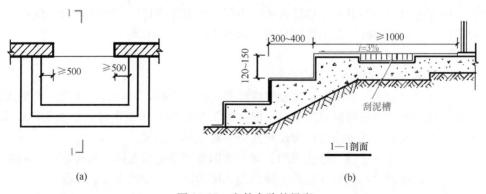

（a）　　　　　　　　　　　　　　　　　（b）

图 10-28　室外台阶的尺度

（a）台阶平面；（b）台阶剖面

（3）室外台阶的构造

室外台阶有实铺式和架空式两种构造形式。实铺式台阶一般由面层、垫层、基层组成，如图 10-29（a）～图 10-29（c）所示，图 10-29（d）为架空式台阶。

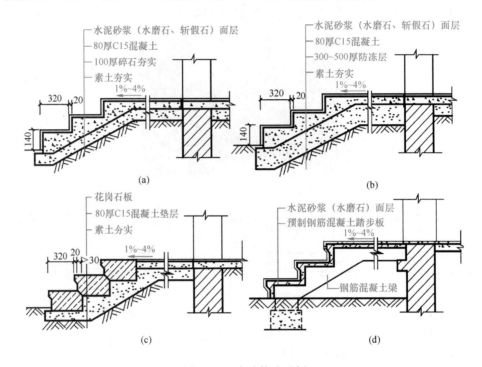

图 10-29　台阶构造示例

（a）、（b）、（c）实铺式台阶；（d）架空式台阶

1）台阶面层

室外台阶会受到雨水侵蚀，故需考虑防滑和抗风化的问题，面层宜选用有较好的抗冻性（南方地区不考虑抗冻性）、防滑性及耐磨的材料，如水泥砂浆、水磨石、天然或人造石材、防滑地面砖等。

2）台阶垫层

对于踏步数较少的台阶，其垫层做法与地坪层垫层做法类似。一般选用抗冻、抗水性好且质地坚实的材料，如混凝土垫层或砖石垫层。季节冰冻地区的室外台阶下应用大颗粒的土如矿渣、粗砂、碎砖三合土等做垫层，如图 10-29（b）所示。

3）台阶基层

台阶基层多为素土或灰土夯实而成。

当室内外高差较大、台阶踏步数较多或地基土质太差时，可将台阶架空。架空式台阶可在外墙和地坪基础间架设锯齿形梁，上面搁置 L 形预制踏步板形成，如图 10-29（d）所示，也可在外墙和地坪基础间直接架设板式或梁板式梯段形成。

为了防止房屋主体沉降、热胀冷缩、冰冻等因素可能造成台阶变形破坏，一般需在台阶与建筑物外墙根部之间留置变形缝，缝内用玛琋脂嵌固，如图 10-30 所示。

2. 坡道

建筑物考虑车辆通行或有特殊要求时应设置坡道。坡道按所处的位置不同分为室内坡

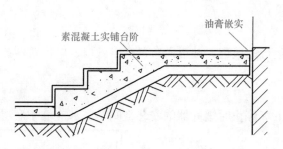

图 10-30　台阶与主体结构脱开示意图

道和室外坡道，一般室内坡道坡度不宜大于 1∶8，室外坡道坡度不宜大于 1∶10。

　　室外坡道的构造包括面层、垫层、基层，与台阶一样，选材应注意采用耐久、耐磨和抗冻性好（南方地区不考虑抗冻）的材料，如混凝土、天然石块等。对经常处于潮湿、坡度较陡的坡道需作防滑处理，如图 10-31 所示。

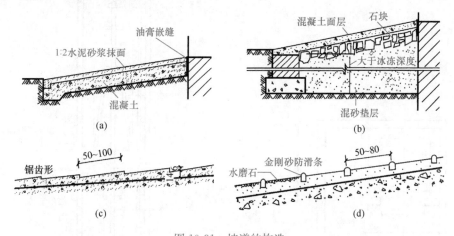

图 10-31　坡道的构造
（a）混凝土坡道；（b）块石坡道；（c）锯齿形防滑；（d）防滑条防滑

10.4　电梯与自动扶梯

1. 电梯

　　电梯是以电动机为动力的垂直升降设备，用于建筑中的垂直交通、运送货物及设备。常见的电梯有乘客电梯、载货电梯及用于发生火灾、爆炸等紧急情况下供安全疏散人员和消防人员紧急救援使用的消防电梯。

　　电梯应布置在人流集中的地方，如门厅、出入口等处，位置要明显、易找。电梯不得用作安全疏散设施，当建筑以电梯作为日常垂直交通设施时，还应配置辅助楼梯，供电梯发生故障时使用。

　　（1）电梯的基本构造

　　电梯由轿厢、井道、机房、地坑组成，如图 10-32 所示。轿厢是直接载人、运货的箱体。电梯间由井道、机房、地坑组成，是电梯轿厢运行的空间，其构造形式和尺寸应符合轿厢的安装、运行要求。

1）电梯井道

电梯井道是电梯运行的通道，井道内布置有出入口、电梯轿厢、导轨、导轨撑架、平衡锤及缓冲器。

2）井道地坑

井道地坑是轿厢下降停止时缓冲器的安装空间，底部应低于底层地面标高至少1.4m。

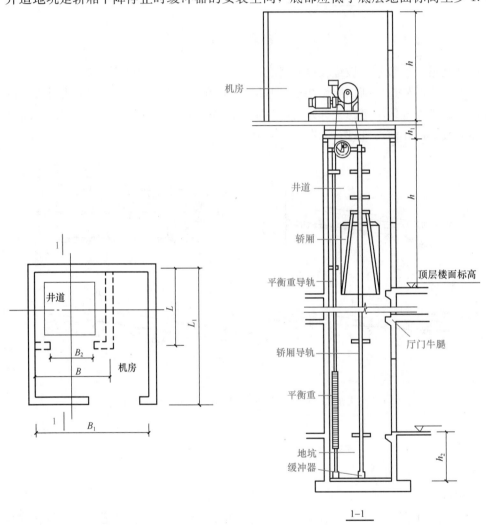

图 10-32　电梯平面剖面示意图

3）电梯机房

电梯机房安装有电梯控制设备，如开关、控制盘、曳引机、导向轮、限速器等，一般净高不得小于2.0m。电梯机房一般设在井道的顶部，大多设于楼顶；当设于顶楼时，电梯不能到达顶层。

（2）电梯与建筑部位的相关构造

1）机房构造

电梯机房应满足以下构造要求：

①电梯机房地面应平整、坚固、防滑和不起尘,楼板应至少能承受 6kPa 的均布荷载。

②机房门宽度不应小于 1200mm,高度不应小于 2000mm。

③通往机房的走道和楼梯宽度不应小于 1200mm,坡度应不大于 45°,并有充分的照明,楼梯应能承受电梯主机的重量。

④机房应有良好的采光和通风,并能保持干燥。机房应与水箱和烟道隔离,顶部应做好保温和防水,为减小电梯运行时产生的振动和噪声影响,在机房下部一般设有 1.5m 的隔声层,与井道隔离,如图 10-33 所示。

2) 井道及地坑构造

井道的墙、底板和顶板应选用具有足够强度的不燃材料,且不起灰尘,通常为砖墙、钢筋混凝土墙,目前大多选用钢筋混凝土墙,观光电梯可采用玻璃幕墙。井道各层的出入口即为电梯间的厅门,在出入口处的地面应向井道内挑出牛腿,作为乘客进入轿厢的踏板,如图 10-34 所示。

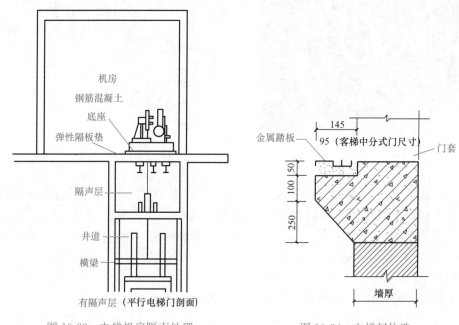

图 10-33 电梯机房隔声处理   图 10-34 电梯门构造

由于厅门是人流或货流频繁经过的部位,所以要求实用、坚固、美观。通常在厅门洞口上部和两侧安装门套进行装饰,门套多采用金属板贴面,为电梯厂定型产品。

井道顶部设通风口,其面积不得小于井道水平断面面积的 1%。通风口可直接通向室外,也可经机房通向室外。井道内无天然采光要求,但应有永久性照明,以保证维修期间门全关时也有适当照度。

电梯井道墙、底板、顶板应完全封闭,除层门开口、井道通风口、排烟口、安装门、检修门和检修人孔外,不得有其他与电梯无关的开口。

井道地坑地面应光滑平整,不渗水,不漏水,可以在地坑设置排水装置,但防水及排水做法不能影响底坑的最小尺寸和使用空间。

2. 自动扶梯

自动扶梯是外形类似楼梯，依靠机械传动能大量、连续输送流动客流的装置，一般用在人流频繁而连续的大型公共建筑，如百货大楼、展览馆、游乐场、火车站、地铁站、航空港等，如图 10-35 所示。

自动扶梯由梯路（变形的板式输送机）和两旁的扶手（变形的带式输送机）组成，如图 10-36 所示。其主要部件有主机系统、桁架、梯级、扶手装置以及间接驱动梯级和扶手移动的装置等。主机系统包括电动机、减速装置、制动器及中间传动环节等；桁架是支撑自动扶梯重量和负载的钢结构；梯级是乘客站立的移动平台；梯级以上的延展部分，包括移动扶手带、围裙板和盖板等。

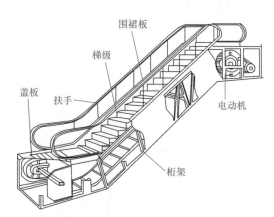

图 10-35　自动扶梯　　　　　　图 10-36　自动扶梯的构造组成

自动扶梯可上、下输送客流，运行速度一般为 0.45～0.5m/s。由于自动扶梯运行的人流都是单向，不存在侧身避让的问题，因此，其梯段宽度较楼梯更小，通常宽度有 600mm（单人携物）、1000mm、1200mm（双人）几种规格。自动扶梯一般运输的垂直高度为 0～20m，常用坡度有 27.3°、30°、35°，其中 30°最为常用，理论载客量为 4000～13500 人次/h。

自动扶梯与建筑相关的构造尺寸如图 10-37 所示，设计时应注意下列问题：

1）自动扶梯的机械装置悬在楼板下面，楼层下做装饰外壳处理，底层则做地坑。在其机房上部自动扶梯口处应做活动地板，以利检修。

2）自动扶梯机器停止转动时可做普通楼梯使用，但不可用作消防通道。出入口畅通区的宽度不应小于 2.50m，畅通区有密集人流穿行时，其宽度应加大。

3）自动扶梯的梯级、自动人行道的踏板或胶带上空，垂直净高不应小于 2.20m。

4）栏板应平整、光滑和无突出物；扶手带顶面距自动扶梯前缘、自动人行道踏板面的垂直高度不应小于 0.90m；扶手带外边至任何障碍物不应小于 0.50m，否则应采取措施防止障碍物引起人员伤害。

5）扶手带中心线与平行墙面或楼板开口边缘间的距离、相邻平行交叉设置时两梯之间扶手带中心线的水平距离不宜小于 0.50m，否则应采取措施防止障碍物引起人员伤害。

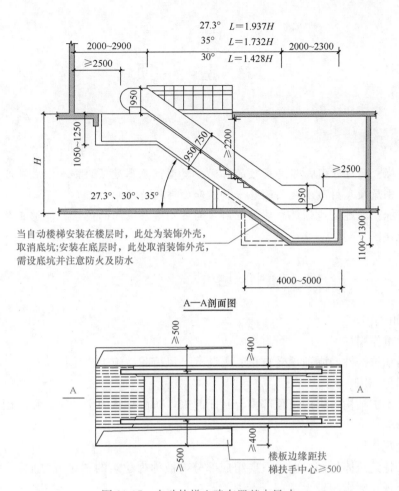

27.3°　　$L=1.937H$
35°　　$L=1.732H$
30°　　$L=1.428H$

27.3°、30°、35°

当自动楼梯安装在楼层时，此处为装饰外壳，取消底坑；安装在底层时，此处取消装饰外壳，需设底坑并注意防火及防水

A—A剖面图

楼板边缘距扶梯扶手中心≥500

图 10-37　自动扶梯土建布置基本尺寸

6）设置自动扶梯所形成的上下层贯通空间，应符合《建筑防火设计规范（2018 年版）》GB 50016—2014 的防火分区要求。

11 屋 顶

 学习目标

知识目标：通过学习，了解屋顶的作用、类型，熟悉屋顶的排水方式及坡屋顶的基本构造，掌握平屋顶卷材防水屋面的基本构造和细部构造。

能力目标：通过技能训练，能够理解屋面各构造层次间的关系，能够正确识读屋顶平面图和构造详图。

11.1 概　述

1. 屋顶的作用

（1）承重作用

屋顶是承重构件。屋顶承受自重、雪荷载、风荷载、施工或使用荷载。

（2）围护作用

屋顶是围护结构，将建筑顶部围合封闭起来，防御自然因素如风、霜、雨、雪等对建筑产生的影响。

（3）美观作用

屋顶又是建筑体形和立面的重要组成部分，被称为建筑的"第五立面"，对建筑的立面效果的外观轮廓影响较大。

2. 屋顶的类型

屋顶按其外形可分为三种类型。

（1）平屋顶

一般将坡度小于10%的屋顶称为平屋顶。平屋顶常用的坡度为2%～3%，上人屋顶的坡度为1%～2%。平屋顶根据檐口构造形式不同分为多种形式，如图11-1所示。

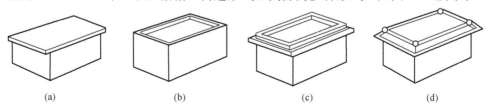

(a)　　　　　　(b)　　　　　　(c)　　　　　　(d)

图 11-1　平屋顶的形式

（a）挑檐平屋顶；（b）女儿墙平屋顶；（c）挑檐女儿墙平屋顶；（d）盝顶平屋顶

近年来，随着绿色、生态、节能理念的落实，平屋顶的空间利用逐渐丰富起来，如设置屋顶花园、屋顶游泳池、直升飞机停机坪，安装擦窗机轨道及太阳能集热器等，如图11-2所示。

图 11-2 平屋顶

（a）屋顶游泳池；（b）屋顶花园；（c）屋顶停机坪

（2）坡屋顶

坡屋顶的坡度一般在 10% 以上。传统建筑的坡屋顶有单坡顶、硬山顶、悬山顶、四坡顶、卷棚顶、庑殿顶、歇山顶、圆攒尖顶等，如图 11-3 所示。现代建筑因景观环境或建筑风格的要求也常采用坡屋顶。

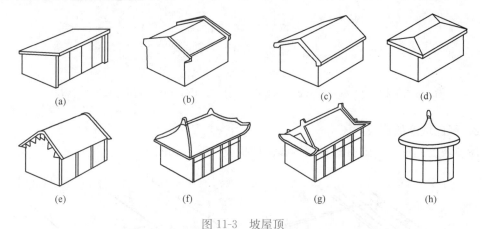

图 11-3 坡屋顶

（a）单坡顶；（b）硬山顶；（c）悬山顶；（d）四坡顶；（e）卷棚顶；

（f）庑殿顶；（g）歇山顶；（h）圆攒尖顶

（3）其他屋顶

一些大型公共建筑物，如大型体育馆、大型影剧院、大型展览馆、大型火车站、航空港、杂技厅等的屋顶结构为大跨度的空间结构，包括悬索结构、网架结构、薄壳结构、网壳结构、膜结构、索-膜结构、折板结构、拱结构等结构形式，这些复杂的空间结构要求屋面形式与之相适应，多为曲面或折面等，如图 11-4 所示。

图 11-4 其他屋顶

11.2　平　屋　顶

1. 平屋顶的排水

（1）屋顶的排水坡度

1）屋面排水坡度的表示方法

①角度法：适合于较大的坡度，工程中不常用，如图 11-5(a) 所示；

②百分率法：适合于较小的坡度，主要用于平屋顶，如图 11-5(b) 所示；

③斜率法：又称比值或分数法，用屋面的高跨比 $h/L(h：L)$ 表达，可用于平屋顶及坡屋顶，如图 11-5(c) 所示。

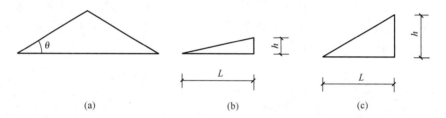

(a)　　　　　　　　(b)　　　　　　　　(c)

图 11- 5　屋面排水坡度的表示方法

（a）屋面排水坡度为 θ；（b）屋面排水坡度为 $h/L \times 100\%$；（c）屋面排水坡度为 $h：L$

2）屋面坡度的形成

屋顶坡度的形成方式有材料找坡和结构找坡两种，如图 11-6 所示。

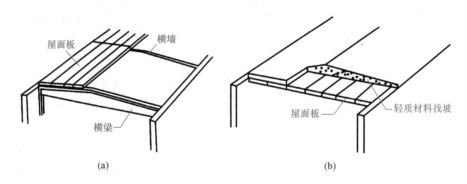

(a)　　　　　　　　　　　　　　(b)

图 11-6　屋面坡度的形成

（a）结构找坡；（b）材料找坡

① 结构找坡

结构找坡指依靠屋顶结构形成屋面坡度，不再专门设找坡层，其他屋面构造层次厚度不变。如上表面倾斜的屋架、屋面梁、顶面倾斜的横墙等，其上搁置屋面板形成倾斜坡面，即属于结构找坡。

屋顶结构层为混凝土结构层时，宜采用结构找坡，坡度不应小于 3%。一般工业厂房和公共建筑只要对顶棚水平度要求不高或建筑功能允许，应首先选择结构找坡，既节省材料、降低成本，又减轻了屋面荷载。

② 材料找坡

材料找坡指屋面板水平搁置,上面采用质量轻、吸水率低和有一定强度的材料形成找坡层。材料找坡能够使室内天棚平整,获得良好的室内空间效果。

当用材料找坡时,为了减轻屋面荷载和降低造价,找坡材料可采用质量轻和吸水率低的材料,坡度不宜过大,宜为 2%。找坡层还应具有一定的承载力,保证在施工及使用荷载的作用下不产生过大变形。

(2) 屋面排水方式

屋面排水方式分为有组织排水和无组织排水。屋面排水方式的选择,应根据建筑物屋顶形式、气候条件、使用功能等因素确定。

1) 无组织排水

无组织排水又叫自由落水,是屋面雨水通过檐口直接排到室外地面的排水方式。由于无组织排水可能会淋湿墙身,影响建筑观感,所以一般只用于中、小型的低层建筑物或檐高不大于 10m 的建筑,标准较高的低层建筑或临街建筑不宜采用。

2) 有组织排水

有组织排水是屋面雨水通过天沟、檐沟、水落口、水落管等排水系统有组织地排出的排水方式。有组织排水分为内排水、外排水和内外排水相结合的方式,如图 11-7 所示。

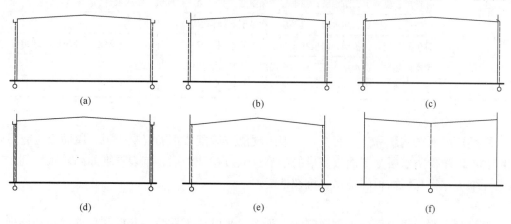

图 11-7 有组织排水示意图

(a) 檐沟外排水;(b) 女儿墙檐沟外排水;(c) 女儿墙天沟外排水;(d) 暗管外排水;
(e) 女儿墙天沟内排水;(f) 天沟内排水

有组织排水广泛用于多层及高层建筑,高标准低层建筑、临街建筑及严寒、寒冷地区和湿陷性黄土地区的建筑。

屋面采用有组织排水时,宜采用雨水收集系统,对雨水进行收集利用,有利于节能减排,变废为宝,节约资源。

① 内排水

内排水是指屋面雨水通过天沟,由设置于建筑物内部的雨水管排入地下雨水管网的排水方式。

内排水多用在高层建筑、多跨及汇水面积较大的屋面。由于高层建筑外排水系统的安装维护比较困难,因此高层建筑屋面宜采用内排水。多跨及汇水面积较大的屋面需采用天沟排水，天沟找坡较长时，宜采用中间内排水和两端外排水相结合的方式。

冬季时严寒和寒冷地区，外排水系统容易因冰冻使水落口堵塞或冻裂，而在化冻时水落口的冰尚未完全解冻，造成屋面的溶水无法排出。故严寒地区应采用内排水，寒冷地区宜采用内排水。

② 外排水

外排水是指屋面雨水通过檐沟、水落口，由设置于建筑物外部的雨水管直接排到室外地面的排水方式。多层建筑如一般的多层住宅、中高层住宅等的屋面宜采用有组织外排水。

2. 平屋顶的构造组成

为了使屋顶达到保温（隔热）、排水、防水等使用要求，平屋顶须由若干个构造层次组成，一般由结构层、找坡层、找平层、隔汽层、保温层、防水层、隔离层、保护层等构成。防水层一般采用铺设卷材、涂刷防水涂料等做法，这时平屋顶的屋面称为卷材屋面、涂膜屋面，其基本构造层次见表 11-1。

卷材、涂膜屋面的基本构造层次　　　　　　　　　表 11-1

屋面类型	基本构造层次（自上而下）
卷材、涂膜屋面	保护层、隔离层、防水层、找平层、保温层、找平层、找坡层、结构层
	保护层、保温层、防水层、找平层、找坡层、结构层
	种植隔热层、保护层、耐根穿刺防水层、防水层、找平层、保温层、找平层、找坡层、结构层
	架空隔热层、防水层、找平层、保温层、找平层、找坡层、结构层
	蓄水隔热层、隔离层、防水层、找平层、保温层、找平层、找坡层、结构层

（1）结构层

平屋顶屋面结构层称为屋面板，一般为现浇或装配式钢筋混凝土板。屋面板应有足够的刚度，以减少防水层受屋面板变形的影响；通过掺外加剂、抗裂纤维如高效减水剂、掺丙纶纤维等，提高屋面板的防水、抗裂性能。

（2）找平层

卷材防水层、隔汽层要求基层坚实、干净、平整，无孔隙、起砂和裂缝，找平层即为满足此要求而设置的。

找平层应根据下部基层的刚度进行选用，基层刚度较好时可采用水泥砂浆，基层刚度较差时可采用细石混凝土或配筋细石混凝土。找平层厚度和技术要求应符合表 11-2 的规定。

找平层厚度和技术要求　　　　　　　　　表 11-2

找平层分类	适用的基层	厚度（mm）	技术要求
水泥砂浆	整体现浇混凝土板	15～20	1：2.5 水泥砂浆
	整体材料保温层	20～25	
细石混凝土	装配式混凝土板	30～35	C20 混凝土，宜加钢筋网片
	板状材料保温层		C20 混凝土

找平层如果位于保温层上，为避免找平层变形和开裂，影响卷材或涂膜的施工质量，

应留分格缝,缝宽宜为 5～20mm,纵横缝的间距不宜大于 6m。分格缝内一般不嵌填密封材料,而用石子填充。由于结构层上设置的找平层与结构同步变形,故找平层可不设分格缝。

（3）隔汽层

隔汽层是隔绝室内湿气通过结构层进入保温层的构造层,一般设在常年湿度很大的房间,如温水游泳池、公共浴室、厨房操作间、开水房等屋面。隔汽层应满足以下构造要求:

1）隔汽层应设置在结构层上、保温层下。

2）隔汽层应选用气密性、水密性好的材料,如:1.5mm 厚氯化聚乙烯防水卷材、4mm 厚 SBS 改性沥青防水卷材、1.5mm 厚聚氨酯防水涂料、1.2mm 厚高分子湿铺防水卷材（P 类）、3mm 厚沥青基聚酯胎湿铺防水卷材（PY 类）。

3）隔汽层应沿周边墙面向上连续铺设,高出保温层上表面不得小于 150mm。

（4）保温层

保温层是减少屋面热交换作用的构造层,应选用吸水率低、导热系数小,并有一定强度的材料,厚度根据所在地区气候特点按现行节能设计计算确定,以保证屋面的传热系数和热惰性指标满足当地建筑节能设计的要求。保温层材料类型见表 11-3。

保温层材料的类型　　　　　　　　　　　　　　　　表 11-3

保温层	保温材料
板状材料保温层	聚苯乙烯泡沫塑料,硬质聚氨酯泡沫塑料,膨胀珍珠岩制品,泡沫玻璃制品,加气混凝土砌块,泡沫混凝土砌块
纤维材料保温层	玻璃棉制品,岩棉、矿渣棉制品
整体材料保温层	喷涂硬泡聚氨酯,现浇泡沫混凝土

（5）找坡层

找坡层的坡度宜为 2%,过大会增加屋面荷载和造价。找坡层宜采用质量轻,吸水率低（宜小于 20%）有一定强度、抗压强度不应小于 0.3MPa 的材料。也可利用现制保温层兼作找坡层,如采用现浇 1∶8 水泥憎水性膨胀珍珠或 1∶8 水泥加气混凝土碎渣等。

（6）防水层

防水层指能够隔绝水向建筑物内部渗透的构造层,可为卷材防水层、涂膜防水层、和卷材+涂膜的复合防水层。

1）卷材防水层

防水卷材可选用合成高分子防水卷材、高聚物改性沥青防水卷材等。应根据当地历年最高气温、最低气温、屋面坡度和使用条件等因素,选择耐热性、柔性、拉伸性能等相适应的卷材;根据防水卷材的暴露程度,选择耐紫外线、耐穿刺、耐老化、耐霉烂性能相适应的卷材。

① 高聚物改性沥青防水卷材

高聚物改性沥青防水卷材是以高分子聚合物改性石油沥青为涂盖层,聚酯毡、玻纤毡或聚酯玻纤复合为胎基，细砂、矿物粉料或塑料膜为隔离材料，制成的防水卷材，包括：SBS 改性沥青防水卷材、APP 改性沥青防水卷材、改性沥青聚乙烯胎防水卷材、自粘聚酯胎改性沥青防水卷材、沥青基聚酯胎湿铺防水卷材等。

② 合成高分子防水卷材

合成高分子防水卷材是以合成橡胶、合成树脂或两者共混为基料，加入适量的助剂和填料，经混炼压延、挤出等工序加工而成的防水卷材，包括：三元乙丙橡胶防水卷材、聚氯乙烯（PVC）防水卷材、高密度聚乙烯自粘胶膜防水卷材、氯化聚乙烯防水卷材、聚乙烯丙纶复合防水卷材等。

2）涂膜防水层

涂膜防水屋面是在屋面基层上涂刷防水涂料，经固化后形成一层有一定厚度和弹性的整体涂膜，从而达到防水目的的屋面。涂膜防水层一般由防水涂料和胎体增强材料构成。

① 防水涂料

应根据当地历年最高气温、最低气温、屋面坡度和使用条件等因素，选择耐热性、柔性、延伸性能等相适应的涂料；根据屋面防水涂膜的暴露程度，应选择耐紫外线、热老化保持率相适应的涂料。常用的防水涂料有：高聚物改性沥青防水涂料、合成高分子防水涂料和聚合物水泥防水涂料等。

② 胎体增强材料

胎体增强材料是指设在涂膜防水层中的化纤无纺布、玻璃纤维网布等，作为增强材料。设置胎体增强材料目的：一是增加涂膜防水层的抗拉强度；二是保证胎体增强材料长短边一定的搭接宽度；三是当防水层拉伸变形时，避免在胎体增强材料接缝处出现断裂现象。

3）卷材＋涂膜的复合防水层

卷材与涂膜复合使用时，应特别注意选用的防水卷材和防水涂料相容性，并应使涂膜设置在防水卷材的下面。

（7）隔离层

隔离层是用来消除相邻两种材料之间的粘结力、机械咬合力、化学反应等不利影响的构造层。隔离层设置在块体材料、水泥砂浆、细石混凝土保护层与卷材、涂膜防水层之间，以减少两者之间的粘结力、摩擦力，并使保护层的变形不受到约束。隔离层采用的材料和技术要求见表 11-4。

隔离层的材料和技术要求　　　　　　　　表 11-4

适用范围	隔离层材料	技术要求
块体材料、水泥砂浆保护层	塑料膜	0.4mm 厚聚乙烯膜或 3mm 厚发泡聚乙烯膜
	土工布	200g/m² 聚酯无纺布
	卷材	石油沥青卷材一层
细石混凝土保护层	低强度等级砂浆	10mm 厚黏土砂浆，石灰膏：砂：黏土＝1：2.4：3.6
		10mm 厚石灰砂浆，石灰膏：砂＝1：4
		5mm 厚掺有纤维的石灰砂浆

（8）保护层

保护层一般设置在屋面卷材或涂膜防水层上，保护防水层不直接受阳光照射、酸雨侵害和人为的破坏，延长防水层的使用寿命。常用的保护层有块体材料、水泥砂浆、细石混凝土、浅色涂料以及铝箔等，选用时应根据屋顶的功能要求，如是否上人来确定。保护层的材料适用范围和技术要求见表 11-5。

保护层的材料和技术要求　　　　　　　　　　　表 11-5

适用范围	保护层材料	技 术 要 求
不上人屋面	浅色涂料	丙烯酸系反射涂料
	铝箔	0.05mm 厚铝箔反射膜
	矿物粒料	不透明的矿物粒料
	水泥砂浆	20mm 厚 1：2.5 或 M15 水泥砂浆
上人屋面	块体材料	地砖或 30mm 厚 C20 细石混凝土预制块
	细石混凝土	40mm 厚 C20 细石混凝土或 50mm 厚 C20 细石混凝土内配Φ 6@100 双向钢筋网片

1）不上人屋面

不上人屋面保护层可采用浅色涂料、铝箔、矿物粒料、水泥砂浆等材料。铝箔、矿物粒料，通常是在改性沥青防水卷材生产过程中，直接覆盖在卷材表面作为保护层。覆盖铝箔时要求平整，无皱折，厚度应大于 0.05mm；矿物粒料粒度应均匀一致，并紧密粘附于卷材表面。采用水泥砂浆做保护层时，表面应抹平压光，并应设表面分格缝，分格面积宜为 $1m^2$。采用浅色涂料做保护层时，应与防水层粘结牢固，厚薄应均匀，不得漏涂。

2）上人屋面

上人屋面的屋顶作为活动场所，屋面保护层应具有保护防水层和地面面层的双重作用，并满足耐水、平整、耐磨的要求。采用细石混凝土做保护层时，表面应抹平压光，并应设分格缝，其纵横间距不应大于 6m，分格缝宽度宜为 10～20mm，并应用密封材料嵌填。采用块体材料做保护层时，宜设分格缝，其纵横间距不宜大于 10m，分格缝宽度宜为 20mm，并应用密封材料嵌填。地砖保护层上人屋面如图 11-8 所示。

（9）隔热层

在炎热地区，为防止夏季室外热量通过屋面传入室内，可在屋顶设置隔热层。屋面隔热层设计应根据地域、气候、屋面形式、建筑环境、使用功能等条件，经技术、经济比较确定，可采用种植隔热、架空隔热、蓄水隔热等措施。

1）种植隔热屋面

种植隔热屋面是在屋顶上铺设种植土或设置容器种植植物，利用绿色植物的遮挡、光合作用达到隔绝太阳辐射热进入室内的目的。

种植平屋面的基本构造层次包括：基层、绝热层、找坡（找平）层、普通防水层、耐根穿刺防水层、保护层、排（蓄）水层、过滤层、种植土层和植被层等，如图 11-9 所示。具体可根据各地区气候特点、屋面形式、植物种类等情况，增减屋面构造层次。

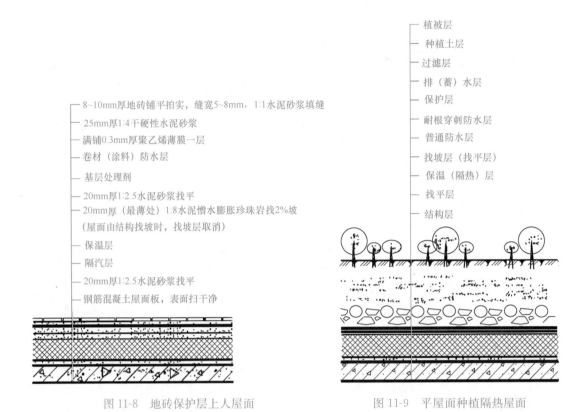

图 11-8　地砖保护层上人屋面　　　　图 11-9　平屋面种植隔热屋面

图11-8标注（从上到下）：
- 8~10mm厚地砖铺平拍实，缝宽5~8mm，1:1水泥砂浆填缝
- 25mm厚1:4干硬性水泥砂浆
- 满铺0.3mm厚聚乙烯薄膜一层
- 卷材（涂料）防水层
- 基层处理剂
- 20mm厚1:2.5水泥砂浆找平
- 20mm厚（最薄处）1:8水泥憎水膨胀珍珠岩找2%坡（屋面由结构找坡时，找坡层取消）
- 保温层
- 隔汽层
- 20mm厚1:2.5水泥砂浆找平
- 钢筋混凝土屋面板，表面扫干净

图11-9标注（从上到下）：
- 植被层
- 种植土层
- 过滤层
- 排（蓄）水层
- 保护层
- 耐根穿刺防水层
- 普通防水层
- 找坡层（找平层）
- 保温（隔热）层
- 找平层
- 结构层

2）架空隔热屋面

架空隔热屋面是在屋面防水层上采用薄型制品架设一定高度的空间，起到隔热作用的屋面。

普通架空隔热屋面通过架空铺板，由架空层组织通风，起到隔热作用。架空隔热层的高度宜为 180~300mm，架空板与女儿墙的距离不应小于 250mm；架空隔热层的进风口，宜设置在当地炎热季节最大频率风向的正压区，出风口宜设置在负压区。架空隔热屋面构造如图 11-10 所示。

3）蓄水隔热屋面

蓄水隔热屋面是在屋面防水层上蓄积深度约 150~200mm 的水，利用蓄水层起到隔热作用的屋面。

蓄水隔热层的蓄水池应为强度等级不低于 C25、抗渗等级不低于 P6 的混凝土现浇而成，用 20mm 厚防水砂浆抹面。为便于维护管理，蓄水池应设置人行通道，长度超过 40m 的蓄水池应划分为若干蓄水区，每区段的边长不宜大于 10m。蓄水池应设溢水口、排水管和给水管，排水管应与排水出口连通，溢水口距分区段隔墙顶面的高度不得小于 100mm。

蓄水隔热屋面不宜用在寒冷地区、地震设防地区和振动较大的建筑物。

3. 屋顶卷材防水的细部构造

平屋顶细部构造包括卷材的接缝、挑檐、檐沟与天沟、泛水、水落口、变形缝、伸出屋面管道、屋面出入口等部位，是屋面工程中最容易出现渗漏的薄弱环节，一般将其作为屋面工程质量控制的重点。

（1）卷材铺设

卷材的铺设方法应与屋面坡度相对应。屋面坡度小于 3% 时，卷材宜平行于屋脊线，从檐口到屋脊向上铺设，卷材上下边搭接长度不小于 70mm，通常为 80～120mm，左右边搭接长度不小于 100mm，通常为 100～150mm。屋面坡度在 3%～15% 时，卷材可平行或垂直于屋脊线铺设；屋面坡度大于 15% 或受振动影响时，卷材应垂直于屋脊线铺设。

同一层相邻两幅卷材短边搭接缝错开不应小于 500mm；上下层卷材不得相互垂直铺贴，长边搭接缝应错开，且不应小于幅宽的 1/3。

（2）挑檐

挑檐应重点做好卷材防水层收头和滴水。屋面采用空铺、点

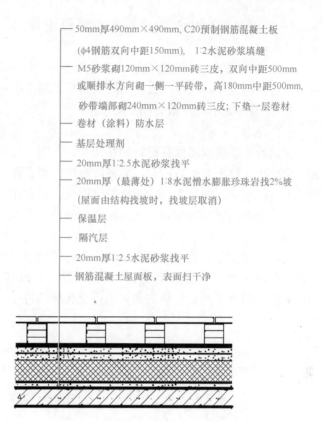

50mm厚490mm×490mm, C20预制钢筋混凝土板
（φ4钢筋双向中距150mm），1:2水泥砂浆填缝

M5砂浆砌120mm×120mm砖三皮，双向中距500mm
或顺排水方向砌一侧一平砖带，高180mm中距500mm,
砂带端部砌240mm×120mm砖三皮；下垫一层卷材

卷材（涂料）防水层

基层处理剂

20mm厚1:2.5水泥砂浆找平

20mm厚（最薄处）1:8水泥憎水膨胀珍珠岩找2%坡
（屋面由结构找坡时，找坡层取消）

保温层

隔汽层

20mm厚1:2.5水泥砂浆找平

钢筋混凝土屋面板，表面扫干净

图 11-10　钢筋混凝土板架空隔热屋面

粘、条粘的卷材在挑檐端部 800mm 范围内应满粘，卷材收头压入找平层的凹槽内，用金属压条钉压牢固并进行密封处理，防止卷材防水层收头翘边或被风揭起。挑檐防水层收头部位应采用聚合物水泥砂浆铺抹。为防止雨水沿挑檐底部流向外墙，端部下端应同时做鹰嘴和滴水槽，如图 11-11 所示。

（3）檐沟与天沟

檐沟与天沟是屋面为有组织排水方式时的集水沟，檐沟位于屋檐边，天沟位于屋顶上。卷材或涂膜防水屋面檐沟和天沟的防水构造，如图 11-12 所示，应符合下列规定：

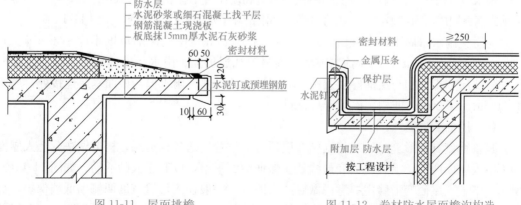

防水层
水泥砂浆或细石混凝土找平层
钢筋混凝土现浇板
板底抹15mm厚水泥石灰砂浆
密封材料
水泥钉或预埋钢筋

密封材料
金属压条
保护层
水泥钉
附加层　防水层
按工程设计

图 11-11　屋面挑檐　　　　图 11-12　卷材防水屋面檐沟构造

1）檐沟和天沟底部防水层下应增设附加层，附加层伸入屋面的宽度不应小于250mm；

2）檐沟防水层和附加层应由沟底上翻至外侧顶部，卷材收头应用金属压条钉压，并应用密封材料封严，涂膜收头应用防水涂料多遍涂刷；

3）檐沟外侧下端应做鹰嘴或滴水槽。

（4）泛水

屋面防水层遇到屋面突出物如女儿墙、烟囱、管道、楼梯间、水箱、电梯机房、变形缝、屋面出入口等的垂直面时，需将防水层沿垂直面向上延伸，并做收头处理，这种构造为泛水。泛水处屋面与垂直面相交处应用找平层做出弧形或45°斜面，并应加铺一层附加防水层，用满粘法粘贴牢固。附加层在平面和立面的宽度（应自保护层算起）均不应小于250mm。泛水上口需做好收头处理，以防止卷材在垂直墙面上下滑。墙体为砖墙时，卷材收头可直接铺至女儿墙压顶下，用压条钉压固定并用密封材料封闭严密，压顶应做防水处理，如图11-13（a）所示；卷材收头也可压入砖墙凹槽内固定密封，如图11-13（b）所示；墙体为混凝土时，卷材收头可采用金属压条钉压，并用密封材料封固，如图11-13（c）所示。

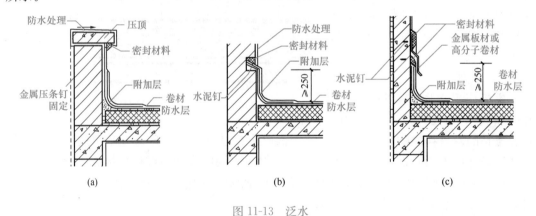

图11-13　泛水

（a）泛水收头于较低女儿墙压顶下；（b）泛水收头于砖墙凹槽内；（c）钢筋混凝土墙泛水

（5）雨水口

雨水口分檐沟（天沟）底部的直管式雨水口和设在女儿墙上的弯管式雨水口两种，一般用铸铁或钢板制成，为定型产品，型号应根据降雨量和汇水面积进行选择，如图11-14所示。

为避免雨水口周围雨水存留，雨水口周围500mm范围内屋面坡度不应小于5%，并应用厚度不小于2mm的防水涂料或粘贴卷材附加层加强。雨水口的埋设标高，应考虑增加的附加层和柔性密封层的厚度及排水坡度加大的尺寸。雨水口与屋面基层连接处，应留宽20mm、深20mm凹槽，嵌填密封材料。

（6）屋面变形缝

建筑物设有变形缝时，变形缝应在屋顶对应位置贯通各构造层，构造做法分上人屋面和不上人屋面两种。上人屋面变形缝处应保证屋面平整，以利于人的活动，如图11-15（a）所示；不上人屋面变形缝主要考虑做好防水即可，一般在变形缝宽度两侧砌低墙保护，缝内填充泡沫塑料，上部填放衬垫材料，并用卷材封盖，顶部应加扣混凝土盖板或金属盖

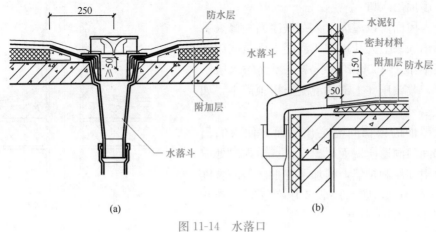

图 11-14 水落口

(a) 直式水落口；(b) 横式水落口

板，如图 11-15(b) 所示；当变形缝位于不等高屋面交界处时，变形缝的构造如图 11-15 (c) 所示。

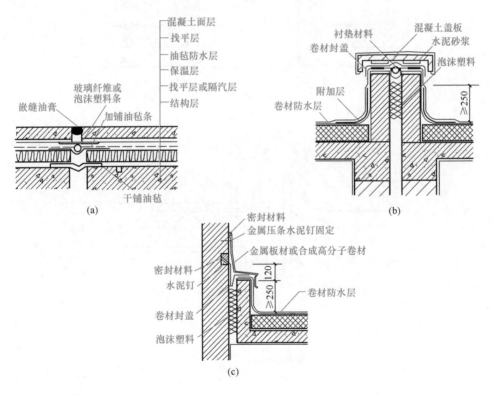

图 11-15 屋面变形缝

(a) 上人屋面变形缝；(b) 不上人屋面变形缝；(c) 不等高屋面变形缝

(7) 伸出屋面的管道

伸出屋面通风管与屋面相交处按泛水处理，防水层下应增设附加层，附加层在平面和立面的宽度均不应小于 250mm，如图 11-16 所示。

（8）屋面出入口

不上人屋面需设屋面上人孔供屋面检修人员通过爬梯出入。上人孔周围用混凝土浇筑或砖砌高出屋面不小于 250mm 的孔壁，屋面防水层沿孔壁铺贴，收头压在上部的混凝土压顶圈下，如图 11-17（a）所示。

上人屋面的楼梯间需突出屋面方便人们出入，楼梯间门洞通向屋面属出入口。出入口处应增设防水附加层和护墙，附加层在平面上的宽度不应小于 250mm，防水层收头压在混凝土踏步下，如图 11-17（b）所示。

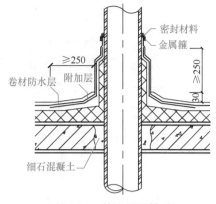

图 11-16　伸出屋面管道

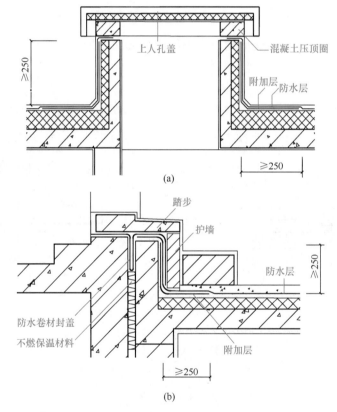

（a）

（b）

图 11-17　屋面出入口

（a）垂直出入口；（b）水平出入口

11.3　坡 屋 顶 的 构 造

坡屋顶是中国传统建筑典型的屋顶形式，也是中国古典建筑最具特色的标志之一。不同的屋顶形式和屋面材料使屋顶成为整个建筑最具标识性的组成部分。但在过去很长一段时期内，由于坡屋顶屋面材料的种类和性能在满足防水、维修等方面要求的局限性，平屋顶成为民用建筑首选的屋顶形式。随着坡屋顶结构形式和构造的发展，新型高效的屋面防水材料不断面世，防水技术逐渐提高，坡屋顶的应用日益增多。

　　1. 坡屋顶的承重结构

　　坡屋顶的承重结构形式有横墙承重、屋架承重、梁架承重和钢筋混凝土梁板承重等形式。

　　（1）横墙承重

　　当建筑开间≤3.9m时，可将横墙顶端按屋面坡度砌成尖顶形状，即与屋盖断面相同的形式，纵向搁置檩条以承受屋顶的全部荷载，这种承重结构称为横墙承重，又叫硬山搁檩，如图 11-18 所示。

　　檩条的跨度与横墙间距有关，截面尺寸由结构计算确定，间距与屋面板强度或椽条的截面尺寸有关。檩条可采用木檩条、钢筋混凝土檩条和钢檩条。采用木檩条时，需在其端头涂沥青做防腐处理。在檩条下，横墙上应预先设置木垫块或混凝土垫块，以使荷载分布均匀。

　　（2）屋架承重

　　当建筑的跨度、高度、内部空间都较大时，可采用屋架承重结构。屋架依据跨度可采用木屋架、钢筋混凝土屋架和钢屋架，构造形式有三角形、梯形、矩形、多边形等，多采用三角形。屋架搁置在纵墙上或纵向柱列之间，檩条纵向搁置两榀屋架之间，形成屋面承重结构，承受屋面荷载，如图 11-19 所示。

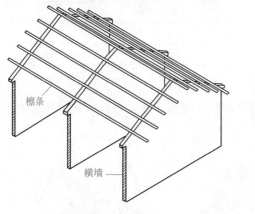

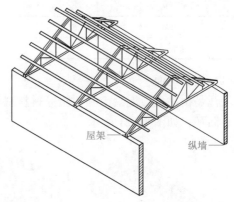

图 11-18　横墙承重坡屋顶　　　　　　　　图 11-19　屋架承重坡屋顶

　　（3）梁架承重

　　梁架承重结构是我国古代建筑屋顶传统的结构形式，也称木构架，在屋架出现之前，是建筑中采用最多的一种屋顶承重方式。梁架结构由柱、梁组成梁架，在每两榀梁架之间搁置檩条将梁架联系成一个完整的骨架承重体系，如图 11-20 所示。建筑物的全部荷载由檩条、梁、柱骨架承担，墙体只起围护和分隔作用，因此这种结构具有框架结构的力学性能，整体性和抗震性俱佳。

　　（4）钢筋混凝土梁板承重

　　钢筋混凝土梁板承重结构是现代坡屋顶建筑最常采用的承重类型，按施工方法分为两种：一种是现浇钢筋混凝土梁和屋面斜板，一种是预制钢筋混凝土屋面板直接搁置在屋架

图 11-20 梁架承重坡屋顶

或山墙上。

2. 坡屋顶的屋面构造

坡屋面主要包括瓦屋面和金属板屋面，瓦屋面常用的瓦材有块瓦、沥青瓦、波形瓦等。瓦屋面防水等级和防水做法应符合表 11-6 的规定。

瓦屋面防水等级和防水做法 表 11-6

防水等级	防水做法
I 级	瓦+防水层
II 级	瓦+防水垫层

（1）块瓦屋面

块瓦是由黏土、混凝土和树脂等材料制成的块状硬质屋面瓦材，按外形分为平瓦、小青瓦、筒瓦，如图 11-21 所示。

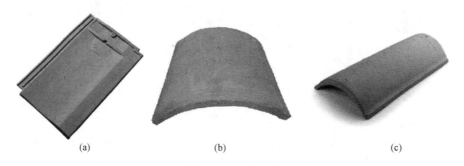

(a)   (b)   (c)

图 11-21 屋面瓦材

（a）平瓦；（b）小青瓦；（c）筒瓦

平瓦屋面在块瓦屋面中应用较为广泛。平瓦的横向搭接（包括脊瓦的搭接）应顺当地年最大频率风向，并且满足所选瓦材搭接的构造要求。平瓦的纵向搭接应按上瓦前端紧压下瓦尾端的方式排列，搭接长度必须满足所选瓦材应搭接的长度要求。

1）块瓦的固定

① 块瓦的固定应根据不同瓦材的特点采用挂、绑、钉、粘的不同方法固定。瓦的排列、瓦的搭接及下钉位置、数量和粘结应按各种瓦的施工要求进行。

② 为了增强屋面平瓦的抗风能力，在平瓦与平瓦之间和屋面脊瓦与脊瓦之间应增设抗风搭扣。处于大风区时，每片瓦都应用螺钉固定。

③ 烧结瓦、混凝土瓦应采用干法挂瓦，瓦与屋面基层应固定牢靠。烧结瓦、混凝土瓦屋面的坡度不应小于 30%。

④ 小青瓦和筒瓦屋面的坡度不超过 35°（70%）时，采用卧浆固定；当坡度大于 35°（70%）时，每块瓦都需用 12 号铜丝与满铺钢丝网绑扎固定。

2）挂瓦条、顺水条与基层的固定

块瓦屋面分为钢筋混凝土基层和木质基层。木质基层、顺水条、挂瓦条，均应做防腐、防火和防蛀处理；金属顺水条、挂瓦条，均应做防锈蚀处理。

挂瓦条一般固定在顺水条上，顺水条钉牢在持钉层上。如果支承垫板不设顺水条时，可将挂瓦条和支承垫板直接钉在 40mm 厚配筋细石混凝土找平层上，如图 11-22 所示。钢挂瓦条与钢顺水条采用焊接连接。

（2）沥青瓦屋面

沥青瓦是以玻璃纤维为胎基、经渗涂石油沥青后，一面覆盖彩色矿物粒料，另一面撒以隔离材料制成的柔性瓦状屋面的防水片材，又称为油毡瓦、多彩沥青油毡瓦和玻纤沥青瓦。沥青瓦分为平面沥青瓦（单层瓦）和叠合沥青瓦（叠层瓦），叠层瓦的坡屋面比单层瓦的立体感更强。沥青瓦的规格一般为 1000mm×333mm，厚度不小于 2.6mm，具有自粘胶带或相互搭接的连锁构造，铺设时平均每平方米用量为 7 片。

沥青瓦屋面的坡度不应小于 20%，固定沥青瓦的屋面持钉层可以是钢筋混凝土基层、细石混凝土找平层，也可以是木望板。沥青瓦的固定方式应以钉为主、粘结为辅。每张瓦片上不得少于 4 个固定钉，在大风地区或屋面坡度大于 100% 时，每张瓦片不得少于 6 个固定钉。在屋面周边及泛水部位还应采用沥青基胶粘材料粘结，外露的固定钉钉帽应采用沥青基胶粘材料涂盖，如图 11-23 所示。

顺水条　挂瓦条

图 11-22　挂瓦条、顺水条与钢筋混凝土
基层的固定

图 11-23　沥青瓦屋面

3. 坡屋顶的细部构造

（1）檐口

烧结瓦、混凝土瓦屋面的瓦头挑出檐口的长度宜为 50~70mm，如图 11-24（a）所示。沥青瓦屋面的瓦头挑出檐口的长度宜为 10~20mm。金属滴水板应固定在基层上，伸入沥青瓦下宽度不应小于 80mm，向下延伸长度不应小于 60mm，如图 11-24（b）所示。

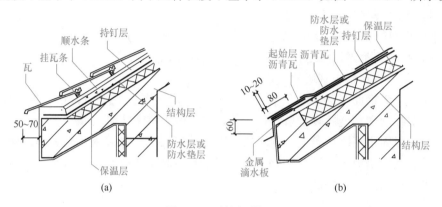

图 11-24 坡屋顶檐口

（a）烧结瓦、混凝土瓦屋面檐口；（b）沥青瓦屋面檐口

（2）檐沟

檐沟防水层伸入瓦内的宽度不应小于 150mm，并应与屋面防水层或防水垫层顺流水方向搭接。在防水层下增设附加层，附加层伸入屋面的宽度不应小于 500mm。檐沟防水层和附加层由沟底上翻至檐沟外肋顶部，收头用金属压条钉压，并用密封材料封严。屋面瓦材伸入檐沟长度宜为 50~70mm；如果是沥青瓦，伸入檐沟的长度为 10~20mm。如图 11-25 所示。

（3）天沟

屋面防水层在天沟处尽量整铺，减少因接缝产生渗漏的可能，并天沟防水层下增设附加层，附加层伸入屋面的宽度不应小于 500mm。屋面瓦材和沟底防水材料顺流水方向搭接铺设。如图 11-26 所示。

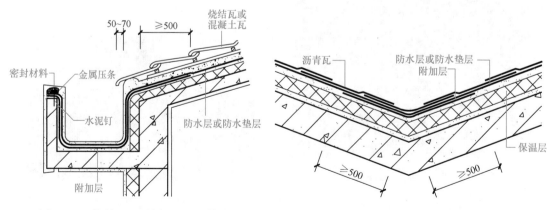

图 11-25 烧结瓦、混凝土瓦屋面檐沟 　　　　　图 11-26 沥青瓦屋面天沟

（4）山墙

坡屋顶在山墙处做山墙封檐时，山墙上部需做压顶，压顶构造同女儿墙压顶，可采用混凝土或金属制品，向内倾斜做出不小于 5％的排水坡度，压顶内侧下端应做滴水处理。山墙泛水处的防水层下应增设附加层，附加层在平面和立面的宽度均不应小于 250mm。烧结瓦、混凝土瓦屋面山墙泛水应采用聚合物水泥砂浆抹成，侧面瓦伸入泛水的宽度不应小于 50mm，如图 11-27(a) 所示。沥青瓦屋面山墙泛水应采用沥青基胶粘材料满粘一层沥青瓦片，防水层和沥青瓦收头应用金属压条钉压固定，并应用密封材料封严，如图 11-27(b) 所示。

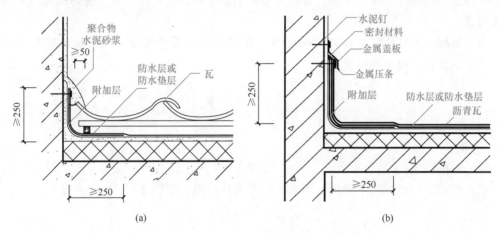

图 11-27　瓦屋面山墙构造

(a) 烧结瓦、混凝土瓦屋面山墙；(b) 沥青瓦屋面山墙

12 门窗与建筑遮阳

 学习目标

知识目标：通过学习，了解门窗的类型，熟悉遮阳的构造，掌握门窗的组成、尺度和安装构造。

能力目标：通过技能训练，正确理解门窗洞口标志尺寸的含义，掌握门窗的安装构造，能够识读施工图中的门窗表。

12.1 门 窗 构 造

1. 窗

（1）窗的组成

窗由窗框、一个或多个窗扇、五金零件及附件组成，如图 12-1 所示。

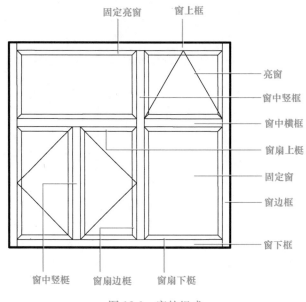

图 12-1 窗的组成

① 窗框：指安装窗扇、玻璃或镶板，并与洞口及附框连接固定的杆件系统。窗框包括上框、边框、中横框、中竖框、下框、拼樘框等。

② 窗扇：窗扇安装在窗框上，分为活动窗扇和固定窗扇。窗扇由上梃、边梃、下梃、横芯、竖芯、镶板或玻璃等组成。

③ 五金零件及附件

五金零件包括合页（铰链），玻璃压条，插销，窗锁，铁三角，拉手，撑钩（风钩）、

羊眼。附件包括批水板、披水条。

（2）窗的类型

1）按用途分类

① 外窗：指分隔建筑物室内外空间的窗。

② 内窗：指分隔建筑物两个室内空间的窗。

③ 风雨窗：指安装在主窗室外侧或内侧的次窗。

④ 亮窗：指门或窗上端用于采光、通风的可开启部分和固定部分。

⑤ 换气窗：指窗扇中附加的开启小窗扇，作换气用。

⑥ 落地窗：指高度达到门高、下框安装在地面或踢脚墙上的窗。

⑦ 观察窗：指用于观察的外窗或内窗。

⑧ 橱窗：指用于陈列或展示物品的外窗或内窗。

2）按开启分类

窗的开启方式对建筑物的使用有较大影响，在建筑施工图中需将窗扇的开启方式表达清楚。平面图中，窗扇线画在下方的为外开扇，反之为内开扇；立面图中，窗扇开启线画成实线的为外开扇，反之为内开扇，窗扇开启线交角的一侧为安装合页一侧；剖面图中，窗扇线画在左侧的为外开扇，反之为内开扇。

① 平开窗：指合页装于窗侧边，平开窗扇向内或向外旋转开启的窗，如图 12-2（a）、图 12-2（b）所示。当窗扇上下装有折叠合页（滑撑）时，窗扇向室外或室内旋转并同时平移开启的，这种窗称为滑轴平开窗，如图 12-2（c）、图 12-2（d）所示。

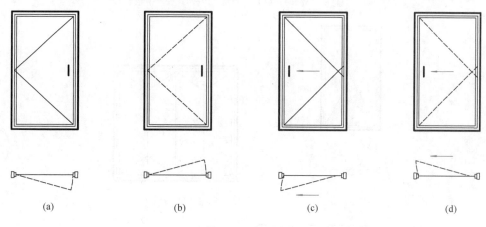

图 12-2　平开窗

（a）单扇外平开窗；（b）单扇内平开窗；（c）滑轴外平开窗；（d）滑轴内平开窗

② 推拉窗：窗扇在窗框平面内沿垂直或水平方向移动开启和关闭的窗，如图 12-3 所示。

③ 悬窗：悬窗窗扇的旋转轴水平安装，视其位于窗上框、下框或中间，分为上悬窗、下悬窗、中悬窗，如图 12-4 所示。

④ 立转窗：窗扇旋转轴垂直安装在窗的上下框中间，窗扇可转动启闭的窗，如图 12-5所示。

⑤ 折叠推拉窗：窗扇由多个用合页（铰链）连接沿水平方向折叠移动开启的窗，如图 12-6 所示。

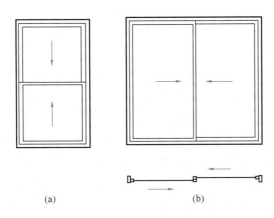

(a)   (b)

图 12-3   推拉窗

（a）上下推拉窗；（b）水平推拉窗

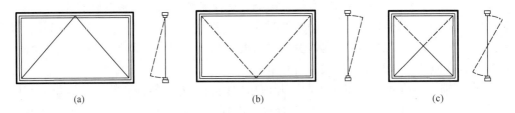

(a)   (b)   (c)

图 12-4   悬窗

（a）上悬窗（外开）；（b）下悬窗（内开）；（c）中悬窗

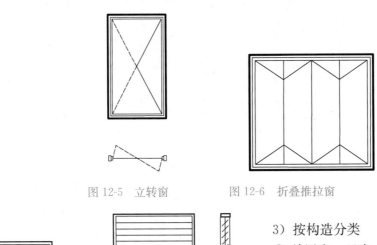

图 12-5   立转窗   图 12-6   折叠推拉窗

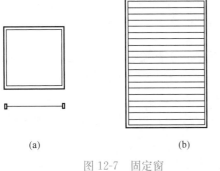

(a)   (b)

图 12-7   固定窗

（a）固定玻璃窗；（b）固定百叶窗

3）按构造分类

① 单层窗：只有一层窗扇的窗。

② 双层窗：双层窗一般用于有较高保温、隔声要求的室内。双层窗一般有两种做法：一种是一套窗框上安装二层窗扇；另一种是由相互独立安装的两套窗组成的窗户体系。

③ 固定窗：窗框洞口内直接镶嵌玻璃或百叶，不能开启的窗，如图 12-7 所示。

④ 组合窗：由两樘或两樘以上的单体窗采用拼樘杆件连接组合的窗。包括带形窗和条形窗。

（3）窗的尺度

窗的尺度指窗洞口高度、宽度的标志尺寸。窗的尺度应满足房间的采光、通风、构造做法和建筑造型等要求，并应符合现行国家标准《建筑模数协调标准》GB/T 50002—2013 和《建筑门窗洞口尺寸系列》GB/T 5824—2008 的有关规定，窗洞尺度参数级差一般为 1M、3M 和 6M。

① 建筑窗洞口标志宽度：600、700、800、900、1000、1100、1200、1300、1400、1500、1600、1700、1800、1900、2000、2100、2200、2300、2400、2700、3000、3600、4200、4500、4800、5400、6000mm。

② 建筑窗洞口标志高度：600、700、800、900、1000、1100、1200、1300、1400、1500、1600、1700、1800、2100、2400、2700、3000、3600、4200、4800、5400、6000mm。

为保证窗扇坚固耐久，一般平开木窗的窗扇高度为 800～1500mm，宽度为 400～600mm；上悬窗、下悬窗的窗扇高度为 300～600mm；中悬窗窗扇高度不宜大于1200mm，宽度不宜大于1000mm；推拉窗高度、宽度均不宜大于1500mm。

2. 门

（1）门的组成

以传统的平开木门为例，门一般由门框、门扇、门用五金配件及附件等部分组成，如图 12-8 所示。

① 门框：门框是用以安装门扇、玻璃或镶板，并与洞口或附框连接固定的门杆件系统。门框包括门上框、门边框、门中横框、门中竖框、门下框、拼樘框等。

② 门扇：门扇安装在门窗框上可以启闭的活动扇。门扇由上梃、中横梃、边梃、下梃、横芯、竖芯、镶板等部分组成。门扇底部要留出 5mm 空隙，保证门的自由开启。

③ 五金配件及附件：门用五金配件包括合页（铰链）、插销、门锁、拉手、铁三角、门碰（门吸）、闭门器等。门用附件包括贴脸板和筒子板，筒子板指门窗洞口侧面和顶面的墙面装饰板，贴脸板指筒子板侧面的墙面装饰板。

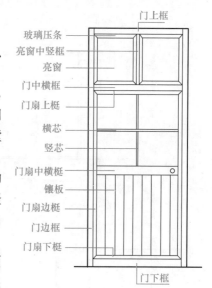

图 12-8 门的组成

（2）门的类型

1）按门扇的开启方式分类

① 平开门：转动轴位于门侧边，门扇向门框平面外旋转开启的门，如图 12-9 所示。

② 推拉门：门扇在平行门框的平面内沿水平方向移动启闭的门，如图 12-10 所示。

③ 转门：由 2～4 个门扇沿竖轴逆时针转动的门，如图 12-11 所示。

④ 折叠门：用合页（铰链）连接的多个门扇折叠开启的门，如图 12-12 所示。

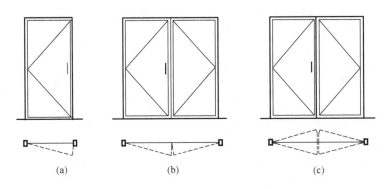

图 12-9　平开门

（a）单扇外平开门；（b）双扇外平开门；（c）双扇双向弹簧门

　　⑤ 卷门（卷帘门）：门扇用页片、栅条、网格组成，可向左右、上下卷动开启的门，如图 12-13 所示。

　　2）按门扇的构造分类

　　① 夹板门：指门梃两侧贴各类板材的门。

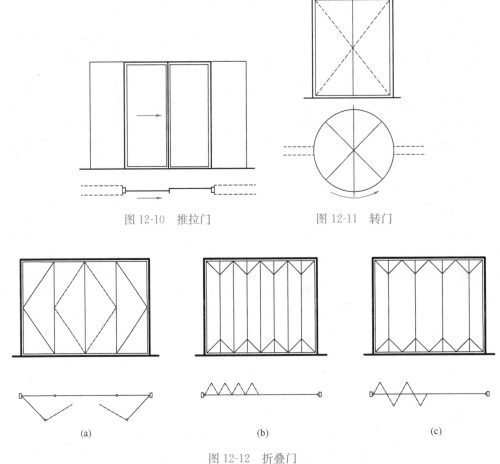

图 12-10　推拉门　　　　　图 12-11　转门

图 12-12　折叠门

（a）折叠平开门；（b）扇侧导向折叠推拉门；（c）扇中导向折叠推拉门

② 镶板门：指门梃间镶板的门。

③ 全玻璃门：指门扇全部为玻璃的门。

④ 百叶门：指由多片百叶片制作的门。

⑤ 带纱扇门：指带有纱门扇的门。

⑥ 连窗门：指带有窗的门。

（3）门的尺度

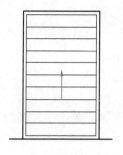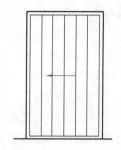

图 12-13　卷门

门的尺度通常是指门洞口高度、宽度的标志尺寸。门的尺度应满足通行、疏散和建筑造型等要求，并应符合现行国家标准《建筑模数协调标准》GB/T 50002—2013 和《建筑门窗洞口尺寸系列》GB/T 5824—2008 的有关规定，窗洞尺度参数级差一般为 1M、2M、3M 和 6M。

一般民用建筑门洞的高度不宜小于 2100mm。如设有亮窗时，亮窗高度一般为 300～600mm，门洞高度为门扇高加亮窗高，再加门框及门框与墙间的缝隙尺寸，则门洞高度为 2700～3000mm。公共建筑大门考虑对建筑立面的装饰作用时高度不受此限制。

门洞宽度主要根据通行、疏散要求而定。单扇门为 700～1000mm，双扇门为 1200～1800mm。宽度在 2100mm 以上时，则多做成三扇门、四扇门或双扇带固定扇的门。辅助房间（如浴厕、贮藏室等）门洞宽度可窄些，一般为 700mm；居住建筑浴厕门的宽度最小 800mm，卧室门 900mm，户门 1000mm 以上。公共建筑的门宽一般在 900mm 以上，常取 1000mm。

3. 特殊门简介

特殊门即特殊功能的门，常见的有：防火门、放射线门、冷藏库门、保温门、隔声门等。

1）防火门

防火门是指在一定时间内能满足耐火稳定性、完整性和隔热性要求的门，一般设在防火分区间、疏散楼梯间、垂直竖井等部位，具有正常交通联系和火灾时防火分隔的作用。

防火门按材料分类有木质防火门、钢质防火门、钢木防火门等。

2）防射线门

防射线门适用于科研、实验、医疗、生产等有辐射源（X 射线）的建筑，防护材料为铅板，铅板厚度需经设计计算后确定。

防射线门有三种开启方式：平开、手动推拉、电动推拉。

3）冷藏库门

冷藏库门适用于库体温度为 0～50℃ 的土建结构冷藏库和整体装配式结构的冷藏库。冷藏库门的面板材料一般为不锈钢板、涂塑钢板、防锈轧花铝板、耐老化的玻璃钢胶衣平板；门框架采用玻璃钢复合材料做成全封闭的框架；隔热保温材料为聚氨酯，通过高压灌注机往模腔中的门坯内灌注而成；密封条采用三元乙丙橡胶制品。

冷藏库门的类型有：手动平开冷藏库门、手动推拉冷藏库门、电动推拉冷藏库门、电动直升式冷藏库门。

4）保温门

保温门适用于工业与民用建筑中有恒温、恒湿要求的空调房间及室温控制在 0℃ 以上并有保温要求的工房及库房等。

保温门常用的保温材料有聚氨酯和聚苯乙烯泡沫塑料等。木制保温门采用木门框及木骨架，胶合板面板；钢制保温门采用轻钢龙骨骨架或型钢骨架，面板可采用彩色钢板、1.5mm 冷轧钢板、不锈钢板、铝合金板等。密封条采用三元乙丙橡胶制品。

5）隔声门

隔声门适用于有高噪声的工业厂房及辅助建筑（通风机房、冷冻机房、空调机房、柴油发电机房、印刷车间等），以及对声学环境要求比较高的礼堂、会议厅、报告厅、影剧院、体育馆、播音室、录音室、演播室等。

隔声门门扇内的填充材料一般为玻璃布包中级玻璃棉纤维或用岩棉制品，门扇的骨架采用轻钢龙骨骨架、型钢骨架；面板材料采用冷轧钢板、彩色钢板和电镀锌钢板。密封条采用三元乙丙橡胶制品。钢质防火隔声门适用于既有隔声要求又有防火要求的场所。

4. 门窗的类型代号

在建筑图中，为了准确表达出建筑中的门窗，除了在图中画出外，还需用相应的代号进行标识，如用 M 表示普通门，用 C 表示普通窗，各种类型门窗对应的类型代号见表 12-1。

门窗的类型代号表　　　　　　　　　　表 12-1

名称	代号	名称	代号
普通门	M	普通窗	C
平开门	PM	内开叠合窗	DPC
推拉门	TM	上悬窗	SXC
平开门连窗	LCM	固定窗	GC
平开门连推拉窗	TLCM	推拉窗	TC
弹簧门	HM	异形窗	YC
平开窗	PC	平开组合窗	ZPC
内平开下悬窗	PXC	推拉组合窗	ZTC

5. 门窗编号及表达方式

不同门窗材质对应不同的编号，常见的材质包括塑料（S）、铝合金（L）、木（M）、玻璃钢（BC）、铝塑 IS（LS）、铝木（LM），单层玻璃（D）、中空玻璃（K）、带纱扇（F）等。由于门窗框的横截面宽度不同，因此对应的门窗料型也不同，常见的门窗框料型有 60、70、80 系列等。如：S70KF-PC1-1518 的含义为塑料 70 系列中空玻璃带纱、上亮子平开窗，洞口宽 1500，洞口高 1800；在门窗选用表和施工图平面中标注门、窗编号时可省略前面的特征代号，统一在工程设计说明中注明。门窗选用表和工程图中门窗编号只写类型代号和洞口宽、高代号即可，如：PC1-1518。

12.2　门窗的安装构造

1. 门窗在墙洞中的位置

门窗在墙洞中的位置主要根据房间的使用要求和墙体的厚度来确定，一般有三种形式，以窗为例，各自的特点如下：

（1）窗框内平：窗框内表面与墙体装饰层内表面相平，窗扇开启时紧贴墙面，不占室内空间。

（2）窗框外平：窗框外表面与墙体装饰层外表面相平，增加了内窗台的面积，但窗框的上部易进雨水，为提高其防水性能，需在洞口上方加设雨篷。

（3）窗框居中：窗框位于墙厚中间或偏向室外一侧，下部留有内外窗台以利于排水。

2. 门窗的安装固定方法

（1）门窗的安装方式

门窗安装应照图进行，施工图上门窗的尺寸均指门窗洞口尺寸，因此门窗框的实际尺寸均小于洞口尺寸。门窗在墙体上安装方式有立口、塞口，如图 12-14 所示。

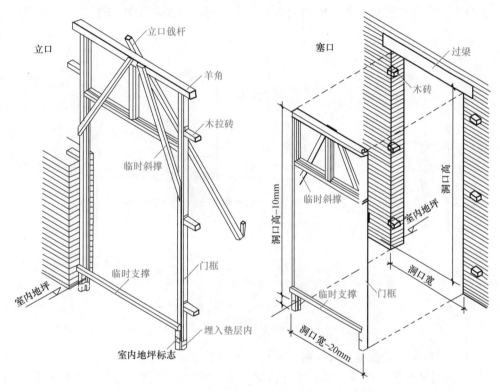

图 12-14　门窗的安装方式

1）立口

立口又称站口，在墙砌到窗台（门框无窗台）时，在门窗位置立门窗框，找正后，继续砌洞口两边的墙。立口能使门窗框与墙体间缝隙减小，连接紧密，但安装门窗框和砌墙两种工序相互交叉，会影响施工进度，砌墙时也容易碰撞门窗框。

2）塞口

塞口又称塞樘子，是在砌墙时先留出门窗洞口，待建筑主体工程结束后再把门窗框安装进去。塞口安装门窗框不会影响施工进度，但门窗框与墙体之间的缝隙较大，应加强门窗框固定时的牢固性和对缝隙的密闭处理。

（2）木门窗的安装构造

目前，大多数木门窗采用塞口的安装方式，预留洞口尺寸要比门窗框尺寸每边大

20mm，门窗框塞入后，先用木楔固定，经校正无误后，门窗框与墙体固定连接。

木门窗与砖石砌体、混凝土或抹灰层接触处应进行防腐处理并设置防潮层，埋入砌体或混凝土中的木砖应进行防腐处理。木门窗披水、盖口条、压缝条、密封条安装应顺直，与门窗结合应牢固、严密。木门窗与墙体间缝隙的填嵌材料应符合设计要求，填嵌应饱满。寒冷地区外门窗（或门窗框）与砌体间的空隙应填充保温材料。

（3）金属门窗的安装构造

金属门窗主要有钢门窗、铝合金门窗和彩色钢板门窗三大类，一般采用塞口方式安装。

1）铝合金门窗

铝合金门窗的安装施工宜在室内侧或洞口内进行，宜采用干法施工方式，如图 12-15 所示。

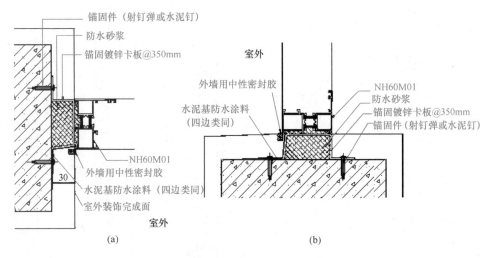

图 12-15　铝合金门窗安装节点

（a）边框安装节点；（b）下框安装节点

铝合金门窗采用干法施工安装时，应符合下列规定：

① 金属附框安装应在洞口及墙体抹灰湿作业前完成，铝合金门窗安装应在洞口及墙体抹灰湿作业后进行。

② 金属附框宽度应大于 30mm。

③ 金属附框的内、外两侧宜采用固定片与洞口墙体连接固定。固定片宜用 Q235 钢材，厚度不应小于 1.5mm，宽度不应小于 20mm，表面应做防腐处理。

④ 金属附框固定片在角部的距离不应大于 150mm，其余部位的中心距不应大于 500mm。固定片与墙体固定点的中心位置至墙体边缘距离不应小于 50mm。

⑤ 门窗框的固定及边缝处理：铝合金门窗框与轻质墙体之间采用预埋件焊接件固定；与钢结构之间采用焊接件固定；与钢筋混凝土墙体之间采用射钉固定；与砖墙体之间采用膨胀螺栓固定。门窗框与墙体之间缝隙现场灌聚氨酯发泡（或塞岩棉）填充。

2）钢门窗

建筑中的钢门窗通常包括薄壁空腹钢门窗和空腹钢门窗，一般采用塞口方法安装。可在洞口四周墙体预留孔埋设铁脚连接件固定，或在结构内预埋铁件，安装时将铁脚焊在预埋件上。

（4）塑料门窗的安装构造

塑料门窗安装应采用预塞口方法安装。安装前，先安装五金配件及固定件。由于塑料型材是中空多腔的，材质较脆，因此不能用螺丝直接锤击拧入，应先用手电钻钻孔，后用自攻螺丝拧入，严禁用射钉固定。

塑料门窗框与轻质墙体之间采用预埋件、焊接件固定；与钢结构之间采用 $\phi8$ 螺栓连接固定；与钢筋混凝土墙体之间采用膨胀螺栓固定或用 $\phi8$ 螺栓连接固定。门窗框与墙体之间缝隙现场灌聚氨酯发泡（或塞岩棉）填充。

12.3 建 筑 遮 阳

我国大部分地区建筑的东向、西向和南向外窗，在夏季受到强烈的日照时，大量太阳辐射热进入室内，会造成建筑物内过热和空调能耗增加。采用有效的建筑遮阳措施，会降低建筑物运行能耗，并减少太阳辐射对室内热舒适度和视觉舒适度的不利影响。

有效的建筑遮阳措施包括：在房前屋后栽种攀缘植物或高大乔木进行绿化遮阳、改善外窗构造遮阳、结合建筑构件遮阳和设置专门的遮阳设施等。

1. 改善外窗构造遮阳

通过改善外窗的构造来满足遮阳的要求，常用的做法有两种：

（1）将外窗玻璃换成双层中空玻璃、遮阳型 LOW-E 玻璃，或在普通玻璃上贴建筑玻璃窗膜等，以此减少透过玻璃进入室内的光线和热量。

（2）在窗内侧或外侧安装百叶、帘布或卷帘，将射入室内的直射光分散为漫反射，以改善室内热环境，避免眩光。

2. 设置专门遮阳设施

在建筑外墙上设置的专门遮阳设施，以遮挡或调节进入室内的太阳辐射。也可对建筑外墙的相关构件进行遮阳实用性改造，达到遮阳的目的，如加宽屋顶挑檐、利用建筑外廊、凹廊、阳台等。专门遮阳与主体建筑结构应有可靠连接，按其外形和遮阳效果分为水平遮阳、垂直遮阳、综合遮阳、挡板遮阳等。

（1）水平遮阳

在太阳高度角较大时，能有效遮挡从窗口上前方投射下来的直射阳光，适用于北回归线以北地区，通常布置在南向及接近南向的窗口。北回归线以南地区布置在南向及北向窗口，如图 12-16 所示。

（2）垂直遮阳

垂直遮阳在太阳高度角较小时，能有效遮挡从窗侧面斜射入的直射阳光，一般适合布置在北向、东北向、西北向的窗口，北回归线以北地区布置在南向及接近南向的窗口，如图 12-17 所示。

（3）综合遮阳

综合遮阳能有效遮挡从窗前侧向斜射下来的直射阳光，一般适合布置在从东南向、南向到西南向范围内的窗口，北回归线以南地区布置在北向窗口。综合式遮阳兼有水平遮阳

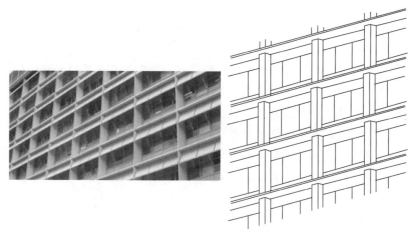

图 12-16　水平遮阳

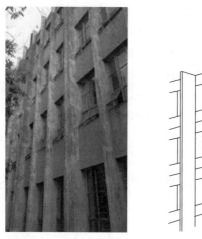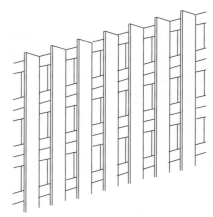

图 12-17　垂直遮阳

和垂直遮阳的优点，对于遮挡各种朝向和高度角低的太阳光都比较有效，如图 12-18 所示。

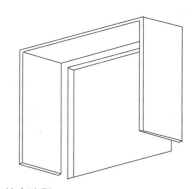

图 12-18　综合遮阳

（4）挡板遮阳

挡板遮阳能有效遮挡从窗口正前方投射下来的直射阳光，一般适合布置在东向、西向及其附近方向的窗口，如图 12-19 所示。

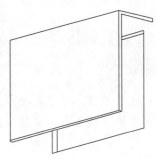

图 12-19　挡板遮阳

13　装配式建筑与单层工业厂房

学习目标

知识目标： 通过学习，了解装配式建筑的概念、特征及相对于传统建造方式的优势；了解单层厂房的起重运输设备和钢结构单层厂房的基本构造；熟悉装配式混凝土结构、装配式钢结构的特点、结构体系、连接方式，熟悉排架结构单层厂房的柱网布置及纵、横向定位轴线的定位方法；掌握排架结构单层厂房各构件的类型及相邻构件间的连接构造。

能力目标： 通过知识学习和技能训练，能认知排架结构单层厂房各组成构件及其作用，会识读单层厂房的柱网布置图，能够合理布置柱网并确定纵向、横向定位轴线。

13.1　装配式建筑基本知识

1. 装配式建筑的概念

装配式建筑是指在房屋建造中，把传统建造方式中的大量现场作业转移到工厂进行，由工厂加工制作建筑构配件，如柱、梁、墙体、楼板、楼梯、阳台、空调板等（图 13-1）。各部件制作完成后运输到建筑施工现场，通过吊装机械起吊装配而成的建筑。

装配式建筑按其主体结构材质分为装配式混凝土结构、装配式钢结构及装配式木结构等建筑。装配式建筑的建造体现了设计标准化、生产工厂化、施工装配化、装修一体化、

图 13-1　预制装配式建筑的预制构配件（一）

（a）内承重墙；（b）叠合楼板底板；（c）"三明治"外墙；（d）预制飘窗；（e）预制梁；（f）预制阳台

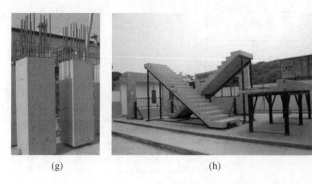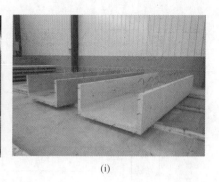

(g)　　　　　　　　　　　(h)　　　　　　　　　　　(i)

图 13-1　预制装配式建筑的预制构配件（二）

（g）预制柱；（h）预制楼梯；（i）水井 U 形隔墙

管理信息化的现代工业化生产方式，是切实转变城市建设模式，建设资源节约型、环境友好型城市的现实需要。

2. 装配式建筑的构成系统

根据《装配式混凝土建筑技术标准》GB/T 51231—2016，装配式建筑可看作由若干子系统"集成"的复杂"系统"，主要包括主体结构系统、外围护系统、内装修系统、设备与管线系统四大系统，如图 13-2 所示。

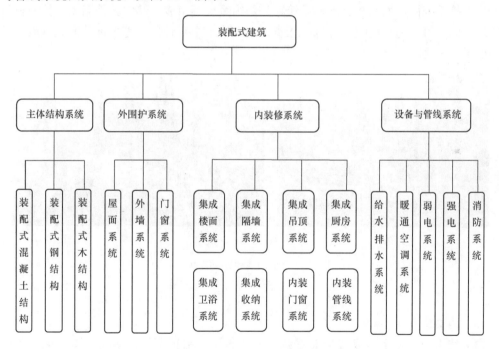

图 13-2　装配式建筑的构成系统

（1）主体结构系统

主体结构系统按照建筑材料的不同，可分为装配式混凝土结构、装配式钢结构、木结构建筑和由两种以上材料组成主体结构的组合结构。其中，装配式混凝土结构是装配式建筑中应用量最大、涉及建筑类型最多的结构体系，按其结构形式分为装配式框架结构、装配式剪力墙结构等，如图 13-3 所示。

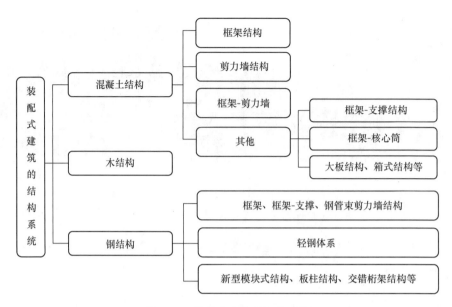

图 13-3 装配式建筑的结构系统

（2）外围护系统

外围护系统由屋面系统、外墙系统、外门窗系统等组成。其中，外墙系统按照材料与构造的不同，可分为幕墙类、外墙挂板类、组合钢（木）骨架类等多种装配式外墙围护系统，如图 13-4 所示。

　　　　　　　（a）　　　　　　　　　　　　　　　　　　（b）

图 13-4 装配式建筑的外围护吊装
（a）剪力墙吊装；（b）外挂墙板吊装

（3）内装修系统

内装修系统主要由集成楼地面系统、隔墙系统、吊顶系统、厨房、卫生间、收纳系统、门窗系统和内装管线系统 8 个子系统组成，如图 13-5 所示。

（4）设备与管线系统

设备与管线系统包括给水排水系统、暖通空调系统、强电系统、弱电系统、消防系统和其他系统等。按照装配式建筑的发展思路，设备和管线系统的装配化应着重发展模块化的集成设备系统和装配式管线系统，如图 13-6 所示。

(a)   (b)

图 13-5 装配式建筑的内装修现场
（a）集成地板铺设；（b）集成吊顶安装

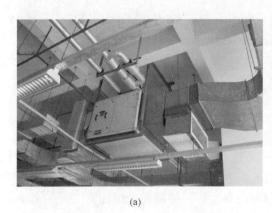 

(a)   (b)

图 13-6 装配式建筑的设备与管线系统
（a）集成通风系统；（b）集成管线系统

3. 装配式建筑的特征

（1）系统性和集成性

装配式建筑的建造体现了工业产品社会化大生产的理念，具有系统性和集成性，其设计、生产、建造过程是各相关专业的集合，促进了整个产业链中各相关行业的整体技术进步，需要科研、设计、开发、生产、施工等各方面的人力、物力协同推进，才能完成装配式建筑的建造。

（2）设计标准化、组合多样化

标准化设计是指"对于通用装配式构件，根据构件共性条件，制定统一的标准和模式，开展的适用范围比较广泛的设计"。在装配式建筑设计中，采用标准化设计思路，大大减少了构件和部品的规格、重复劳动少、设计速度快。同时，设计过程中可以兼顾城市历史文脉、发展环境、周边环境与交通人流、用户的习惯和情感等因素，在标准化的设计中融入个性化的要求，进行多样组合，丰富装配式建筑的类型。

以住宅为例，可以用标准化的套型模块进行不同的平面组合，创造出板楼、塔楼、通廊式等众多建筑形态的住宅，为建筑的多样化创造了条件。

（3）生产工厂化

装配式建筑的结构构件大多在工厂生产，利用工厂精良的生产设备的生产条件，采用先进的生产工艺，更加容易掌控构配件的生产材料和质量，大大提高生产效率，降低产品成本。图 13-7 为装配式构件预制现场。

(a)　　　　　　　　　　　　　　　　　　(b)

图 13-7　　装配式构件预制现场

(a) 预制成型的叠合板吊装堆放；(b) 装配式构件厂内部场景

（4）施工装配化、装修一体化

装配式建筑的施工可以实现多工序同步一体化完成。由于前期土建和装修一体化设计，构件在生产时已事先在建筑构件上预留孔洞和装修面层预埋固定部件，避免在装修施工阶段对已有建筑构件打凿、穿孔。构件运至现场之后，按预先设定的施工顺序完成一层结构构件吊装之后，在不停止后续楼层结构构件吊装施工的同时，可以同时进行下层的水电装修施工，逐层递进，各工序交叉作业有序、简单快捷且可保证质量，施工进度快、工期短。

（5）管理信息化、应用智能化

装配式建筑将建筑生产的工业化进程与信息化紧密结合，是信息化与建筑工业化深度融合的结果。装配式建筑在设计阶段采用 BIM 信息技术，进行立体化设计和模拟，避免了设计错误和遗漏；在预制和拼装过程采用 ERP 管理系统，施工中利用网络摄影和在线监控；生产中预埋信息芯片，实现建筑的全寿命周期信息管理。

4. 装配式建筑的发展优势

与传统建筑及其建造方式相比，装配式建筑具有以下突出优势：

（1）保护环境、减少污染

传统建筑工程施工过程中，现场材料、机械多，湿作业多，施工工序复杂，人员、机械、物料、能耗等管理难度大，对周围环境造成的噪声污染、泥浆污染、灰尘固体悬浮物污染、光污染和固体废弃物污染等比较严重。而装配式建筑的主要构件在工厂预制成型，施工现场物料少、湿作业少、环境整洁，施工工序简单，大大减少了施工过程中的噪声和烟尘的排放量，垃圾和材料损耗减少一半以上。

（2）建筑品质得以提高

预制装配式建筑可从设计、生产、施工过程中对建筑质量进行全方位控制，有利于提高建筑品质。与传统建筑构件采用现场现浇、模板成型，需要大量支撑的施工方式相比，装配式建筑构件采用工厂预制生产，严格按图施工，机械吊装，质量更有保证。传统建筑的现场施工工人流动频繁、素质参差不齐，管理方式粗放，施工质量难以得到保证；而装配式建筑构件在预制工厂生产，是完全按照工厂的管理体制及标准体系来进行构件预制，生产人员较固定，生产过程中可对材料配比、钢筋排布、养护温度、湿度等条件进行严格控制，构件出厂前的质量检验进行把关，使得质量更容易得到保证。

（3）装配式建筑形式多样

传统建筑造型一般受限于模板和支架的搭设能力，造型复杂的建筑施工难度大。而装配式建筑可根据建筑造型要求，灵活进行结构构件设计和生产，充分发挥装配式的优势，利用预制构件厂设备齐全、精密，工人素养高等优点，建设类似悉尼歌剧院造型复杂的建筑。

（4）减少施工安全隐患

传统建筑施工过程中模板、脚手架多，现场物料、人员、机械复杂，高空作业多，安全管理难度大、隐患多。而装配式建筑的构件在工厂流水式生产，运输到现场后，由专业安装队伍严格遵循流程进行装配，现场仅需部分临时支撑，整洁明了，安全管理相对容易。

（5）施工速度快，工期短

传统建筑施工时，需要架设大量支撑体系和模板，浇筑混凝土达到规定养护时间后才能进行后续楼层施工，消耗时间多，影响施工进度。而装配式建筑的构件由预制工厂提前批量生产，进入施工现场之后，结构构件吊装施工，且可实现结构体吊装、外墙吊装、机电管线安装、室内装修等多道工序同步施工，大大缩短施工现场的作业时间，从而加快施工进度，缩短工期。据统计，装配式建筑与传统建筑施工相比进度可加快30%左右。

（6）降低人力成本，提高劳动生产效率

传统建筑施工技术集成度低，生产手段落后，需要投入大量的人力才能完成工程建设。而我国目前正逐渐步入老龄化社会，劳动力不足、技术人员缺乏的现象日益突出，传统施工方式难以为继。装配式建筑的劳动生产率显著提高，据统计可大幅减少现场施工及管理人员数量，大大降低施工时的人工成本，提高劳动生产效率。

13.2 装配式混凝土结构建筑

装配式混凝土结构（简称PC结构，是英语Precast Concrete的缩写）指把现浇混凝土结构拆成一个个预制构件，在工厂预制成型，运输至施工现场装配起来的混凝土结构。装配式钢筋混凝土结构是我国建筑结构发展的重要方向之一，其施工更能符合绿色施工的节地、节能、节材、节水和环境保护等要求。装配式混凝土结构根据连接方式的不同，分为装配整体式混凝土结构和全装配式混凝土结构。

1. 装配整体式混凝土结构建筑

装配整体式混凝土结构的预制构件在设计时，需遵循少规格、多组合的原则，并使预制构件有利于制作、运输、堆放、安装及质量控制。一般将预制构件的连接部位设置在结构受力较小的部位，构件的尺寸和形状应根据建筑使用功能、模数和标准化的要求，进行优化设计，并根据预制构件的功能、安装及施工精度等要求，确定合理的公差。

装配整体式混凝土结构的预制构件有叠合板、叠合梁、预制柱、预制剪力墙、预制楼梯和预制阳台等，非结构构件则有预制外挂墙板、预制填充墙、预制女儿墙和预制空调板等。各构配件的连接以"湿连接"为主，为确保连接的完整性，两构件连接处需伸出钢筋或螺栓（图 13-8），先焊接、搭接或机械连接，然后再浇筑混凝土或水泥浆而成的结构。

装配整体式混凝土结构采用这种"湿连接"是预制混凝土结构中最常用的连接方式，具有接近现浇混凝土结构的整体性、稳定性和延性，其施工过程如图 13-9 所示。

装配整体式混凝土结构具有较好的整体性和抗震性。目前，高层、大多数多层和有抗

图 13-8　装配整体式混凝土结构的典型构件（一）

（a）梁；（b）楼梯；（c）叠合楼板（右侧为带肋叠合板）；（d）剪力墙

(e)

图 13-8 装配整体式混凝土结构的典型构件（二）

(e) 外墙板

图 13-9 装配整体式混凝土结构的施工过程

震要求的 PC 建筑均采用装配整体式结构。

2. 全装配式混凝土结构建筑

全装配式混凝土结构的 PC 构件靠"干连接"（如螺栓连接、焊接等）形成建筑整体结构。干连接是在构件连接处植入预埋件，通过螺栓连接或焊接连接。干连接的结构整体性能较为松散，但比装配整体式结构的湿连接有更好的延性，有利于释放结构变形的能量。"干连接"示例如图 13-10 所示。

装配式混凝土结构的建筑作为混凝土结构的一种，其建造工艺有别于现浇混凝土结构，但对其设计仍需满足国家现行标准《混凝土结构设计规范》GB 50010—2010 的基

图 13-10　"干连接"示例

(a) 梁柱节点"干连接"；(b) 剪力墙下焊接"干连接"；(c) 墙与钢结构焊接"干连接"；

(d) 预制混凝土次梁的搁置凹口

本要求。此外，尚需注意采取有效措施加强结构的整体性，并确保连接节点和接缝构造可靠，受力明确，结构的整体计算模型应根据连接节点和接缝的构造方式及性能确定。

由于我国属于多地震国家，对螺栓、焊接等"干式"连接节点的研究尚不完全充分，高层建筑应以装配整体式混凝土结构为主，包括装配整体式混凝土框架结构、装配整体式混凝土剪力墙结构、装配整体式框架-现浇剪力墙结构和装配整体式框架-现浇筒体结构等结构类型。

13.3 装配式钢结构建筑

装配式钢结构建筑是以钢结构作为承重结构的装配式建筑。钢结构的构件一般均在工厂加工制作，现场焊接或螺栓连接，因此，钢结构建筑是天然的装配式结构建筑。近年来，钢结构建筑越来越多，无论高层、多层、低层钢结构建筑还是钢结构单层工业厂房，其结构构件均在工厂加工，再到现场进行组装，并与围护系统、设备与管线系统和内装修系统做到和谐统一。

1. 装配式钢结构建筑的特点

装配式钢结构建筑与混凝土建筑形式相比，具有以下特点：

（1）重量轻、强度高

装配式钢结构建筑采用钢材作承重结构，能够减轻结构重量。以钢结构住宅为例，其重量是钢筋混凝土住宅的 50% 左右，故采用钢结构建造的房屋自重小，可降低基础工程造价；另外，由于钢结构构件强度高，竖向受力构件所占的空间相对较小，因而可以增加住宅的使用面积；此外，钢结构可以采用大开间、大进深的柱网，为住户提供了可以灵活分隔的大空间，能满足用户的不同需求。

（2）工业化程度高，符合产业化要求

钢结构的结构构件大多在工厂制作，安装方便，适宜大批量生产，改变了建筑的建造方式，实现了从"建造房屋"到"制造房屋"的转变。促进了建筑产业从粗放型到集约型的转变，同时促进了生产力的发展。

（3）施工周期短，建设效益高

钢结构体系大多在工厂制作，在现场安装，现场作业量大为减少，因此施工周期可以大大缩短，一般 3~4 天就可以建造一层，快的只需 1~2 天，与钢筋混凝土结构相比，一般可缩短工期二分之一，使建筑提前发挥投资效益，加快资金周转，降低建设成本。

（4）抗震性能好

由于钢材是弹性变形材料，能大大提高建筑的安全可靠性。钢结构强度高、延性好、自重轻，可以大大改善结构的受力性能，尤其是抗震性能。从国内外震后情况来看，钢结构建筑倒塌的数量很少。

（5）符合绿色环保的建筑发展方向

装配式钢结构建筑的围护结构为保温墙板，取代了黏土砖，减少了水泥、砂、石、石灰的用量，减轻了对不可再生资源的破坏。现场湿法施工减少，施工环境较好。同时，钢材可以回收再利用，建造和拆除时对环境污染小，其节能指标可达 50% 以上，属于绿色环保建筑体系。

（6）防火性能差

钢结构耐热而不耐高温。随着温度的升高，强度就降低。当周围存在着辐射热，温度达 150℃ 以上时，就应采取遮挡措施。如果一旦发生火灾，结构温度达到 500℃ 以上时，就可能全部瞬时崩溃。为了提高钢结构的耐火等级，通常都用混凝土或砂浆将钢结构构件包裹起来。

（7）易于锈蚀

钢结构在潮湿环境中，特别是处于有腐蚀介质的环境中容易锈蚀，必须刷涂料或镀锌防锈，此外，钢结构建筑在使用期间还应定期进行维护。

2. 装配式钢结构建筑的结构体系

钢结构建筑的结构体系主要由钢结构承重体系、楼面结构体系和围护结构体系等组成，如图 13-11 所示。

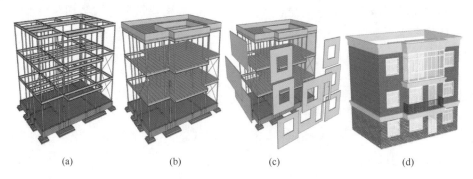

图 13-11　装配式钢结构体系

（a）钢结构承重体系（钢框架）；（b）楼面结构体系（预制楼板）；（c）围护结构体系（外挂墙板）；（d）建成全貌

（1）钢结构承重体系

钢结构承重体系宜采用钢框架体系，因为框架体系的钢结构自重轻、自振周期较长，对地震作用反应不敏感。全框架体系属典型的柔性结构体系，其高侧向刚度较小，当结构高度或层高较大时，需设置各种侧向支撑，或结合电梯井、楼梯间的布置，采用钢框架-混凝土剪力墙、钢框架-抗剪钢板剪力墙、钢框架-抗剪桁架结构等体系，以确保对结构水平位移的严格控制。

1）纯钢框架体系

纯钢框架体系的主要特点是在垂直平面上不设斜杆，传力路径明确，建筑平面布置灵活，制作安装简单。其结构各部分的刚度较均匀，构造也较简单，框架结构的梁、柱构件易于标准化、定型化、装配化，但抗侧移刚度较小。基于抗震验算要求，纯钢框架体系建筑的建造楼层一般不应超过 12 层。如图 13-12 所示。

（a）　　　　　　　　　　　　　　　　（b）

图 13-12　几种纯钢框架形式

（a）纯钢框架多层厂房；（b）纯钢框架住宅

2）钢框架-支撑结构体系

钢框架-支撑结构体系是在钢框架中沿房屋进深方向布置钢支撑，或沿房屋进深和纵向布置，有时还可以连接成支撑芯筒，以获得较大的抗侧移刚度，如图 13-13 所示。

  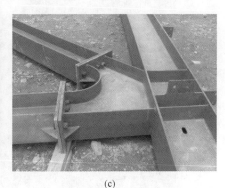

(a)   (b)   (c)

图 13-13　钢框架-支撑结构

（a）带多道支撑的钢框架结构；（b）X 形支撑＋横撑的钢结构；（c）K 形横撑

钢框架-支撑结构体系较纯框架结构用钢量少，节点构造较其他体系相对简单，能够抵抗中、小地震，抗侧移刚度足以承受侧向水平力。该体系的支撑结构能大大增加结构的整体刚度，提高抗侧移能力，因而建筑高度可以提高到 40 层左右。

3）钢框架-剪力墙结构体系

钢框架-剪力墙结构体系中的剪力墙分为钢筋混凝土剪力墙、钢筋混凝土带缝剪力墙和钢板剪力墙等。一般在钢框架内采用带竖缝的钢筋混凝土抗震墙板或内埋钢支撑的预制钢筋混凝土墙板，它可与室内横隔墙结合布置，形成房屋的主要抗侧力构件，提高抗侧移刚度。若在房屋的楼梯间、电梯间或卫生间布置钢筋混凝土墙体，则可与外围钢框架形成框架-多筒结构体系，如图 13-14 所示。

4）钢-混凝土组合结构体系

钢-混凝土组合结构体系采用钢管（方钢管或圆钢管）混凝土柱、H 型钢梁或型钢混凝土梁组成抗侧力体系，必要时亦可设置钢支撑或剪力墙构件，以增加抗侧移刚度。

5）空间错列桁架结构体系

空间错列桁架结构体系是由高度等于楼层高、跨度等于房屋总宽度的桁架支撑于房屋外侧的纵向列柱上，相邻上、下层错列布置，中间无柱，楼板分别搁置在左、右桁架的上弦和下弦上。

（2）楼面结构体系

楼面结构由钢梁和楼面板组合而成。楼面钢梁的主次梁应采取紧凑型构造措施，并和楼面板紧密联系，以保证楼面结构的整体稳定性。楼面板必须有足够的强度、刚度和整体稳定性，还应具有较好的隔声、防水和防火性能。楼面板应利于减轻楼板自重，便于管线敷设，提高施工速度，减少现场湿作业量，目前主要采用的楼板形式如下。

1）压型钢板-现浇混凝土组合楼板

压型钢板通过栓钉固定在钢梁上，可作为永久性模板并参与共同工作，可省去支模板带来的繁杂工作；现浇混凝土若采用轻骨料混凝土，可大大降低组合楼板的自重，如图 13-15 所示。

(a)   (b)

图 13-14　钢框架-剪力墙结构

（a）钢框架-多边形混凝土核心筒结构；（b）钢框架-四边形混凝土核心筒结构

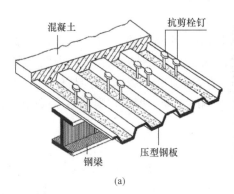
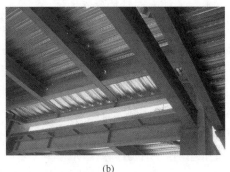

(a)   (b)

图 13-15　压型钢板-现浇混凝土组合楼板

（a）压型钢板构造；（b）压型钢板底部

2）预制预应力混凝土叠合楼板

将预制的预应力混凝土薄板与钢梁连接，上面浇筑混凝土组成叠合楼板，这种叠合楼板同样无需模板，施工方便，且省去了压型钢板，可降低楼板造价。如图 13-16 所示。

3）密排托架-现浇混凝土组合楼板

密排托架-现浇混凝土组合楼板的楼面次梁采用密排托架，与混凝土楼板组合工作。这种楼板能使各类设备管道从托架腹中穿过，可节约室内空间。

4）现浇钢骨混凝土大跨度空心楼盖

现浇钢骨混凝土大跨度空心楼盖是在楼板中埋设 GBF 轻质高强复合薄壁空心管，有两种类型：一种是梁式钢骨混凝土空心楼盖，框架梁为钢骨混凝土明梁；另一种是无梁、暗梁钢骨混凝土空心楼盖。

5）钢骨架轻质保温隔声复合楼板

钢骨架轻质保温隔声复合楼板具有承载能力大、轻质、保温、节能、隔声、不开裂、防火、管线暗敷、工厂化生产、无模板施工等综合功能。

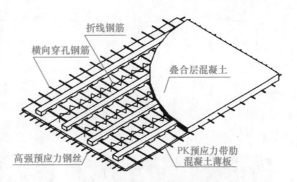

图 13-16　预制预应力混凝土叠合楼板

（3）围护结构体系

为减轻结构自重，满足建筑节能要求，充分发挥钢结构的优势，装配式钢结构建筑的墙体应采用工厂预制的标准化轻质墙板，外墙可采用如蒸压加气混凝土墙板（ALC 板、SRC 复合保温墙板）、玻璃纤维加强水泥外墙板和玻璃幕墙等。内墙可采用轻钢龙骨石膏板、加气混凝土轻质墙板、ALC 轻质砌块和轻质改性石膏砌块等。屋盖系统尽量采用有檩体系，这时，屋面材料可与楼面相同；屋盖也可采用彩色压型钢板防水屋面系统，该系统有良好的防水效果，屋面隔热保温性能好，能够丰富建筑的外形。

3. 装配式钢结构建筑的主要结构形式

装配式钢结构建筑的主要结构形式有：框架结构、门式刚架结构、桁架结构、网架结构等。

（1）框架结构

框架结构又称构架式结构，是由梁和柱组成框架，共同抵抗水平荷载和竖向荷载。房屋的框架按跨数分有单跨、多跨；按层数分有单层、多层；按立面构成分为对称、不对称；按所用材料分为钢框架、钢与钢筋混凝土混合框架等。装配式钢结构框架结构建筑除了具有钢结构建筑的典型特点外，还有与钢梁截面一般较混凝土梁小，且管线可从钢梁腹板穿越，同样的高度可设计出更多的楼层，增加建筑面积，如图 13-17 所示。

框架结构广泛用于住宅、学校、办公楼、大跨度的公共建筑、多层工业厂房和一些特殊用途的建筑物中，如剧场、商场、体育馆、火车站、展览厅、造船厂、飞机库、停车场、轻工业车间等。

（2）门式刚架结构

门式刚架受力的主体结构是门式框架，可以是单跨、多跨，还可以是多层结构，如图 13-18 所示。门式刚架是轻钢结构中最常见一种结构形式，在单层和多层房屋和一般构筑物中，以热轧型钢、焊接型钢、冷弯薄壁型钢、压型钢板和薄壁钢管等作为主要受力构件，围护结构采用轻型屋面和墙面。

图 13-17　钢框架结构

门式刚架的经济跨度约为 24～30m，结构构件主要是 H 型钢，可根据受力部位设计为变截面，若受力较大还可采用格构式柱或屋面桁架等组合构件，如图 13-19 所示。

门式刚架的特点：

1）质量轻。根据国内的工程实例统计，单层门式刚架房屋承重结构的用钢量一般为

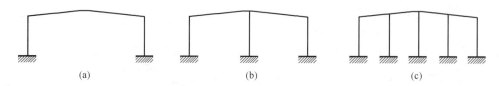

图 13-18　门式钢架类型

（a）单跨双坡；（b）双跨双坡；（c）四跨双坡

（a）　　　　　　　　　　　　（b）

图 13-19　门式刚架结构

（a）结构构件为 H 型钢；（b）格构式柱或屋面桁架

$10\sim30kg/m^2$；在相同的跨度和荷载条件情况下，自重仅为钢筋混凝土结构的 $1/30\sim1/20$；

2）工厂化程度高，施工周期短。门式刚架结构的主要构件和配件均在工厂制作，质量易于保证，现场安装方便。除基础施工外，基本没有湿作业，现场施工人员少。构件之间的连接多采用高强度螺栓连接，安装速度快。

3）综合经济效益高。门式刚架结构材料的价格虽然比钢筋混凝土结构等其他结构形式略高，但由于采用的是计算机辅助设计，设计周期短；构件采用先进自动化设备制造；原材料的种类较少，易于筹措，便于运输，故门式刚架结构的工程周期短，资金回报快，投资效益高。

4）柱网布置比较灵活。传统的结构形式由于受屋面板、墙板尺寸的限制，柱距多为 6m，当采用 12m 柱距时，需设置托架及墙架柱。而门式刚架结构的围护体系采用金属压型板，所以柱网布置不受模数限制，柱距大小主要根据使用要求和用钢量最省的原则来确定。

（3）桁架结构

桁架是由直杆组成的一般具有三角形单元的平面或空间结构。在房屋建筑中，桁架一般用作屋盖承重结构，又称为屋架。桁架结构常用于大跨度的厂房、展览馆、体育馆和桥梁等公共建筑中，如图 13-20 所示。

1）桁架结构的特点

① 优点

A. 扩大了梁式结构的使用跨度。

B. 桁架可用各种材料制作。

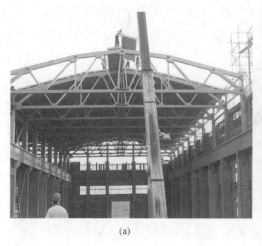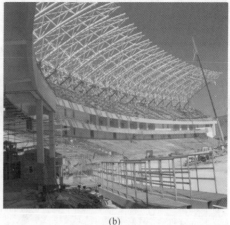

(a)　　　　　　　　　　　　　　　　(b)

图 13-20　桁架结构

（a）工业厂房用桁架结构；（b）体育场看台上方桁架结构

C. 桁架是由杆件组成的，桁架体型可以多样化。

D. 施工方便，桁架可以整体制造后吊装，也可以在施工现场高空进行杆件拼装。

② 缺点

A. 结构高度大。由于结构高度大，不但增加了屋面及维护墙的用料，而且增加了采暖、通风、采光等设备的负荷；对音质控制也带来困难。

B. 侧向刚度小。对于钢桁架特别明显，因为受压的上弦平面外稳定性差，也难以抵抗房屋纵向的侧向力，这就需要设置支撑。一般房屋纵向的侧向力并不大，但钢屋架的支撑很多，都按构造（长细比）要求确定截面，故耗钢量较大。

2）桁架结构的类型

桁架结构分为平面桁架和空间桁架。

① 平面桁架。平面桁架按所用材料的不同，分为木屋架、钢-木组合屋架、混凝土屋架等；按屋架外形的不同，分为三角形屋架、梯形屋架、抛物线屋架、折线形屋架、平行弦屋架等；根据结构受力的特点和材料性能的不同，分为桥式屋架、无斜腹杆屋架或刚接屋架、立体屋架等，如图 13-21 所示。

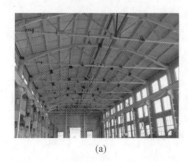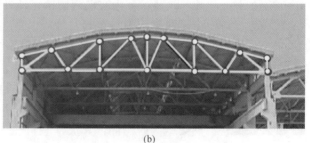

(a)　　　　　　　　　　　　　　　　(b)

图 13-21　平面桁架

（a）弧形平面桁架；（b）折线形平面桁架

② 空间桁架。空间桁架由钢管组合而成，截面承载能力强，跨度大，截面可弯曲为

曲线造型，外形优美，内部空间简洁，常用于公共建筑。空间桁架类似框架结构，每个受力平面体系通过纵向桁架连接，纵向桁架作为纵向支撑，同时也保证对桁架受压的整体稳定性，如图 13-22 所示。

 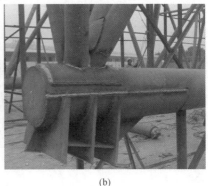

(a)   (b)

图 13-22　空间桁架

(a) 三角形空间桁架；(b) 空间桁架支座处节点

空间桁架的截面通常都很大，构件超高、超宽难以运输，所以桁架都是在现场焊接，导致现场工作量会较大；空间桁架跨度大，构件重，用作公共建筑如机场、会展中心等一般需在楼面上施工，现场吊装、焊接工作量大，施工受场地条件限制，大型机械不能进入，因此施工较复杂。

（4）网架结构

网架结构是由多根杆件按照一定网格形式通过节点连结而成的空间结构。构成网架的基本单元有三角锥，三棱体，正方体，截头四角锥等，网架结构各杆件与球形节点的连接方式有螺栓连接和焊接连接，如图 13-23 所示。

1）网架结构的特点

① 优点

A. 网架结构杆件之间相互作用，整体性好、空间刚度大、结构稳定非常高。

B. 网架结构靠杆件的轴力传递载荷，材料强度得到充分利用，既节约钢材，又减轻了自重。其用钢量与同等条件下的钢筋混凝土结构的含钢量接近，这样就可省去大量的混凝土，可减轻自重 70%～80%，与普通钢结构相比，可节约钢材 20%～50%。

C. 抗震性能好。由于网架结构自重轻，地震时产生的地震力就小，同时钢材具有良好的延伸性，可吸收大量地震能量，网架空间刚度大，结构稳定不会倒塌，所以具备优良的抗震性能。

D. 结构高度小。网架结构高度小，可有效利用空间，普通钢结构高跨比为 1/10～1/8，而网架结构高跨比只有 1/20～1/14，能降低建筑物的高度。

E. 建设速度快。网架结构的构件，其尺寸和形状大量相同，可在工厂成批生产，且质量好、效率高、同时不与土建施工争场地，因而现场工作量小，工期缩短。

F. 网架结构能适应各种平面形状的建筑，又可设计成各种各样的体形，造型美观大方。

② 缺点

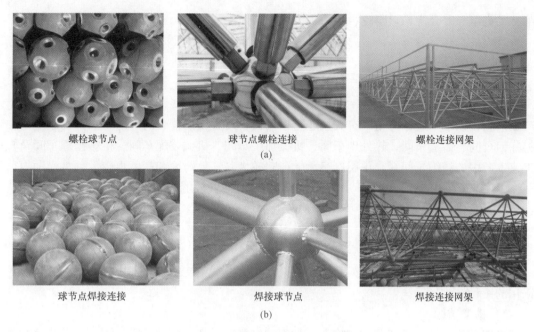

图 13-23 网架结构

（a）螺栓连接网架；（b）焊接连接

网架是一种高次超静定结构，施工时杆件初始应力不好控制，所以容易出现实际受力与计算不符情况，导致出现质量问题。

2）网架结构的形式

网架结构一般形式有双层平板网架、曲面网架（网壳），如图 13-24 所示。

图 13-24 网架的形式

（a）双层平板网架；（b）曲面网架

3）网架结构的应用

网架结构平面布置灵活，可以用于矩形、圆形、椭圆形、多边形、扇形等多种建筑平面，能够适应不同跨度、不同平面形状、不同支承条件、不同功能需要的建筑物，故网架结构的应用较为广泛，加之其建筑造型新颖、轻巧、壮观、极富表现力，深受建筑师和业主的青睐，不仅中小跨度的工业与民用建筑有应用，而且被大量运用于中大跨度的体育馆、展览馆、大会堂、影剧院、车站、飞机库、厂房、仓库等建筑中。

13.4　单层工业厂房

单层工业厂房是指层数为一层的工业建筑。单层厂房主要为工业生产服务，适用于生产工艺流程以水平运输为主，有大型起重运输设备及较大动荷载的厂房，如重工业生产中的炼钢车间、铸造车间、热处理车间、机械加工车间、机械装配车间、机械修理车间及轻工业生产中的纺织车间等。单层厂房承受荷载较大，一般跨度和高度也较大，常受动力荷载作用，与之相适应，单层厂房的结构具有较大的承载能力，是一种典型的建筑结构类型。

1. 单层工业厂房概述

（1）单层工业厂房的结构类型

单层厂房的结构类型有排架结构、刚架结构、空间结构三种，其中排架结构是被广泛采用的一种结构形式。

1）排架结构

排架结构由横向排架和纵向连系构件组成，横向排架主要起承重作用，纵向连系构件保证结构的空间刚度和整体稳定性。排架结构根据材料的不同分为钢筋混凝土排架结构、钢筋混凝土柱与钢屋架组成的排架结构、砖柱与钢筋混凝土屋架组成的排架结构三种类型。

排架结构形式多样，以满足不同的生产工艺及使用要求，常见的有等高或不等高排架、单跨或多跨排架、锯齿形排架等，如图 13-25 所示。

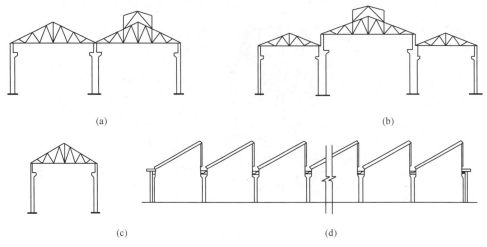

（a）　　　　　　　　　　　　　　　　　　（b）

（c）　　　　　　　　　　　　　　（d）

图 13-25　排架结构类型

（a）多跨排架；（b）不等高排架；（c）单跨排架；（d）锯齿形排架

2）刚架结构

刚架结构是将屋架（屋面梁）与柱合并为整体，即柱与屋架（屋面梁）为刚接，柱与基础为铰接，如图 13-26 所示。

刚架结构厂房的梁柱合一、构件类型少、比较经济、空间宽敞，但刚度较差，一般适

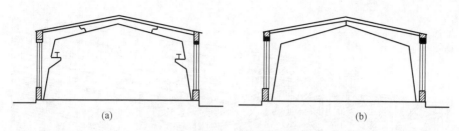

图 13-26　钢筋混凝土门式刚架

（a）两铰门式刚架；（b）三铰门式刚架

用于屋盖较轻或无桥式吊车或吊车吨位较小、跨度和高度较小的单层厂房，如在高度不超过 10m，跨度不超过 18m 的纺织厂、机电厂等厂房中应用较为普遍。

3）空间结构

空间结构单层厂房的屋盖为空间结构，包括薄壳结构、悬索结构、网架结构等。这类结构具有空间宽敞、自重轻、节省材料、造价较低的优点，一般适用于大柱距的单层厂房，如图 13-27 所示。

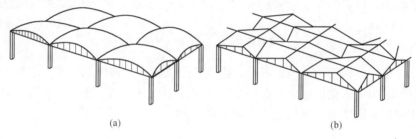

图 13-27　空间结构

（a）双曲扭壳；（b）扁壳

（2）单层工业厂房的组成

目前，单层工业厂房大多采用的是钢筋混凝土排架结构，主要由承重骨架、围护结构、支撑系统三部分组成，如图 13-28 所示。

1）承重骨架

排架结构单层厂房的承重骨架包括横向排架和纵向连系构件。横向排架由屋架（屋面梁）、柱、基础组成，承受厂房的竖向荷载（结构自重、屋面活荷载、吊车竖向荷载等）及横向水平荷载（风载、吊车横向制动力、地震力）并传至地基。纵向连系构件由吊车梁、连系梁、基础梁、圈梁等组成，与横向排架构成承重骨架，增强厂房的纵向刚度，保证厂房的整体性和稳定性。

① 基础：承受排架柱和基础梁传来的全部荷载、并传给地基。

② 柱（排架柱）：排架柱是排架结构的主要承重构件，承受屋盖系统、吊车梁、连系梁、外墙传来的竖向荷载，及吊车制动时产生的横向、纵向水平制动力，风荷载等水平荷载，连同排架柱自重，传递给基础。

③ 屋架（屋面梁）：屋架（屋面梁）承受单层厂房屋盖结构传来的荷载，向下传给排架柱。屋架（屋面梁）与天窗架、托架等构件构成屋架结构，分为有檩体系和无檩体系，如图 13-29 所示。有檩体系指小型屋面板铺在檩条上，檩条支撑在屋架（屋面梁）上，其

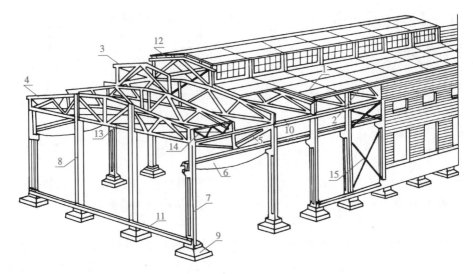

图 13-28　单层厂房的结构组成

1—屋面板；2—天沟板；3—天窗架；4—屋架；5—托架；6—吊车梁；7—排架柱；8—抗风
柱；9—基础；10—连系梁；11—基础梁；12—天窗架垂直支撑；13—屋架下弦横向水平支撑；
14—屋架端部垂直支撑；15—柱间支撑

特点是屋盖重量轻，构件小，吊装容易，但整体刚度较差，构件数量多，适用于小型厂房和吊车吨位小的中型工业厂房。无檩体系指大型屋面板直接铺设在屋架（屋面梁）上，其特点是整体性好，刚度大，适用于大中型工业厂房。

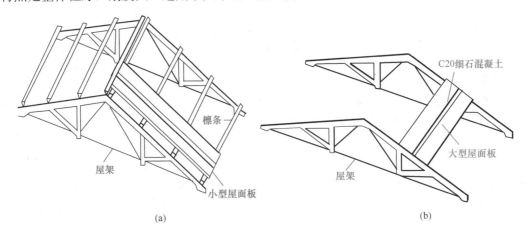

图 13-29　屋盖结构

（a）有檩体系；（b）无檩体系

④ 纵向连系构件

A. 吊车梁：吊车梁支承在排架柱的牛腿上，沿厂房纵向布置，承受吊车竖向荷载和纵、横向水平制动力并将荷载传递给柱，对保证厂房的纵向刚度和稳定性起重要作用。

B. 连系梁：连系梁承受梁上部墙体的荷载，并将荷载传递给柱，其沿厂房纵向布置，以增强厂房的纵向刚度。

C. 基础梁：基础梁承受梁上部墙体荷载，并把它传给基础。

D. 圈梁：圈梁将墙体同厂房的排架柱、抗风柱连在一起，增强厂房的整体刚度和稳定性。

2）围护结构

围护结构包括外纵墙和山墙、抗风柱、屋面板。其中外纵墙和山墙承受自重和风荷载，并传给排架柱；抗风柱承受自重及山墙风荷载并传给屋盖或地基；屋面板承受自重及屋面上的风、雨、雪、积灰等荷载传给屋面结构。

3）支撑系统

单层厂房的支撑系统包括柱间支撑和垂直支撑，其作用是提高厂房的空间刚度和整体稳定性。

（3）单层厂房内的起重运输设备

单层厂房主要是为工业生产服务的，内部需配置必要的起重运输设备，以满足原材料、半成品、成品的装卸和搬运，设备检修等的需要。单层厂房中使用最广泛的起重运输设备是起重吊车，常见有单轨悬挂式吊车、梁式吊车、桥式吊车等类型。

1）单轨悬挂式吊车

单轨悬挂式吊车是在屋架（屋面梁）的下方悬挂工字形钢轨，在钢轨上安装电动葫芦（滑轮组），电动葫芦按钢轨线路运行起吊重物，如图 13-30 所示。单轨悬挂式吊车布置方便、运行灵活，手动、电动操作均可，主要适用于 5t 以下货物的起吊和运输。

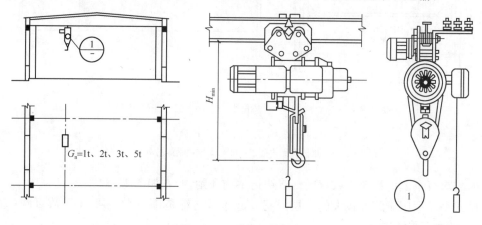

图 13-30　单轨悬挂吊车

2）梁式吊车

梁式吊车由梁架和电动葫芦（滑轮组）组成，分为支撑式和悬挂式两种类型，如图 13-31 所示。悬挂式梁式吊车是在屋架下弦悬挂两条梁式钢轨，在钢轨上设置可滑行的梁架，梁架上安装电葫芦。支撑式梁式吊车是在厂房排架柱的牛腿上安装吊车梁和钢轨，钢轨上设置可滑行的梁架，梁架上安装电动葫芦。运送物品时，梁架沿厂房纵向移动，电动葫芦沿厂房横向移动。

悬挂式梁式吊车的起重量不超过 5t，支撑式梁式吊车的起重量不超过 15t。

3）桥式吊车

桥式吊车由桥架和起重行车（小车）组成。在厂房排架柱牛腿上安装吊车梁和轨道，吊车桥架设置于吊车梁上，沿吊车梁轨道纵向往返行驶，起重行车沿桥架横向移动。桥式

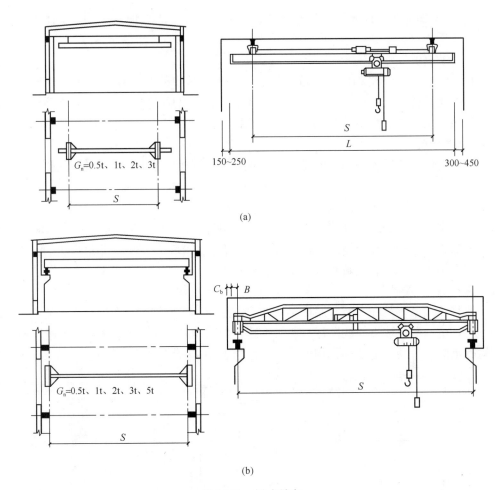

图 13-31　梁式吊车

（a）悬挂式梁式吊车；（b）支撑式梁式吊车

吊车的起重行车上可设单钩或双钩（双钩指主钩和副钩），如图 13-32 所示。

桥式吊车适用于跨度较大的单层厂房，起重及运输范围较大，从 5t 至数百吨，在单

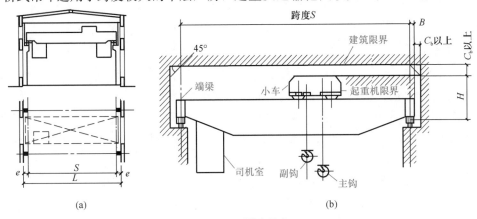

图 13-32　桥式吊车

（a）桥式吊车布置图；（b）桥式吊车构造详图

层厂房中应用较广。

4) 其他吊车

单层厂房中的起重运输设备除了单轨悬挂式吊车、梁式吊车、桥式吊车外，还有固定转臂吊车、悬臂移动式吊车、龙门式起重机等，如图 13-33 所示。

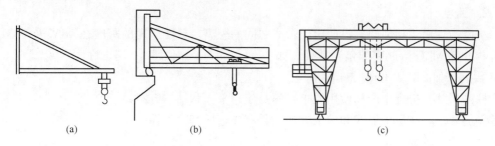

(a)　　　　　　　　(b)　　　　　　　　　　(c)

图 13-33　其他形式吊车

(a) 固定转臂吊车；(b) 悬臂移动式吊车；(c) 龙门式起重机

2. 单层厂房的定位轴线

单层厂房的定位轴线是确定厂房主要构件标志尺寸及相互位置的基准线。根据它可确定厂房主要构件的位置及构件间的相互关系，同时也是厂房施工放线及设备安装的依据。

为使单层工业厂房建筑构件定型化、模数化，加快施工进度，提高厂房建设的工业化、通用化和经济合理性，厂房设计应遵守《厂房建筑模数协调标准》GB/T 50006—2010 的相关规定。

(1) 柱网尺寸

柱网是厂房承重柱与其定位轴线在平面上形成的有规律的网格，如图 13-34 所示。厂房的定位轴线分为纵向和横向，与横向排架平行的定位轴线称为横向定位轴线，与横向排架垂直的定位轴线称为纵向定位轴线，一般在纵横向定位轴线相交处设置承重柱。确定柱网尺寸其实是指确定厂房的柱距和跨度。

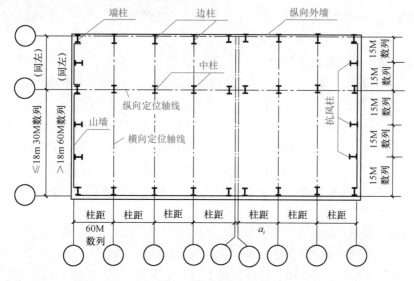

图 13-34　单层厂房定位轴线

1）柱距

柱距指厂房相邻两条横向定位轴线之间的距离。单层厂房的柱距一般采用 60M（6m 或其整数倍）数列，如 6m、12m，通常采用 6m。抗风柱柱距宜采用 15M（1.5m 的整数倍）数列，如 4.5m、6m、7.5m。

2）跨度

跨度指厂房两相邻两条纵向定位轴线之间的距离。单层厂房的跨度在 18M 及 18M 以下时，取 30M（3m 的整数倍）数列，如 9m、12m、15m、18m；跨度在 18M 以上时，取 60M 数列，如 24m、30m、36m 等。

柱网尺寸应符合生产和使用要求，满足建筑平面和结构方案经济合理的要求，并符合模数制的要求，在厂房形式和施工方法上具有先进性和合理性。

（2）定位轴线的定位

单层厂房横向定位轴线主要用来标定厂房纵向构件的标志尺寸，包括中小型屋面板、吊车梁、连系梁、基础梁、纵向支撑等。单层厂房纵向定位轴线主要用来标定厂房横向构件的标志尺寸，包括屋架、屋面梁、大型屋面板等。

1）横向定位轴线的定位

横向定位轴线的定位主要包括一般中柱处横向定位轴线的定位、横向变形缝处横向定位轴线的定位、山墙处横向定位轴线的定位三种情况。

① 一般中柱处横向定位轴线的定位

除了端柱和横向变形缝两侧的柱外，厂房纵向柱列的中柱中心线与横向定位轴线相重合，且横向定位轴线通过柱基础中心线、屋架中心线及屋面板、吊车梁、连系梁等纵向连系构件的接缝中心，如图 13-35 所示。

② 横向变形缝处柱横向定位轴线的定位

横向伸缩缝（防震缝）处的柱应采用双柱双定位轴线，如图 13-36 所示。柱的中心应从定位轴线向内侧各移 600mm。两条定位轴线间距离为插入距 a_i，a_i 应等于伸缩缝（防震缝）宽度 a_e。这种轴线的定位方法，保证了双柱间的变形距离且有各自的基础杯口，便于柱的安装。

③ 山墙处横向定位轴线的定位

山墙为非承重墙时，定位轴线的位置应形成屋面板与山墙的"封闭结合"，即山墙内缘与横向定位轴线相重合，端部柱的中心线应自横向定位轴线向内移 600mm，如图 13-37 （a）所示。定位轴线与山墙内缘重合保证了屋面板与山墙之间不留空隙，即"封闭结合"；端柱内移了 600mm，保证山墙抗风柱可通至屋架上弦，便于抗风柱与屋架的连接。

山墙为砌体承重墙时，为了保证伸入山墙内的屋面板有足够的支撑长度，墙体内边缘与横向定位轴线的距离，应按砌体块材类别分别为半块或半块的倍数或墙厚的一半，如图 13-37（b）所示。

2）纵向定位轴线的定位

单层厂房纵向定位轴线与墙柱之间的关系与吊车吨位、型号、构造等因素有关。划分纵向定位轴线的原则是结构合理、构件规格少、构造简单。纵向定位轴线的定位包括外墙和边柱处纵向定位轴线的定位、中柱处纵向定位轴线的定位两种情况。

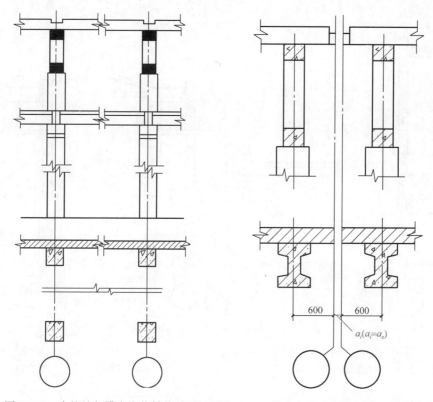

图 13-35 中柱处与横向定位轴线关系　图 13-36 横向变形缝处柱与横向定位轴线关系

① 外墙和边柱处纵向定位轴线的定位

在有吊车的厂房中，为了使厂房结构与吊车规格相协调，外墙、边柱与纵向定位轴线的关系包括两种情况。

A. 封闭结合。即纵向定位轴线与柱外缘、外墙内缘重合，屋架与屋面板端部也应紧靠外墙内缘，形成"封闭结合"的构造，如图 13-38（a）所示。

采用"封闭结合"时，屋架上采用整数块标准屋面板即可铺到屋架的端部（纵向定位轴线处），不需另设补充构件，具有屋盖构造简单、施工方便的优点。"封闭结合"适用于无吊车或只设悬挂式吊车的厂房，以及柱距为 6m，吊车起重量 $Q \leqslant 20t$ 的厂房。

B. 非封闭结合。当吊车吨位较大，或厂房柱距较大时，采用"封闭结合"已不能满足吊车安全运行所需的净空尺寸，此时应将纵向定位轴线内移，即纵向定位轴线由柱外缘、外墙内缘向内移动一定距离（连系尺寸 a_c），此时，屋架、屋面板与外墙内缘出现空隙，形成"非封闭结合"的构造，如图 13-38（b）所示。

采用"非封闭结合"时，屋架、屋面板与外墙内缘的空隙需做构造处理，如挑砖、加补充小板及结合檐沟等，屋盖构造较复杂。"非封闭结合"适用于吊车起重量 Q 为 $30\sim50t$，柱距超过 6m 等情况。

② 中柱处纵向定位轴线的定位

中柱处纵向定位轴线的定位分为等高跨中柱处纵向定位轴线的定位和非等高跨中柱纵向定位轴线的定位。其中等高跨中柱和非等高跨中柱又分别分为设置变形缝和不设置变形缝两种情况。

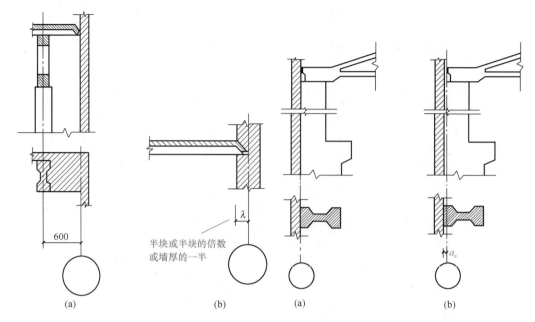

图 13-37 山墙处柱与横向定位轴线的关系
(a) 山墙为非承重墙；(b) 山墙为承重墙

图 13-38 边柱与纵向定位轴线的关系
(a) 封闭结合；(b) 非封闭结合

A. 等高跨中柱处纵向定位轴线的定位。a. 中柱处不设变形缝时，通常采用单柱单轴线，柱的中心线与纵向定位轴线重合，如图 13-39 (a) 所示；当相邻跨内的吊车起重量不小于 30t，或厂房柱距较大时需采用单柱双轴线，如图 13-39 (b) 所示。b. 中柱处设置变形缝时，通常采用单柱双轴线。当等高跨厂房中柱需设纵向伸缩缝时，一侧的屋架或屋面梁支撑在活动支座上，两条定位轴线间的插入距 a_i 等于伸缩缝宽度 a_e，如图 13-40 (a)

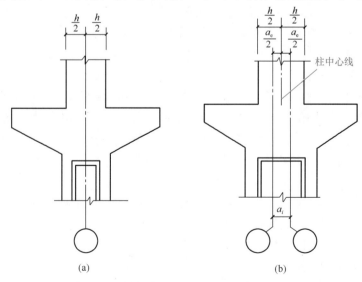

图 13-39 等高跨中柱与纵向定位轴线的关系
(a) 一条定位轴线；(b) 两条定位轴线

所示；当等高跨厂房需要设置纵向防震缝或相邻两跨吊车起重量相差悬殊时，通常采用双柱双轴线，两条定位轴线间的插入距可为 a_e 或 $a_e + a_c$，如图 13-40（b）、图 13-40（c）所示。

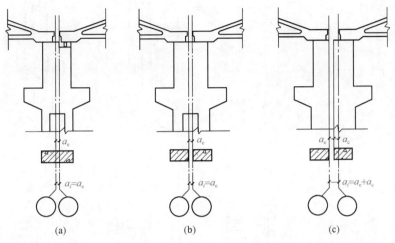

图 13-40　等高跨中柱设纵向变形缝时纵向定位轴线的定位
（a）设伸缩缝；（b）设防震缝；（c）设变形缝和联系尺寸

　　B. 不等高跨中柱处纵向定位轴线的定位。不等高跨中柱处纵向定位轴线的定位根据是否设置变形缝，是否采用"封闭结合"及封墙高度采取不同的方式。a. 不设变形缝时，中柱为单柱，低跨一般采用"封闭结合"，根据高跨是否"封闭结合"及封墙位置的高低，中柱处纵向定位轴线的定位，如图 13-41 所示；b. 设纵向伸缩缝时，中柱为单柱，一般将低跨屋架（屋面梁）搁在活动支座上，伸缩缝位于低跨屋架（屋面梁）端部，根据高跨是否"封闭结合"及封墙位置的高低，中柱处纵向定位轴线的定位，如图 13-42 所示；c. 设纵向防震缝时，中柱处设双柱分别支撑两跨屋架，低跨屋架按封闭结合定位，根据高跨是否"封闭结合"及封墙位置的高低，中柱处纵向定位轴线的定位，如图 13-43 所示。

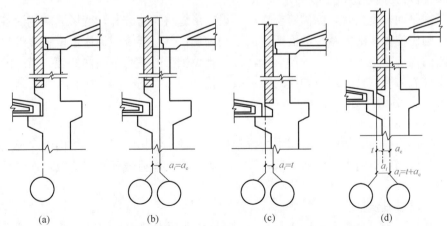

图 13-41　不等高跨中柱处不设变形缝时纵向定位轴线的定位
（a）封墙高、封闭结合；（b）封墙高、非封闭结合；（c）封墙低、封闭结合；（d）封墙低、非封闭结合

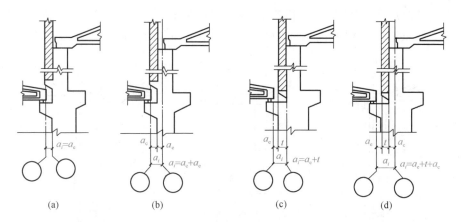

图 13-42　不等高跨厂房中柱处设变形缝时纵向定位轴线的定位

（a）封墙高、封闭结合；（b）封墙高、非封闭结合；（c）封墙低、封闭结合；（d）封墙低、非封闭结合

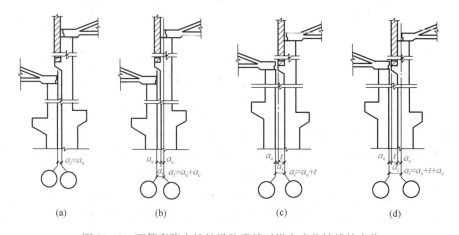

图 13-43　不等高跨中柱处设防震缝时纵向定位轴线的定位

（a）封墙高、封闭结合；（b）封墙高、非封闭结合；（c）封墙低、封闭结合；（d）封墙低、非封闭结合

C. 纵横跨交接处定位轴线的定位

当厂房平面较复杂时，纵横跨交接处需设变形缝将两跨分开，变形缝两侧设各自的承重柱，柱与定位轴线的关系按前面所讲的原则处理，并且要统一标注定位轴线编号。

纵跨的山墙落地，比横跨的侧墙低，柱与定位轴线的关系按端柱处理。横跨的柱外侧设牛腿支撑着封墙，柱与定位轴线的关系按边柱处理，如图 13-44 所示。

3. 单层厂房的主要结构构件

（1）承重柱

承重柱即为排架结构单层厂房中的排架柱，是排架结构的主要承重构件，承受屋盖结构、吊车梁、墙体等传来的竖向荷载，及吊车制动力、风荷载等水平荷载，连同结构自重一起传递给基础。

1）排架柱构造组成

排架柱由柱身（分为上柱和下柱）、牛腿及柱上预埋件组成，如图 13-45 所示。在柱顶上支撑屋架，在牛腿上支撑吊车梁。

2）排架柱的类型

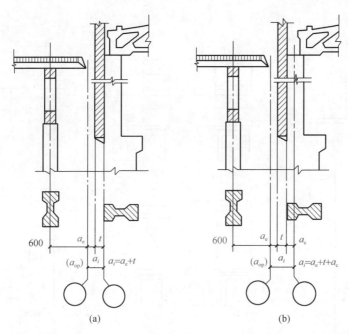

图 13-44　纵横跨交接处定位轴线的定位

(a) 横跨封闭结合；(b) 横跨非封闭结合

排架柱根据材料分为钢筋混凝土柱、钢柱、砖柱等，目前应用最广泛的是钢筋混凝土柱。排架柱根据截面形状的不同分为单肢柱和双肢柱等，其中单肢柱的截面形式有矩形、工字形及空心管柱等；双肢柱的截面形式有平腹杆柱、斜腹杆柱、双肢管柱等。排架柱的常见类型如图 13-46 所示。

3）排架柱的预埋件

为了保证有效地传递荷载，保证排架柱与其他构件有可靠连接，在柱子的相应位置应预先埋设铁件，如钢板、螺栓、锚拉钢筋等，称为预埋件。预埋件的埋设位置与柱和其他构件的连接方式有关，图 13-45 中 M-1 为与屋架连接用预埋件，M-2、M-3 为与吊车梁连接用预埋件，M-4、M-5 为与柱间支撑连接用预埋件，①锚拉钢筋用于拉结外围护墙；②锚拉钢筋用于拉结连系梁。

（2）基础和基础梁

1）基础

基础承受厂房的全部荷载并传给地基，是单层厂房的重要承重构件。根据上部荷载大小及工程地质条件的不同，单层厂房一般选用钢筋混凝土独立基础，构造形式有杯形基础、薄壳基础和板肋基础等，如图 13-47 所示。当结构荷载较大而地基承载力较小时，也可采用条形基础或桩基础。

2）基础梁

在钢筋混凝土排架结构单层厂房中，墙体仅起围护或分隔作用。为了避免墙体自设基础引起墙、柱的不均匀沉降，导致墙体开裂，一般将墙体砌筑在基础梁上，基础梁两端搁置在相邻独立基础的顶面，如图 13-48 所示。

① 基础梁的构造

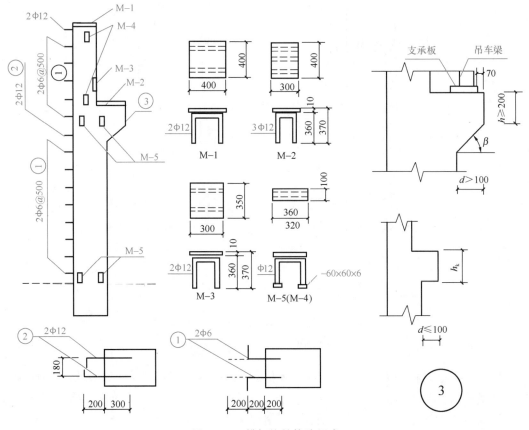

图 13-45　排架柱的构造组成

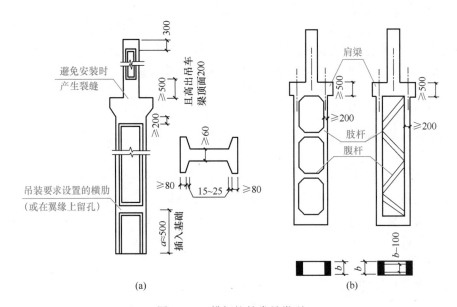

图 13-46　排架柱的常见类型

（a）工字形截面单肢柱；（b）双肢柱

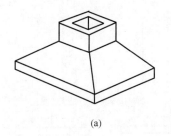 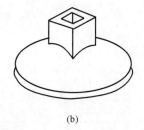 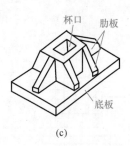

图 13-47 柱下独立基础
(a) 杯形基础；(b) 薄壳基础；(c) 板肋基础

基础梁分为预应力和非预应力两种，截面采用上宽下窄的倒梯形，长度一般为 6m，截面尺寸与墙体厚度相适应，分别适用于二四墙、三七墙，如图 13-49 所示。

② 基础梁的搁置

A. 基础梁的搁置要求，如图 13-50 所示。为了方便在外墙上开设门洞和设置坡道，基础梁顶面标高应低于室内地坪 50～100mm，高于室外地坪 100～150mm。为了避免因基础沉降时，基础梁底的坚实土壤会对基础梁的反拱作用和寒冷地区土壤冻胀对基础梁的反拱作用，基础梁底部应留有 50～100mm 的空隙，并在基础梁底及两侧铺设厚度不少于 300mm 的炉渣、干砂等松散材料。

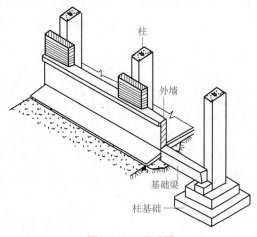

图 13-48 基础梁

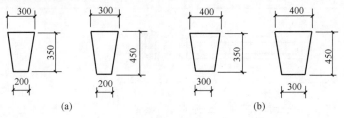

图 13-49 基础梁截面尺寸
(a) 用于二四墙；(b) 用于三七墙

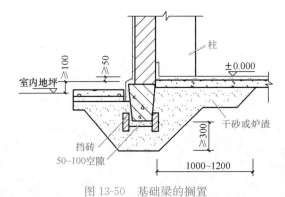

图 13-50 基础梁的搁置

B. 基础梁的搁置方式。基础梁一般直接搁置在基础顶面上，当基础较深时，可采用加垫块、设置高杯口基础或在柱子的下部加设牛腿等措施，如图 13-51 所示。

（3）屋盖结构

单层厂房的屋盖结构包括屋架（屋面梁）、天窗架、托架、屋面板（檩条）等构件。屋盖结构主要承受屋面的荷载，并把这些荷载传递到柱，再传递到基础。

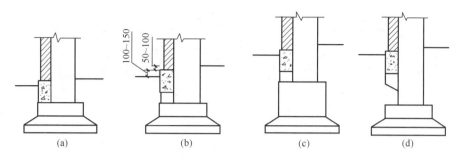

图 13-51　基础梁搁置方式

（a）基础梁搁置在基础杯口上；（b）基础梁搁置在混凝土垫块上；（c）基础梁搁置在高杯口
基础上；（d）基础梁搁置在柱牛腿上

1）屋架（屋面梁）

屋架（屋面梁）是排架结构单层工业厂房的主要承重构件。它直接承受屋面荷载和安装在屋架上的悬挂吊车、管道和其他工艺设备的重量，并和屋盖支撑系统一起，保证屋盖水平和垂直方向的刚度和稳定性。

① 屋架的类型

屋架按材料分为钢筋混凝土屋架和钢屋架。目前，钢筋混凝土屋架在单层工业厂房中应用较为普遍，其按钢筋的受力情况分为预应力屋架和非预应力屋架，常见的形式及适用范围见表 13-1。

钢筋混凝土屋架形式及适用范围表　　　　　　　　表 13-1

序号	构件名称	形　式	跨度（m）	特点及适用条件
1	预应力混凝土单坡屋面梁		6 9	（1）自重大 （2）屋面坡度 1/12～1/8 （3）适用于跨度较大、有较大振动荷载或有腐蚀性介质的厂房
2	预应力混凝土双坡屋面梁		12 15 18	
3	钢筋混凝土三铰拱屋架		9 12 15	（1）构造简单、自重小、施工方便、外形轻巧 （2）屋面坡度：卷材屋面 1/5；自防水屋面 1/4 （3）适用于中小型厂房
4	钢筋混凝土组合屋架		12 15 18	（1）构造合理、施工方便 （2）屋面坡度 1/4 （3）适用于跨度较大的厂房

续表

序号	构件名称	形 式	跨度(m)	特点及适用条件
5	预应力混凝土拱形屋架		18 24 30	(1) 构件外形合理、自重轻、刚度好 (2) 屋架端部坡度大，为减缓坡度、端部可特殊处理 (3) 适用于跨度较大的各类厂房
6	预应力混凝土梯形屋架		18 21 24 27 30	(1) 外形较合理，屋面坡度小，但自重大，经济效果较差 (2) 屋面坡度 1/15～1/5 (3) 适用于各类厂房，特别是需要经常上屋清除积灰的冶金厂房
7	预应力混凝土折线形屋架		18 21 24	(1) 上弦为折线，大部分为1/4坡度，在屋架端部设短柱，可以保证整个屋面有同一坡度 (2) 适用于有檩体系的槽瓦等自防水屋面

② 屋架与其他构件的连接

屋架与柱的连接方法有焊接和螺栓连接两种，如图 13-52 所示；屋架与屋面板、天沟板采用焊接的连接方法，如图 13-53 所示；屋架与檩条的连接方法有焊接和螺栓连接两种，如图 13-54 所示。

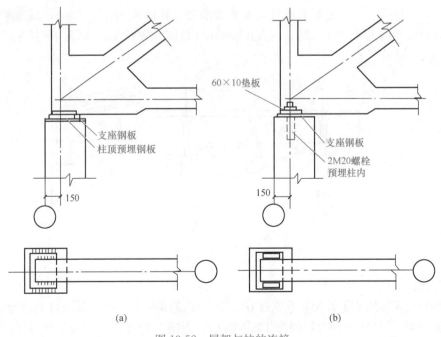

图 13-52　屋架与柱的连接
(a) 焊接；(b) 螺栓连接

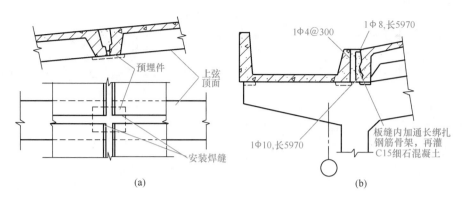

图 13-53　屋架与屋面板、天沟板的连接

(a) 屋架与屋面板的连接；(b) 屋架与天沟板的连接

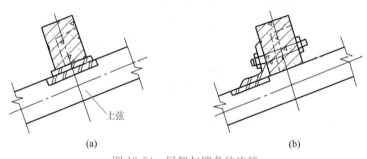

图 13-54　屋架与檩条的连接

(a) 焊接；(b) 螺栓连接

2）托架

当厂房结构受生产工艺影响或设备安装要求时，柱距需为 12000mm，而屋架间距和大型屋面板长度仍为 6000mm 时，应在 12000mm 柱间设置托架来支撑中间屋架。托架构造如图 13-55 所示。

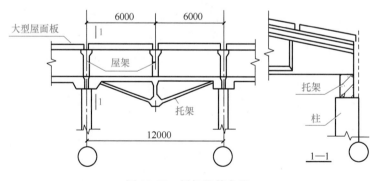

图 13-55　托架及其布置

3）天窗架

天窗架是天窗的承重骨架，它支撑在屋架上弦或屋面梁上，承受天窗上的全部荷载，并将荷载传给屋架（屋面梁），如图 13-56 所示。天窗架的材料一般与屋架（屋面梁）相同，可选用钢筋混凝土或钢材。天窗架的宽度约占屋架（屋面梁）跨度的 1/3～1/2，同时要兼顾屋面板的尺寸。天窗架的高度为其宽度的 0.3～0.5 倍。

4）屋面板

在单层厂房中，屋面板分为大型屋面板和中小型屋面板，如图 13-57 所示。大型屋面板一般直接搁置在屋架（屋面梁）上，不需设置檩条，这种屋面构造属无檩体系；中小型屋面板需先在屋架（屋面梁）上设置檩条，屋面板搁置在檩条上，属有檩体系构造。

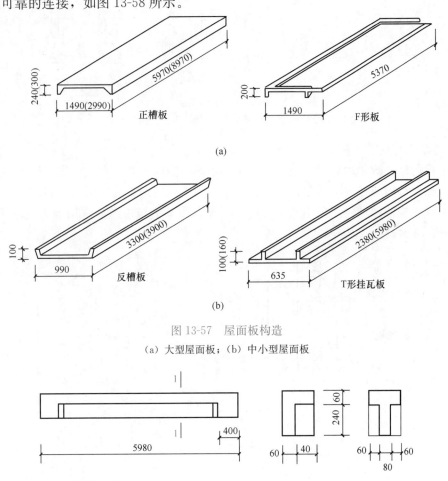

图 13-56　天窗架的组成

5）檩条

檩条起着支撑槽瓦或小型屋面板的作用，并将屋面荷载传递给屋架。檩条截面一般为 L 形、T 形，两端为矩形，以便与屋架上弦有可靠的连接，如图 13-58 所示。

(a)

图 13-57　屋面板构造

（a）大型屋面板；（b）中小型屋面板

(b)

图 13-58　檩条构造

（4）吊车梁、连系梁、圈梁

吊车梁、连系梁、圈梁属于单层厂房纵向连系构件，具有承受荷载及增强厂房的纵向刚度和整体稳定性的作用。

1）吊车梁

在设有桥式吊车或梁式吊车的厂房中，需在柱的牛腿上沿厂房纵向布置吊车梁，承受吊车起重、运行、制动时产生的各种荷载，并把它们传递给柱，同时增强厂房的纵向刚度。

① 吊车梁的构造形式

吊车梁根据材料的不同，分为钢筋混凝土梁和钢梁。钢筋混凝土吊车梁根据构造形式分为等截面 T 形、工字形吊车梁和变截面鱼腹式吊车梁，如图 13-59 所示。

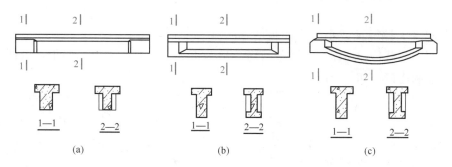

图 13-59　钢筋混凝土吊车梁构造形式

（a）等截面 T 形；（b）等截面工字形；（c）变截面鱼腹式

② 吊车梁与柱的连接

吊车梁与柱一般采用焊接连接。为了承受吊车的竖向荷载，安装前先在吊车梁底部焊上一块垫板，然后与柱牛腿顶面预埋钢板焊牢。为了承受吊车的横向水平制动力，吊车梁翼缘与上柱内缘的预埋件用角钢或钢板连接牢固，吊车梁与柱间空隙用细石混凝土填实，如图 13-60 所示。

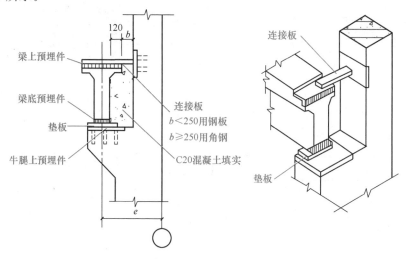

图 13-60　吊车梁与柱的连接

2）连系梁

连系梁是连系厂房纵向柱列的水平连系构件，常设置在窗口上皮代替窗过梁。连系梁的主要作用是增强厂房的纵向刚度，并将山墙风荷载传递给纵向柱列。

连系梁的截面形式分为矩形和 L 形，分别用于 240mm 和 370mm 的墙体，如图 13-61（a）所示。

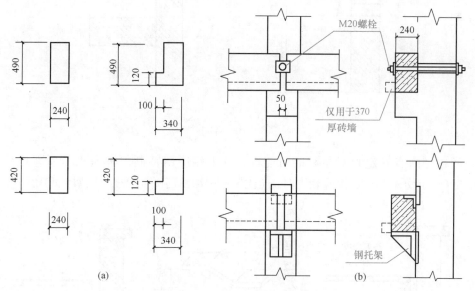

图 13-61　连系梁与柱的连接
（a）连系梁截面形式与尺寸；（b）连系梁与柱的连接

连系梁有承重和非承重之分，如图 13-61（b）所示。当墙体的高度超过一定限度时（不小于 15m），砌体强度不足以承受其自重，需在墙体上设置连系梁承受上部墙体的重量，并将墙重传递给柱子，此时为承重连系梁。承重连系梁一般预制，搁置在柱牛腿上，与柱焊接或螺栓连接。非承重连系梁的主要作用是减少砖墙的计算高度，以满足其允许高厚比的要求，并承受墙体的水平荷载。非承重连系梁一般采用现浇，与柱之间用钢筋拉接。

3）圈梁

圈梁是在厂房外纵墙、山墙中设置的连续封闭梁，其作用是加强厂房的墙与柱间的连接，保证墙体的稳定性，并增强厂房的整体刚度。圈梁的数量与厂房高度、荷载等因素有关，一般应设置在柱顶、吊车梁、窗过梁等位置，在振动较大或抗震要求较高的厂房中，沿墙高每隔 4m 设置一道。

圈梁的截面一般为矩形或 L 形，断面高度不小于 180mm，与柱伸出的预埋筋相连接，如图 13-62 所示。

（5）抗风柱与支撑系统

1）抗风柱

由于单层厂房的山墙一般比较高，需要承受较大的水平风荷载，所以应在山墙内侧设置抗风柱，提高山墙抵抗风荷载的能力。山墙上的风荷载，一部分由抗风柱直接传给基础；一部分由抗风柱上端通过屋盖系统传给纵向柱列。

抗风柱截面多为矩形，尺寸常为 400mm×400mm 或 400mm×800mm，在不影响厂房端部开门的情况下，间距取 4.5～6m。

抗风柱与屋架的连接多为铰接。为了保证水平方向有效地传递风荷载，并且使屋架与

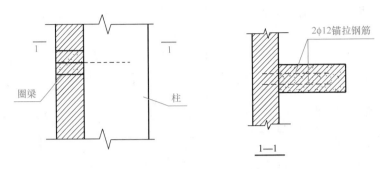

图 13-62　圈梁与柱的连接

抗风柱间在竖向有一定相对位移的可能性，柱上端应用特制的弹簧板与屋架连接，如图 13-63（a）所示；当厂房沉降较大时，应优先选用螺栓连接抗风柱与屋架，如图 13-63（b）所示。

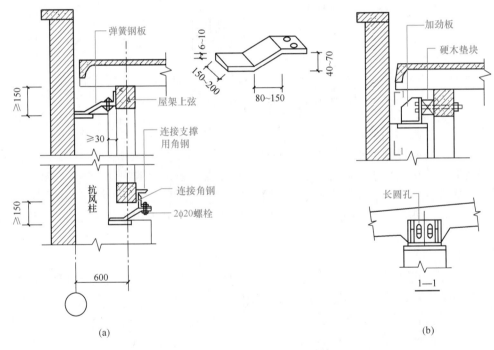

图 13-63　抗风柱与屋架的连接

（a）弹簧板与屋架连接；（b）螺栓与屋架连接

　　2）支撑系统

　　单层厂房的支撑系统包括屋盖支撑和柱间支撑，其作用是保证厂房结构构件在安装和使用阶段的稳定和安全，提高厂房的整体稳定性和刚度，并传递风荷载、吊车制动力等水平荷载。

　　① 屋盖支撑

　　屋盖支撑包括水平支撑、垂直支撑和水平系杆，作用是保证屋架上下弦构件在受力后的稳定，并传递山墙传来的风荷载，如图 13-64 所示。

　　② 柱间支撑

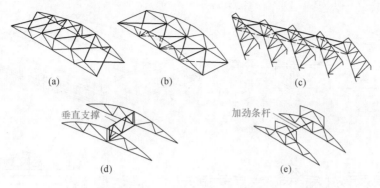

图 13-64 屋架支撑
(a) 上弦横向水平支撑；(b) 下弦横向水平支撑；(c) 下弦纵向水平支撑；
(d) 垂直支撑；(e) 纵向水平系杆

柱间支撑承受山墙抗风柱传来的水平荷载和吊车产生的水平制动力，并传递给基础，以加强厂房的纵向刚度和稳定性。柱间支撑一般采用钢材制成，设在厂房变形缝区段的中部，如图 13-65 所示。

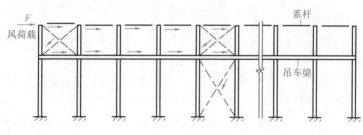

图 13-65 柱间支撑

4. 单层厂房的其他构造

(1) 屋面

单层工业厂房屋面与民用建筑屋面构造基本相同，应满足防水、排水、保温、隔热的要求，但由于其面积大，需承受生产过程产生的振动、高温腐蚀、积灰等因素的影响，导致厂房屋面排水、防水的构造较为复杂。

1) 屋面排水

厂房屋面排水分为无组织排水和有组织排水。无组织排水适用于少雨地区或较低的厂房，对积灰较多及有腐蚀介质的屋面也应优先选用无组织排水。有组织排水适用于多跨厂房及高低跨厂房。厂房有组织排水包括挑檐沟外排水、长天沟外排水、中间天沟内落内排水和悬吊管内落外排水等方式，如图 13-66 所示。

2) 屋面防水

单层厂房屋面防水包括卷材防水、钢筋混凝土构件自防水、瓦材防水等类型。

① 卷材防水

单层厂房卷材防水屋面做法与民用建筑基本相同，但由于受吊车荷载、冲击荷载的影响，屋面变形较大、容易引起屋面板端部接缝处卷材开裂。为了避免屋面的开裂，可以采取增强屋面基层的刚度和整体性，减小基层的变形，选用性能优良的卷材，改进卷材在横

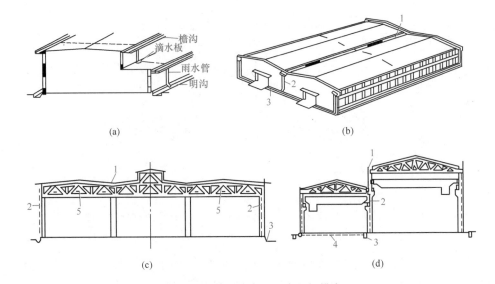

图 13-66　单层厂房屋面有组织排水

（a）挑檐沟外排水；（b）长天沟外排水；（c）内排水；（d）内落外排水

1—天沟；2—立管；3—明（暗）沟；4—地下雨水管；5—悬吊管

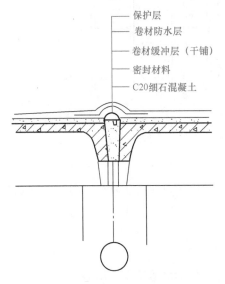

保护层
卷材防水层
卷材缓冲层（干铺）
密封材料
C20细石混凝土

图 13-67　卷材防水屋面横缝处构造

缝处的构造，适应基层的变形等措施。卷材在横缝处的构造如图 13-67 所示。

② 钢筋混凝土构件自防水

钢筋混凝土构件自防水屋面是利用屋面板本身的密实性和抗渗性，对板缝进行局部处理而形成防水的屋面。自防水屋面具有省工、省料、造价低、维修方便等优点，其防水的关键是板缝的处理，常用的处理方法有嵌缝式、脊带式（在嵌缝上再贴一层卷材或玻璃布做防水层）和搭盖式，如图 13-68 所示。

（2）天窗

对于大跨度或多跨单层厂房，为了满足天然采光和自然通风的要求，常在厂房的屋顶上设置天窗，如图 13-69 所示。天窗按用途分为采光天窗、通风天窗、采光通风天窗；按与屋面的相对位置分为上凸式天窗、下沉式天窗、平天窗；按断面形状分为矩形天窗、M 形天窗、三角形天窗和锯齿形天窗。按方向分为横向天窗和纵向天窗。

矩形天窗是我国单层工业厂房广泛采用的一种天窗，采光、通风效果均较好，一般沿厂房纵向布置。矩形天窗由天窗架、天窗端壁、天窗侧板、天窗扇和天窗屋面板五部分组成，如图 13-70 所示。

（3）外墙、侧窗与大门

1）外墙

根据单层厂房生产工艺、结构特点和气候条件的不同，外墙除了承受自身重量和起围

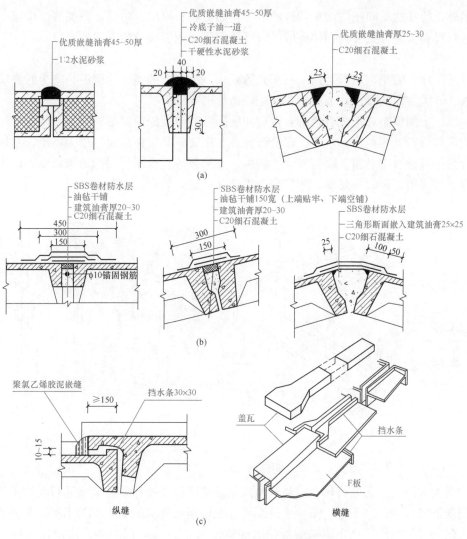

图 13-68 钢筋混凝土构件自防水屋面板缝处理
（a）嵌缝式；（b）脊带式；（c）搭盖式

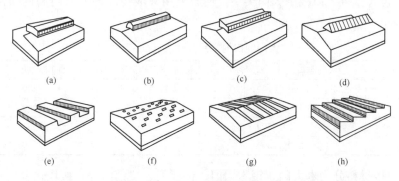

图 13-69 天窗的类型

（a）矩形天窗；（b）梯形天窗；（c）M 型天窗；（d）三角形天窗；（e）横向下沉
式天窗；（f）点状平天窗；（g）带状平天窗；（h）锯齿形天窗

护作用外，特殊的车间还应满足特殊的要求：如恒温、恒湿、防酸、防碱等。单层厂房的外墙按材料和构造方式分为砌体外墙、板材墙、压型钢板墙及敞开式外墙等。

2）侧窗

单层厂房外墙侧窗应满足通风和采光的要求，工艺上的泄压、保温、防尘的要求，坚固耐久、开关方便的要求，节省材料和降低造价的要求。

单层厂房侧窗布置形式有两种：被窗间墙隔开的单独的窗口形式和上下两排带状玻璃窗。侧窗按材料分为钢窗、木窗、铝合金窗、塑钢窗。其中钢窗使用最为广泛，它按开启方式分为平开窗、中悬窗、固定窗、立转窗、上悬窗等。根据厂房的通风需要，厂房外侧的侧窗一般将平开窗、中悬窗、固定窗等组合在一起，如图 13-71 所示。

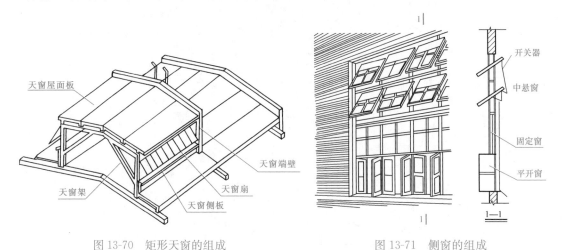

图 13-70　矩形天窗的组成　　　　　　　　图 13-71　侧窗的组成

3）大门

厂房的大门供搬运原材料、成品、半成品及生产设备所用，需要能通行各种车辆，因此大门的洞口尺寸取决于通行车辆的外形尺寸和所运输物品的大小。为了保证车辆安全通行，大门洞口的宽度应比车辆满载货物时的宽度大 700mm，洞口的高度应比车体高度高 200mm。此外，洞口的尺寸还应符合《建筑模数协调标准》GB/T 50002—2013 的规定，以 300mm 为扩大模数，以减少大门类型，便于采用标准构配件。大门洞口的常用尺寸见表 13-2。

大门洞口的常用尺寸表（mm）　　　　　　　　　　表 13-2

通行车辆类型	大门洞口尺寸（宽×高）	通行车辆类型	大门洞口尺寸（宽×高）
3t 矿车	2100×2100	重型卡车	3600×3900
电瓶车	2100×2400	汽车起重机	3900×4200
轻型卡车	3000×2700	火车	4200×5100
中型卡车	3300×3000		4500×5400

厂房大门按材料分为木大门、钢木大门、钢板门、塑钢门等，按用途分为一般大门和特殊大门（有特殊要求的大门，如保温门、冷库门、防火门等），按开启方式分为平开门、折叠门、推拉门、上翻门、升降门、卷帘门等。

（4）地面及其他设施

1）地面

单层厂房地面的基本构造一般和民用建筑相同，由面层、垫层和基层组成。当单层厂房的地面面积大，承受荷载较大，必须满足生产使用时的耐磨、防爆、防腐等需求，同时可增设其他附加构造层，如结合层、找平层、隔离层等，面层材料需满足耐磨、防爆、防腐等要求。当厂房内工段多，各工段生产要求不同时，地面应采用不同的构造做法，并做好不同地面的接缝。

2）其他设施

① 地沟

地沟是单层厂房设置电缆、暖气管道、通风管道等管线的构造物。地沟一般由底板、沟壁、盖板三部分组成，按材料的不同分为砖砌地沟和混凝土地沟，如图 13-72 所示。

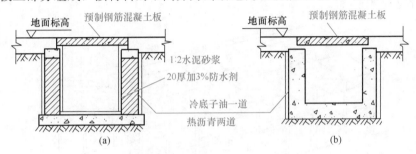

图 13-72　地沟的组成及构造
(a) 砖砌地沟；(b) 混凝土地沟

② 钢梯

钢梯是单层厂房中用于生产操作和检修的设备，按形式分为直梯与斜梯，按作用分为作业平台钢梯、吊车钢梯、消防及屋面检修钢梯等。

③ 吊车走道板

吊车走道板沿吊车梁顶面铺设，是用于检修、维修吊车及吊车轨道的走道板。根据吊车工作制等级及吊车轨道高度，可设单侧走道板、双侧走道板。走道板由支架、走道板和栏杆组成，分为木板、钢板、钢筋混凝土板等，其中钢筋混凝土走道板应用最为广泛。

13.5　钢结构单层工业厂房简介

钢结构是指组成结构的主要承重构件如梁、柱、板、杆等由型钢和钢板等钢材制成，并且承重构件之间通过焊接、螺栓、铆钉等连接而成的结构。由于钢结构具有强度高，塑性和韧性好，质量轻，制作简便、施工周期短等优点，所以在单层厂房中的应用较为普遍。

单层厂房常采用的钢结构类型包括排架结构、刚架结构和拱架结构，如图 13-73 所示。排架结构的柱底与基础固结、柱顶与屋架铰接；刚架结构柱底与基础固结、柱顶与屋面梁刚接；拱架结构由拱代替柱和屋面梁而形成。

1. 排架结构

钢排架结构单层厂房由屋架（屋面梁）、排架柱、吊车梁、基础、各种支撑、围护结

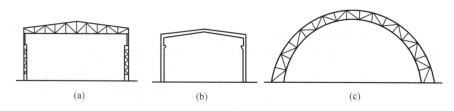

图 13-73　钢结构单层厂房形式

(a) 排架结构；(b) 刚架结构；(c) 拱架结构

构等组成，如图 13-74 所示。具有空间大、承受荷载大、耐疲劳、容易满足生产工艺要求等特点，是单层重型工业厂房如冶金工厂的平炉车间、重型机器制造厂的铸钢车间、锻压车间等的主要结构形式。

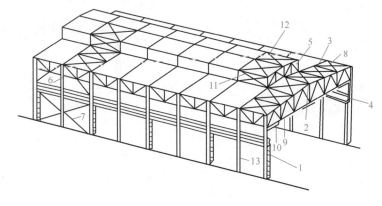

图 13-74　排架结构厂房的组成

1—框架柱；2—屋架（屋面梁）；3—中间框架；4—吊车梁；5—天窗架；6—托架；7—柱间支撑；8—屋架上弦横向水平支撑；9—屋架下弦横向水平支撑；10—屋架纵向支撑；11—天窗架垂直支撑；12—天窗架横向支撑；13—墙梁柱

2. 刚架结构

刚架结构单层厂房目前大多为轻型钢结构。轻型钢结构是在普通钢结构的基础上发展起来的一种新型结构形式，由圆钢、小角钢、薄壁型钢或薄壁钢板通过焊接或螺栓连接而成，与普通钢结构相比，具有自重轻、钢材用量省、施工速度快、抗震能力强等优点，是单层工业厂房应用较广泛且很有发展前途的一种结构。

目前，刚架结构单层厂房主要采用轻型门式刚架。轻型门式刚架适用于荷载较小、跨度较小的中小型厂房。

(1) 轻型门式刚架的组成

轻型门式刚架主要由刚架梁（刚屋架）、刚架柱、屋面檩条、墙面檩条（墙梁）、支撑、围护结构等组成，如图 13-75 所示。

(2) 轻型门式刚架结构形式

轻型门式刚架结构是梁、柱单元构件的组合体，其形式种类多样，如图 13-76 所示。

多跨门式刚架可采用双坡或单坡屋面，必要时也可采用多个双坡单跨相连的多跨刚架形式。根据通风、采光的需要，门式刚架厂房可设置通风口、采光带和天窗架等。

(3) 轻型门式刚架构件选型及连接

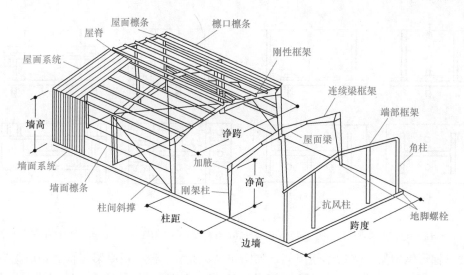

图 13-75　轻型门式刚架的组成

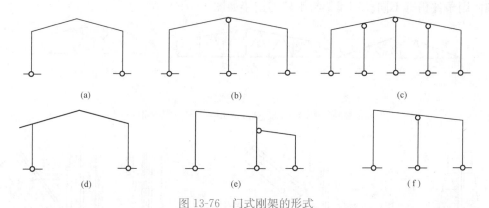

图 13-76　门式刚架的形式

（a）单跨刚架；（b）双跨刚架；（c）多跨刚架；（d）带挑檐刚架；（e）带毗屋刚架；（f）单坡刚架

1）刚架柱

根据跨度、荷载的不同，门式刚架的钢柱可采用变截面或等截面的实腹焊接工字形截面，也可采用轧制 H 形截面。设有桥式吊车时，柱应采用等截面构件。

① 刚架柱与屋面刚架梁的连接

钢柱通过高强螺栓与屋面钢梁连接，其连接形式有斜面连接和直面连接。

② 刚架柱与基础的连接

刚架柱通过地脚螺栓与钢筋混凝土基础连接。门式刚架的柱脚多按铰接支承设计，通常为平板支座，设一对或两对地脚螺栓。图 13-77（a）所示是在柱下端仅焊一块底板，柱中压力由焊缝传给底板，再传给基础，这种形式是一种简单的柱脚构造形式，适用于小型柱。截面较大的 H 形钢柱常采用图 13-77（b）～图 13-77（d）所示的形式，在柱端部与底板之间增设中间传力部件，如靴梁、隔板和肋板等，这样可将底板分隔成几个区格，使底板的弯矩减小，同时增强柱与底板的连接焊缝强度。

2）钢屋架与刚架梁

钢屋架的结构形式主要取决于所采用的屋面材料及厂房的使用要求。主要包括三角形

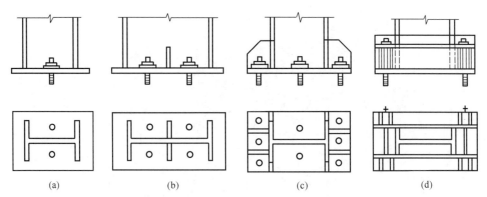

图 13-77　门式刚架柱脚形式

（a）一对锚栓的连接柱脚；（b）两对锚栓的连接柱脚；（c）带加劲肋的连接柱脚；（d）带靴梁的刚接柱脚

钢屋架、梯形钢屋架、多边形钢屋架，如图 13-78 所示。轻型钢屋架与普通钢屋架在本质上无较大差别，两者的设计方法原则相同，只是轻型钢屋架的杆件截面尺寸较小，连接构造和使用条件稍有不同。钢屋架与钢柱的连接如图 13-79 所示。

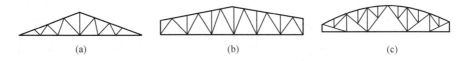

图 13-78　钢屋架形式

（a）三角形钢屋架；（b）梯形钢屋架；（c）多边形钢屋架

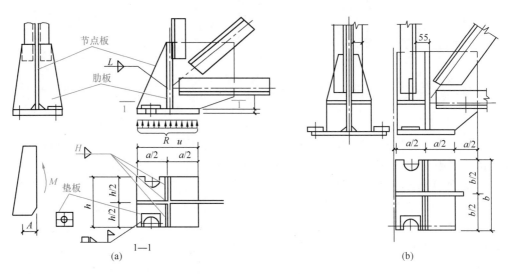

图 13-79　屋架支座节点

（a）杆件交于一点；（b）杆件不交于一点

3）檩条与墙梁

轻钢屋面檩条、墙梁采用高强镀锌彩色钢板经辊压成型，截面形状有槽形、H 形、Z 形等，其规格尺寸应根据国家标准《冷弯薄壁型钢结构技术规范》GB 50018—2002 设计而定，如图 13-80 所示。檩条可通过高强螺栓直接连接在屋面梁翼缘上，也可连接在屋面梁上的檩条挡板上，如图 13-81 所示。

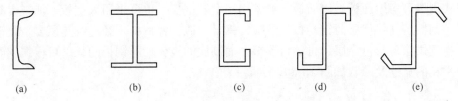

图 13-80　檩条截面形式

（a）槽形截面；（b）H 形截面；（c）卷边槽形截面；（d）直卷边 Z 形截面；（e）斜卷边 Z 形截面

4）支撑及系杆

　　支撑包括屋面支撑和柱间支撑，支撑一般由十字交叉式斜腹杆组成，交角在 $30°\sim60°$ 之间，通常由单角钢或双角钢组成。支撑与屋架应采用高强度螺栓连接，如图 13-82 所示。

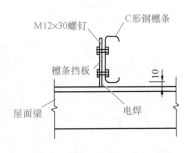

图 13-81　檩条与屋面梁的连接

　　系杆通常设在屋架两端，在横向支撑或垂直支撑节点处应沿厂房通长设置；在屋架上弦平面内，无檩体系屋盖应在屋脊处和屋架端部设置系杆；有檩体系屋盖只在有纵向天窗的屋脊处设置系杆。系杆分刚性系杆和柔性系杆，刚性系杆一般由两个角钢组成，柔性系杆通常由单角钢和圆钢组成。

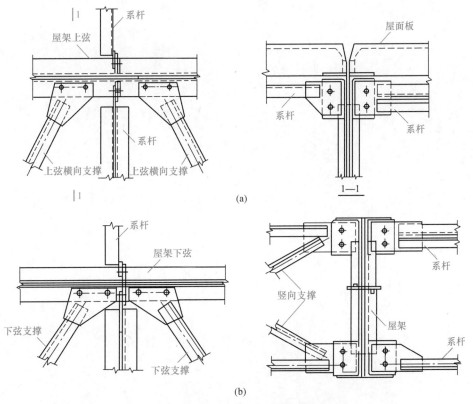

图 13-82　支撑的连接

（a）屋架上弦支撑连接；（b）屋架下弦支撑连接

5）屋面、墙面彩钢板

门式刚架厂房屋面板、墙面板一般采用压型彩钢板，也可采用太空板、加气混凝土板等。彩色钢板是高强优质薄钢卷板（热镀锌钢板、镀铝锌钢板）经连续热浸合金化镀层处理后，连续烘涂各彩色涂层，再经机器辊压而制成的板材。彩钢板的长度可根据实际尺寸而定，常见的宽度及形状如图 13-83 所示。

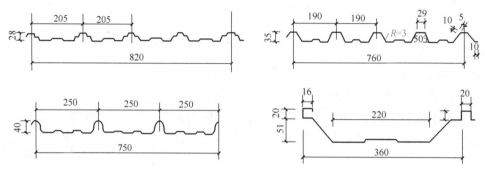

图 13-83　彩钢板形状规格

14　建 筑 施 工 图

学习目标

知识目标：通过学习，了解房屋建筑施工图的组成，熟悉建筑施工图的组成和图示内容与方法，掌握建筑施工图的识读方法及步骤。

能力目标：通过技能训练，能正确理解建筑施工图中表达的内容，具备识读建筑施工图的基本技能。

建筑施工图是用来表达建筑物构配件的组成、外形轮廓、平面布置、结构构造、设备设施、装饰装修等做法的工程图纸，是建筑工程技术人员表达设计思想、交流设计意图、组织工程施工、监理工程、完成工程预算的重要依据。建筑工程施工图按专业分工不同，可分为：建筑施工图（简称"建施"）、结构施工图（简称"结施"）、电气施工图（简称"电施"）、给水排水施工图（简称"水施"）、采暖通风施工图（简称"暖施"）、装饰装修施工图（简称"装施"）。本章主要介绍建筑施工图。

房屋施工图
分类演示

建筑施工图
识读演示

建筑施工图由建筑设计师通过建筑设计完成，主要表达的是建筑物的总体布局、内部布置、外部造型、内外装饰装修和细部构造，是进行建筑结构、水、暖、电和装饰装修等专业设计的依据。建筑施工图是施工定位放线、确定各部位施工做法、进行施工组织设计、工程监理和编制工程预决算的重要技术文件。

建筑施工图一般包括首页图、总平面图、建筑平面图、建筑立面图、建筑剖面图、建筑详图等。

14.1　首页图和总平面图

1. 首页图

首页图放在整套建筑施工图第一页，一般包括图纸目录、建筑设计说明、工程做法和门窗表等。

（1）图纸目录

图纸目录主要反映了专业图纸内容和编排顺序，是快速查阅图纸的主要依据。图纸目录一般按专业图纸排序，包括图纸序号、图别与图号、图纸名称和图幅等。某单元式住宅建筑施工图的图纸目录见表14-1。

图 纸 目 录

表 14-1

序号	图别与图号	图纸名称	图幅	备注
1	建施-01	设计说明、工程做法、门窗表	A2	
2	建施-02	总平面图	A2	
3	建施-03	地下室平面图	A2	
4	建施-04	一层平面图	A2	
5	建施-05	标准层平面图	A2	
6	建施-06	屋顶平面图	A2	
7	建施-07	⑩—①立面图	A2	
8	建施-08	①—⑩立面图	A2	
9	建施-09	单元平面图、Ⓐ—Ⓓ立面图	A2	
10	建施-10	1—1剖面图、2—2剖面图	A2	
11	建施-11	墙身大样图	A2	
12	建施-12	楼梯平面图、楼梯剖面图、楼梯详图	A2	
13	建施-13	阳台详图、雨篷详图	A2	

（2）建筑设计说明

建筑设计说明是以文字形式表达工程概况和施工要求的图样内容，是对整个工程项目全局性的说明，主要内容如下：

1）项目概况。一般包括建筑名称、建设地点、建设单位、建筑面积、建筑基底面积、项目设计规模等级、设计使用年限、建筑层数和建筑高度、建筑防火分类和耐火等级、人防工程类别和防护等级、人防建筑面积、屋面防水等级、地下室防水等级、主要结构类型、抗震设防烈度等，以及能反映建筑规模的主要技术经济指标，如住宅的套型和套数（包括每套的建筑面积、使用面积）、旅馆的客房间数和床位数、医院的门诊人次和住院部的床位数、车库的停车泊位数等。

2）依据性文件名称和文号，如批文、本专业设计所执行的主要法规和所采用的主要标准（包括标准名称、编号、年号和版本号）及设计合同等。

3）设计标高。工程的相对标高与总图绝对标高的关系。

4）对采用新技术、新材料的做法说明及对特殊建筑造型和必要的建筑构造的说明。

5）门窗性能（防火、隔声、防护、抗风压、保温、气密性、水密性等）、用料、颜色、玻璃、五金件等的设计要求。

6）幕墙工程（玻璃、金属、石材等）及特殊屋面工程（金属、玻璃、膜结构等）的性能及制作要求（节能、防火、安全、隔声构造等）。

7）电梯（自动扶梯）选择及性能说明（功能、载重量、速度、停站数、提升高度等）。

8）建筑防火设计说明。

9）无障碍设计说明。

10）建筑节能设计说明。主要包括：

①设计依据；

②项目所在地的气候分区及围护结构的热工性能限值；

③建筑的节能设计概况、围护结构的屋面（包括天窗）、外墙（非透明幕墙）、外窗（透明幕墙）、架空或外挑楼板、分户墙和户间楼板（居住建筑）等构造组成和节能技术措施，明确外窗和透明幕墙的气密性等级；

④建筑体形系数计算、窗墙面积比（包括天窗屋面比）计算和围护结构热工性能计算，确定设计值。

11）根据工程需要采取的安全防范和防盗要求及具体措施，隔声减振减噪、防污染、防射线等的要求和措施。

12）需要专业公司进行深化设计的部分，对分包单位明确设计要求，确定技术接口的深度。

13）其他需要说明的问题。

（3）工程做法表

工程做法表是对建筑物各部位如楼地面、墙体、墙身防潮层、地下室防水、屋面、外墙面、勒脚、散水、台阶、坡道等的构造做法的列表说明（表14-2）。如采用标准图集中的做法时，应注明标准图集的代号、做法编号，如果对标准图集中某项内容有改动时在备注中说明。

工程做法表　　　　　　　　　　　　　　表 14-2

分类	名称	工程做法	工程范围	备注
楼地面	水泥砂浆楼地面	1：2水泥砂浆抹面压实赶光	楼梯间、阳台、地下室	
		素水泥浆结合层一道		
		40厚1：2：3细石混凝土随打随抹		
	铺地砖楼面	钢筋混凝土楼板	客厅、餐厅、卧室	
		10厚地砖铺面，干水泥擦缝		
		撒素水泥面（洒适量清水）		
		20厚1：4干硬性水泥砂浆结合层		
		40厚1：2：3细石混凝土随打随抹		
		钢筋混凝土现浇楼板		
内墙面	抹灰内墙面	喷内墙涂料	内墙面	除卫生间以外
		5厚1：2.5水泥砂浆罩面压实赶光		
		13厚1：3水泥砂浆打底扫毛		
		素水泥浆一道（内掺水重3.5%的807胶）		
	釉面砖内墙面	贴5厚釉面砖，白水泥擦缝	卫生间内墙面	
		8厚1：0.1：2.5水泥石灰膏砂浆结合层		
		12厚1：3水泥砂浆打底扫毛		
		......		

注：表中项目可根据工程需要增减。

（4）门窗表

门窗表是对建筑物所选用门窗的类型、编号、数量、尺寸规格等统计的列表（表 14-3），作为产品选型、工程预算的依据。为了标注方便，门窗一般用相应的代号进行表达，门的代号为"M"，编号为 M-1、M-2……，有时也用"M 宽高"来表示，如 M1020 表示门洞口的宽度为 1000mm、高度为 2000mm。窗的代号为"C"，编号方法与窗相同。特殊门窗用相应的代号，如平开门连窗的代号为"LCM"，弹簧门的代号为"HM"，推拉窗的代号为"TC"。

门　窗　表　　　　　　　　　　　　表 14-3

类别	设计编号	洞口尺寸（mm）		樘数	采用标准图集及编号		备　注
		宽	高		图集代号	编号	
门	M-1	1000	2100	24	12J4-1	1M17	木门
	M-2	900	2100	72	12J4-1	1M37	木门
	M-3	900	1900	24	12J4-1	1M02	木门，高度改为 1900
窗	C-1	1500	1500	48	12J4-1	2TC3-55	塑钢推拉窗
	C-2	1200	1200	12	12J4-1	2TC1-44	塑钢推拉窗
	C-3	1200	1500	12	12J4-1	2TC1-45	塑钢推拉窗
	C-4	900	1500	12	12J4-1	2TC1-35	塑钢推拉窗
	C-5	1200	600	22	12J4-1	2TC1-43	塑钢推拉窗，高度改为 600

注：采用非标准图集的门窗应绘制门窗立面图及开启方式。

2. 总平面图

总平面图是将拟建建筑周围一定范围内的新建、已建、计划拆除的建筑物连同周围地形、地物，用水平投影法表达出的图样。它主要反映新建建筑的平面形状、位置、朝向和与周围环境的关系，是新建建筑的施工定位、土方施工、进行施工总平面设计的重要依据。

（1）建筑总平面图的内容

1）新建建筑物的位置、名称、层数及与周围环境的位置关系；

2）已有建筑物、构筑物的位置、尺寸；

3）场地内的广场、停车场、运动场地、道路、围墙、无障碍设施、排水沟、挡土墙、护坡等设施和道路红线、建筑控制线、用地红线等的位置；

4）场地地形变化情况；

5）指北针或风玫瑰图；

6）图名和绘图比例。

（2）建筑总平面图的图示要求

1）绘图比例

由于总平面图需要表达的范围较大，故一般采用较小的比例绘制，常用比例为 1：300、1：500、1：1000、1：2000。总平面图应按上北下南的方位关系布图，当受场地形状或布局影响时，可向左或右偏转，但不宜超过 45°。

2）计量单位

总平面图中的坐标、标高、距离均以"米"为单位。坐标以小数点标注三位，不足以"0"补齐；标高、距离以小数点后两位数标注，不足以"0"补齐。

3）坐标

坐标用来标定各建筑物之间的相对位置及与其他建筑物、参照物的相对位置关系。一般建筑总平面图中的坐标有建筑坐标系和测量坐标系两种，都属于平面坐标系，均以方格网络的形式表示。建筑坐标系一般是由设计者自行制定的坐标系，它的原点由设计者确定，两轴分别以"A、B"表示；测量坐标系是与国家或地方的测量坐标系相关联的，两轴应画成交叉十字线，坐标代号宜用"X、Y"表示，其中 X 轴方向是南北向并指向北，Y 轴是东西向并指向东。

坐标值为负数时，应注"－"号；为正数时，"＋"号可以省略。

4）标高

标高用来标注总平面图中各处的高度位置，总平面图中的标高应为绝对标高，当标注相对标高时，则应注明相对标高与绝对标高的换算关系。

①绝对标高

绝对标高亦称海拔高度，是以我国青岛市附近黄海平均海平面作为零点而测定的高度尺寸。

②相对标高

相对标高是将房屋底层的室内主要地坪高度定为零点（±0.000）而测定的高度尺寸。相对标高用于除总平面图以外其他施工图的标注，标高数字应注写到小数点以后第 3 位。

5）指北针、风玫瑰图

总平面图中应绘制指北针或风玫瑰图。指北针表示房屋朝向，风玫瑰图表示常年风向频率和风速，两者可结合绘制。

风向频率玫瑰图（简称风玫瑰图）表示总平面图所在地的全年（细实线表示）及夏季（细虚线表示）风向频率总体情况，是根据该地区多年平均统计的各个方向吹风次数的百分率，并按一定比例绘制，一般用 16 个罗盘方位表示。风玫瑰图上的风向（吹向）指从外面吹向地区中心，我国部分城市的风玫瑰图如图 14-1 所示。

6）建筑红线

建筑红线，指城市规划管理中，控制城市道路两侧沿街建筑物或构筑物（如外墙、台阶等）靠临街面的界线。建筑红线是国家规划部门批注建设单位的占地范围，一般用红笔画在图纸上，是产生法律效力的红色图线，任何临街建筑物或构筑物不得超过。

建筑红线一般由道路红线和建筑控制线组成。基底与道路邻近一侧，一般以道路红线为建筑控制线。

7）建筑物、构筑物的名称

总平面图上的建筑物、构筑物应在图上直接注写名称，当图样比例小或图面无足够位置时，也可编号列表编注在图内。当图形过小时，可标注在图形外侧附近处。

8）建筑物的层数、高度

建筑地上层数用 F 表示，地下层数用 D 表示。如"12F/2D"表示该建筑物地上层数12 层，地下层数 2 层。

9）图例

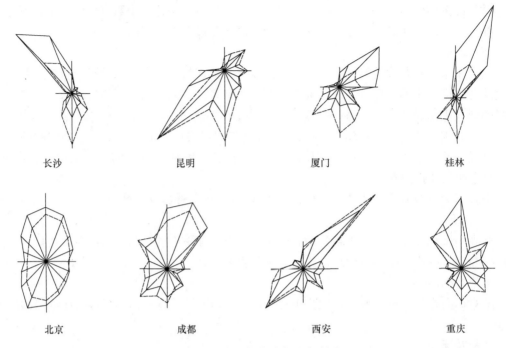

图 14-1　我国部分城市风玫瑰图

　　建筑总平面图是根据正投影的原理绘制的，由于图中内容多，为了表达方便，常见内容应采用《总图制图标准》GB/T 50103—2010 规定的图例，见表 14-4。如果采用国标中没有规定的图例，必须在图中另加说明。

总平面常见图例 表 14-4

序号	名称	图例	备　注
1	新建建筑物	$\frac{X=}{Y=}$　　○ ① 12F/2D H=59.00m ▲	新建建筑物以粗实线表示与室外地坪相接处±0.000外墙定位轮廓线。 　建筑物一般以±0.000高度处的外墙定位轴线交叉点坐标定位。轴线用细实线表示，并标明轴线号。 　根据不同设计阶段标注建筑编号，地上、地下层数，建筑高度，建筑出入口位置（两种表示方法均可，但同一图纸采用一种表示方法）地下建筑物以粗虚线表示其轮廓。 　建筑上部（±0.000以上）外挑建筑用细实线表示。 　建筑物上部连廊用细虚线表示并标注位置
2	原有建筑物		用细实线表示
3	计划扩建的预留地或建筑物		用中粗虚线表示

续表

序号	名称	图例	备　注
4	拆除的建筑物	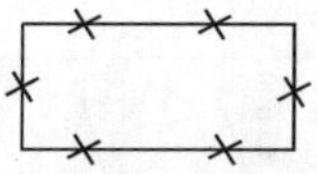	用细实线表示
5	铺砌场地	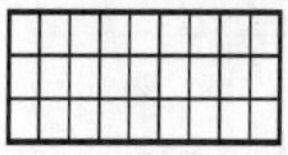	—
6	敞棚或敞廊	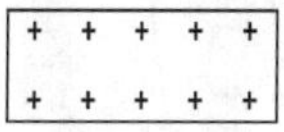	—
7	水池、坑槽		也可以不涂黑
8	围墙及大门	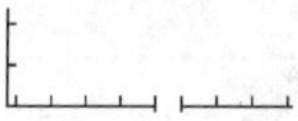	—
9	台阶及无障碍坡道	1. 2. 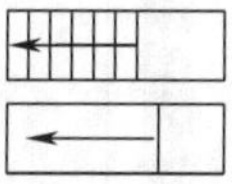	1. 表示台阶（级数仅为示意） 2. 表示无障碍坡道
10	坐标	1. 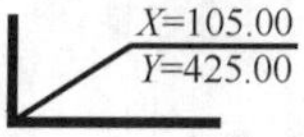 $X=105.00$ $Y=425.00$ 2. $A=105.00$ $B=425.00$ 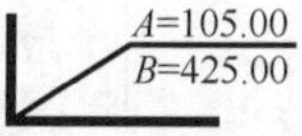	1. 表示地形测量坐标系 2. 表示自设坐标系 坐标数字平行于建筑物标注
11	室内地坪标高	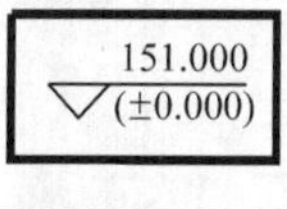 151.000 (±0.000)	数字平行于建筑物书写
12	室外地坪标高	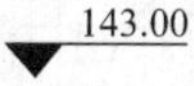 143.00	室外标高也可采用等高线
13	盲道		—
14	地下车库入口	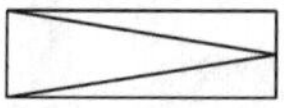	机动车停车场

（3）建筑总平面图的识读方法

现以某小学校园的总平面图为例，说明总平面图的识读方法，如图 14-2 所示。

1）先看总平面图区域形状、了解方位、当地风向及地形地貌

小学校园的总平面图为一矩形，左侧为活动区，右侧为教学及办公区。从图中右侧的风向频率玫瑰图可知该总平面为上北下南、左西右东。建筑场地范围内常年主导风向为西北风。从等高线变化可以看出，该校园地形北部高，南部低。

2）了解新建建筑位置及周围环境情况

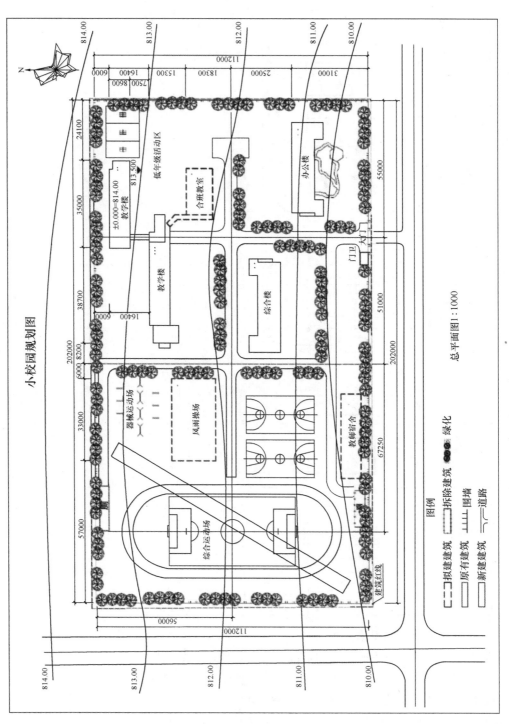

图14-2 某小学校园总平面图

从图 14-2 中可知，校园右侧已有 3 层教学楼一栋及 2 层的综合楼和办公楼各一栋，新建建筑位于校园东北角，为一栋教学楼。已有教学楼右侧预留合班教室用地（虚线）。校园左侧已有综合运动场及篮球场，在篮球场旁边预留风雨球场用地，校园南边预留教室宿舍用地，紧邻围墙。该校园围墙为砖围墙，校园大门位于东南角。沿校园围墙内侧及校园内道路一侧均设有绿化。

3）熟悉新建建筑的工程性质、定形定位尺寸、室内外标高

图中新建教学楼为三层，长、宽分别为 35.00m，8.60m。教学楼北距北围墙 6.00m，东距东围墙 24.10m，南距原有教学楼 7.80m。教学楼一层地面±0.000m 相当于绝对标高 814.00m，室外地面标注处标高 813.10m。

14.2　建筑平面图

1. 建筑平面图的形成

建筑平面图包括楼层平面图和屋顶平面图。楼层平面图是假想用一水平剖切面沿各层门窗洞位置（一般在窗台上方）将房屋剖切后，对剖切面以下部分所做的水平投影图。屋顶平面图是站在屋顶之上对屋顶做的水平投影图。

建筑平面图是施工放线、砌筑墙体、安装门窗、室内装修、施工备料、施工组织设计和编制工程预算的依据。

2. 建筑平面图的图示内容

（1）图名和绘图比例；

（2）建筑物的布局和朝向、纵横向定位轴线及编号；

（3）各种房间布置、墙柱的断面形状及尺寸、门窗的位置及编号；

（4）室内设备和固定家具、主要建筑构造部件（如散水、台阶、雨篷等）；

（5）楼梯及电梯位置；

（6）建筑内外部的尺寸、地面标高、详图索引符号；

（7）预留洞口管道等；

（8）一层平面图需绘制指北针和剖面图形成的剖切位置，屋顶平面图需表达出屋面坡度、雨水口等。

3. 建筑平面图的图示要求

（1）建筑物的布局和朝向

建筑物的布局和朝向应与总平面图中建筑的方向一致，且建筑物的长边应与横式幅面图纸的长边一致。

建筑物的主要出入口在哪面墙上，就称建筑物朝哪个方向。建筑物的朝向由画在底层平面图上的指北针来表示。

（2）图名

房屋有几层，一般就应绘制出几个楼层平面图和屋顶平面图，但在多层和高层建筑中，一般中间各层布局和功能相同，可只画一个标准层平面图，这时建筑平面图一般包括底层平面图、标准层平面图、顶层平面图和屋顶平面图。当建筑物有地下室时，建筑平面图还应包括地下层平面图，如地下一层平面图、地下二层平面图等。图的下方注明相应的

图名。

1）底层平面图

底层平面图（又称首层平面图、一层平面图）除了表达出建筑内部的结构和布置外，还应画出室外的台阶、散水，并应绘出剖面图的剖切符号和指北针，指北针应画在明显位置。

2）标准层平面图

标准层平面图只表达建筑内部的结构、布置和对外出入口上部的雨篷，不再绘制室外台阶、散水等。

3）顶层平面图

顶层平面图只表达建筑内部的结构和布置情况。

在同一张图纸上绘制多于一层的平面图时，各层平面图宜按层数由低到高的顺序，从左至右或从下至上布置。

4）屋顶平面图

屋顶平面图是房屋顶面的水平投影，在屋顶平面图中，用中粗实线绘制屋顶轮廓，用细实线表示檐口、檐沟、屋面坡度、分水线与雨水口的投影，突出屋顶水箱间，屋面上人孔、消防梯及其他构筑物等内容。较简单的房屋可省略不画。

（3）绘图比例

建筑平面图的绘图比例有 1∶50、1∶100、1∶150、1∶200、1∶300 等，应根据建筑物大小和复杂程度来选定，通常采用 1∶100。但一幢建筑的楼层平面图宜采用相同的比例。

建筑平面图采用不同的绘图比例，图样表达的内容和方法有一定的差别：

1）比例大于 1∶50 的平面图，应画出抹灰层、保温隔热层等，并宜画出材料图例；

2）比例等于 1∶50 的平面图，宜绘出保温隔热层，抹灰层的面层线应根据需要确定；

3）比例小于 1∶50 的平面图，可不画出抹灰层；

4）比例为 1∶100～1∶200 的平面图，可画简化的材料图例；

5）比例大于 1∶200 的平面图，可不画材料图例。

（4）图线

建筑平面图中被剖切的主要建筑结构如墙体、柱的轮廓线应采用粗实线，门扇采用中粗实线，未被剖切到的构造如室外台阶、散水、雨篷、楼梯等和尺寸线、构配件的图例线等用细实线绘制。

（5）尺寸标注

建筑平面图中应标注尺寸，以反映各部分的尺寸大小。建筑平面图中的尺寸包括外部尺寸和内部尺寸。

1）外部尺寸

建筑平面图外一般标注三道尺寸，由内到外分别是：细部尺寸、定位尺寸和总尺寸，一般标注在图样的下方及左侧。若建筑平面不对称，则应在四周均标注尺寸。

第一道细部尺寸，标注建筑物外墙各细部的位置及大小。某些细部尺寸可单独标注。

第二道定位尺寸，标注定位轴线间距，用以说明房间的开间和进深。开间指的是房间两相邻横向定位轴线之间的距离；进深指的是房间两相邻纵向定位轴线之间的距离。

第三道总尺寸，从墙或柱的外表面算起，标注建筑物外轮廓的总尺寸（总长、总宽）。

2）内部尺寸

主要标注建筑内部的门窗洞、墙体及固定设备的大小和位置。

（6）标高

建筑平面图不同高度处均应标注标高，除总平面图以外的标高均为相对标高。建筑工程图中的标高分为建筑标高和结构标高。

1）建筑标高

建筑标高表示的是建筑完成装饰装修后的装饰层表面高度。

2）结构标高

结构标高表示的是建筑在装饰装修前构件表面的高度，不包括粉饰层厚度，是构件的安装或施工高度。通常，建筑标高可按下式计算：

$$建筑标高＝结构标高＋装饰层厚度$$

（7）房间的名称或编号

建筑平面图应注写房间的名称或编号，编号应注写在直径为 6mm 细实线绘制的圆圈内，并应在同张图纸上列出房间名称表。

（8）门窗编号

应在门窗的附近注出门窗的编号，门窗编号由代号和序号组成，门的代号为 M，窗的代号为 C。

（9）建筑平面图图例

建筑平面图需要表达的内容很多，对于建筑平面图中一些常见构造和配件的画法，为了表达方便、统一，在现行国家标准《建筑制图标准》GB/T 50104—2010 中做出了明确规定，见表 14-5。

常见构造及配件画法图例　　　　　　　　　　　表 14-5

序号	名称	图　例	备　注
1	楼梯	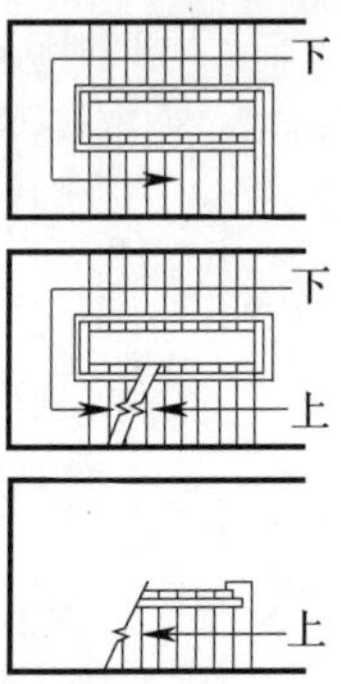	1. 上图为顶层楼梯平面；中图为中间层楼梯平面；下图为底层楼梯平面 2. 需设置靠墙扶手或中间扶手时，应在图中表示
2	坡道	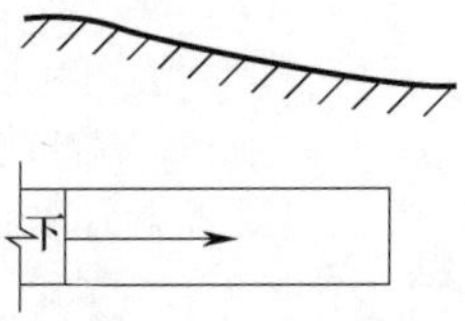	长坡道

续表

序号	名称	图　例	备　注
3	平面高差	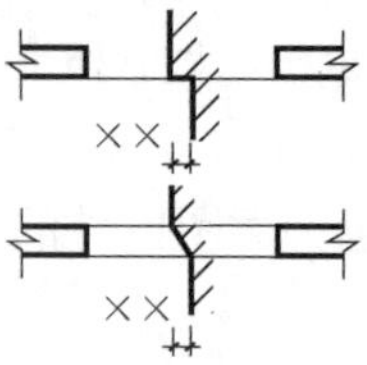	用于高差小的地面或楼面交接处，并应与门的开启方向协调
4	检查口		左图为可见检查口，右图为不可见检查口
5	孔洞		阴影部分亦可填充灰度或涂色代替
6	坑槽		—
7	地沟	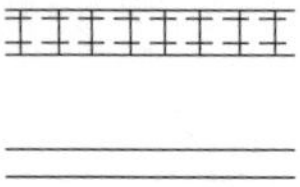	上图为活动盖板地沟，下图为无盖板明沟
8	烟道	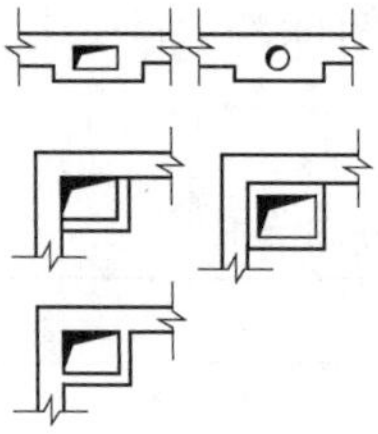	1. 阴影部分亦可涂色代替 2. 烟道、风道与墙体为相同材料，其相接处墙身线应连通 3. 烟道、风道根据需要增加不同材料的内衬
9	风道	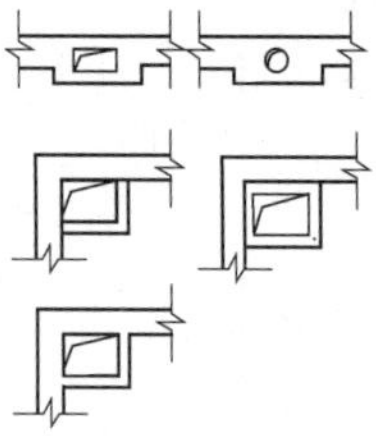	
10	新建的墙和窗	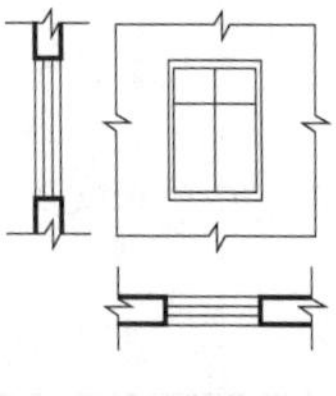	1. 左侧图为窗的剖面图；右侧上为窗的正面图；右侧下为窗的平面图 2. 后面的窗与门相同

续表

序号	名称	图例	备注
11	上悬窗	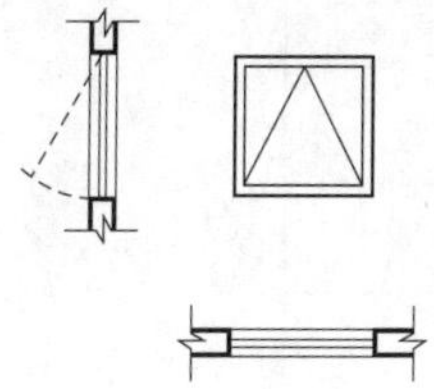	1. 窗的名称代号用C表示 2. 平面图中，下为外，上为内 3. 立面图中，开启线实线为外开，虚线为内开。开启线交角的一侧为安装合页一侧。开启线在建筑立面图中可不表示，在门窗立面大样图中需绘出 4. 剖面图中，左为外，右为内，虚线仅表示开启方向，项目设计不表示 5. 附加纱窗应以文字说明，在平、立、剖面图中均不表示 6. 立面形式应按实际情况绘制
12	单层外开平开窗	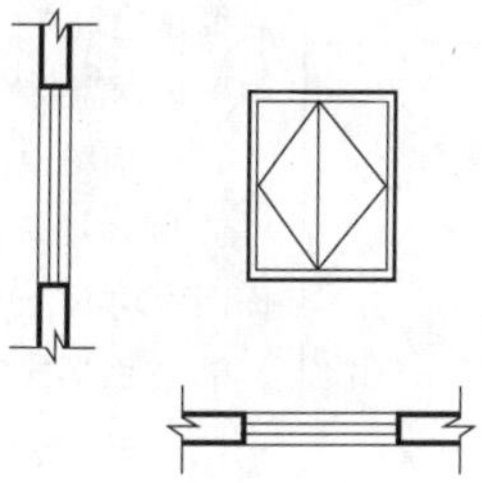	1. 窗的名称代号用C表示 2. 平面图中，下为外，上为内 3. 立面图中，开启线实线为外开，虚线为内开。开启线交角的一侧为安装合页一侧。开启线在建筑立面图中可不表示，在门窗立面大样图中需绘出 4. 剖面图中，左为外，右为内，虚线仅表示开启方向，项目设计不表示 5. 附加纱窗应以文字说明，在平、立、剖面图中均不表示 6. 立面形式应按实际情况绘制
13	单层推拉窗	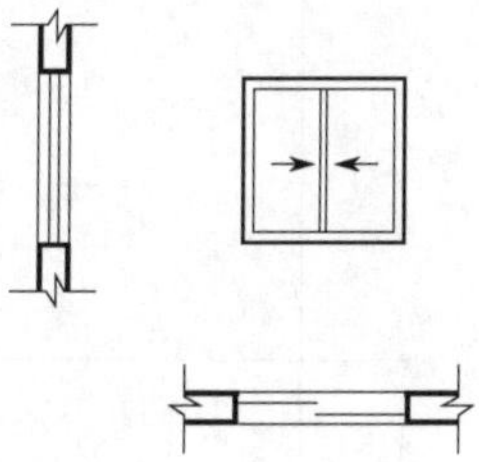	1. 窗的名称代号用C表示 2. 立面形式应按实际情况绘制
14	百叶窗	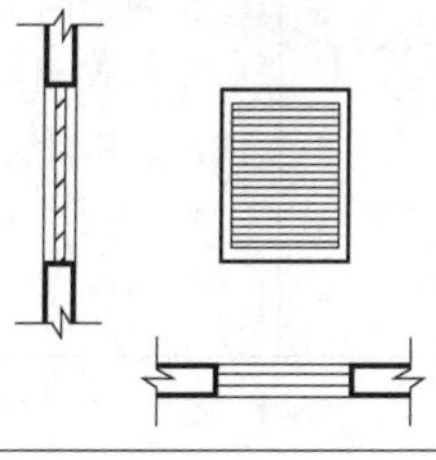	—
15	空门洞	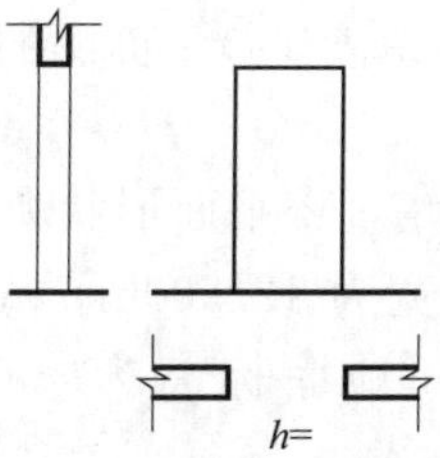 $h=$	h 为门洞高度

续表

序号	名称	图　例	备　注
16	单扇平开或单向弹簧门	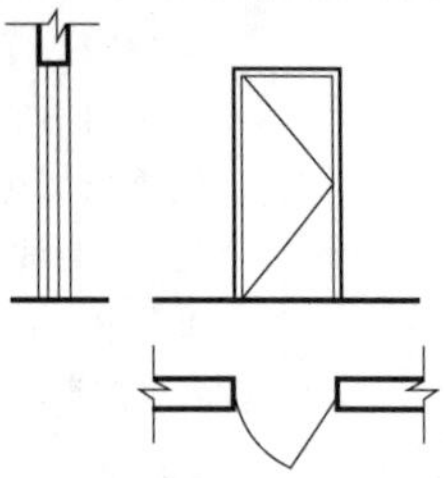	
	单扇平开或双向弹簧门	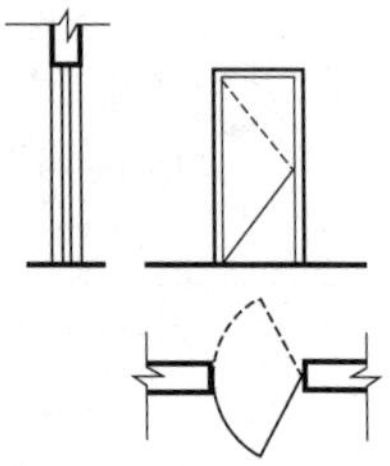	1. 门的名称代号用 M 表示 2. 平面图中，下为外，上为内。门开启线为 90°、60°或 45° 3. 立面图中，开启线实线为外开，虚线为内开。开启线交角的一侧为安装合页一侧。开启线在建筑立面图中可不表示，在立面大样图中可根据需要绘出 4. 剖面图中，左为外，右为内 5. 附加纱扇应以文字说明，在平、立、剖面图中均不表示 6. 立面形式应按实际情况绘制
	单面开启双扇门（包括平开或单面弹簧）	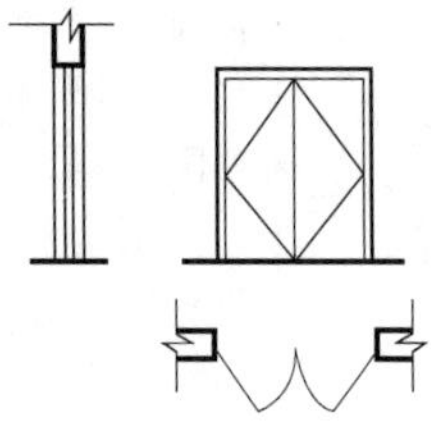	
	双面开启双扇门（包括双面平开或双面弹簧）	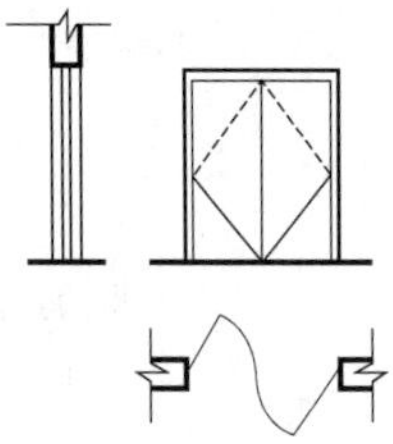	
17	折叠门	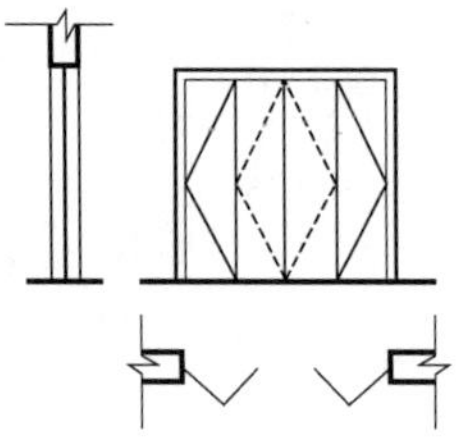	1. 门的名称代号用 M 表示 2. 平面图中，下为外，上为内 3. 立面图中，开启线实线为外开，虚线为内开。开启线交角的一侧为安装合页一侧 4. 剖面图中，左为外，右为内 5. 立面形式应按实际情况绘制

4. 建筑平面图的识读

下面以××市某培训中心培训楼为例阐述识读建筑平面图的方法。

(1) 识读底层平面图（图 14-3）

1) 该图为底层平面图，比例为 1:100。培训楼平面形状大致为"一"字形，北面为入口，单外廊，培训楼总长为 38.200m，总宽为 12.500m。底层室内主要地坪标高为 ±0.000，走廊地面标高为 −0.020，卫生间地面标高为 −0.040，室外地坪标高为 −0.500。底层主要用房为教室、备课室。

2）定位轴线。墙身中心线为定位轴线。横向定位轴线自西向东为①—⑩，纵向定位轴线从南向北为Ⓐ—Ⓓ，其中Ⓐ/2、Ⓐ/8、Ⓐ/A为附加定位轴线。

3）北面入口处设三级室外台阶，踏面宽度为300mm。台阶踏步构造做法需查阅图集《中南地区工程建设标准设计建筑图集》11ZJ901（室外装修及配件）第8页、第14个详图。台阶平台即为走廊，走廊宽度为2000mm，走廊及楼梯间地面标高为－0.020，并设有1%坡度，以利于排除雨水。室外设散水，宽度为800mm，构造做法需查阅图集《中南地区工程建设标准设计建筑图集》11ZJ901（室外装修及配件）的第4页、第2个详图。

4）本培训楼设有两部楼梯，对称设置于东、西两侧，每部楼梯走向由箭头所示。底层楼梯平台与室外台阶的边缘处设有台阶挡墙，挡墙厚度为240mm，具体构造做法需查阅图集《中南地区工程建设标准设计建筑图集》11ZJ901（室外装修及配件）的第5页、第2个详图。

5）底层使用房间包括两间备课室、三间教室和一间卫生间。每间教室内均设有讲台及磁性黑板。讲台构造做法需查阅图集《中南地区工程建设标准设计建筑图集》11ZJ901（室外装修及配件）的第38页A图。磁性黑板构造做法需查阅图集《中南地区工程建设标准设计建筑图集》11ZJ901（室外装修及配件）的第34页、第1个详图。卫生间设有隔墙、洗手盆、污水池、小便槽、大便槽和地漏。图中看不出卫生间洁具布置的具体尺寸，需查阅卫生间大样图。

6）本培训楼为框架结构。框架柱截面尺寸为400mm×500mm。墙为填充墙，厚度为200mm。外墙外缘与柱外缘平齐，横向定位轴线与内墙、中柱的中心线重合。

7）门窗代号标注在图中，有M-1、C-1、C-2、C-3、C-4、C-6、C-7、C-8，其规格、数量等信息详见门窗表。

8）底层平面图中有两组剖切符号。其中编号为1—1剖切符号的剖切位置通过教室C-1、C-6窗洞口，剖切之后向西投影；编号为2—2剖切符号的剖切位置通过楼梯间的第2跑梯段，剖切之后向北投影。

（2）识读中间层平面图（图14-4）

1）该平面图为二至四层平面图，比例为1:100。二层教室楼面标高为3.900，三层教室楼面标高为7.800，四层教室楼面标高为11.700。走廊楼面比教室低20mm，卫生间地面比走廊地面低20mm。

2）走廊宽度为2000mm，并设有1%坡度，以利于排除雨水。走廊外侧设有栏板，栏板底部每隔5m设一根DN35硬塑泄水管（外伸300mm）。

3）北面走廊处有剖切索引符号，对应于详图①；南面外墙窗洞处有剖切索引符号，对应于详图②。

4）仅适用于二层走廊楼面建筑标高为3.880的详图①。栏板厚度为100mm，自楼面起高度为1000mm，板顶设有压顶。压顶内外两侧分别比栏板墙面宽80mm，压顶采用C20混凝土，内配钢筋网。压顶之上设有不锈钢栏杆。走廊楼板之下设有封口梁，封口梁顶面及底面分别向外各挑出一块装饰板。

5）适用于其他楼层（三层、四层）走廊楼面的详图①。与二层走廊不同之处为不设装饰板，代之以滴水构造处理。

6）详图②仅适用于二层教室楼面。通过详图②，并结合立面图，可知在二层楼板处，均设有两块装饰板，并闭合一周。因此在平面图中外墙面的外侧有一条轮廓线，即为装饰板边缘线。

7）走廊压顶栏杆设两道水平栏杆，顶部水平栏杆为 DN50 的不锈钢管，中部水平栏杆为 DN30 的不锈钢管。竖向立杆为 DN50 的不锈钢管，间距 600mm。

8）二至四层主要用作教室和备课室，门窗代号与底层对应位置的门窗相同。

（3）识读顶层平面图（图 14-5）

1）该图为顶层平面图，比例为 1：100。顶层主要使用房间为办公室、会议室和图书资料室。主要楼面标高为 15.600m，走廊楼面降低 20mm，卫生间地面比走廊地面低 20mm。

2）顶层除卫生间内部格局不同外，其他布局与二至四层相同。

（4）识读屋顶平面图（图 14-6）

1）该屋顶平面图包括了楼梯间顶层平面图，比例为 1：100。楼梯间通向屋顶，由 M-3 进入屋面。

2）屋面基本标高为 19.500m，采用有组织单坡排水，排水坡度为 2%。定位轴线①、③、⑤、⑦、⑨等处设有女儿墙出水口及雨水管。

3）楼梯间屋顶为弧形屋面（结合立面图看），采用无组织排水。

5. 建筑平面图的绘制方法和步骤

（1）绘制建筑施工图前的准备工作

1）确定绘制图样的内容与数量

根据房屋的外形、层数、建筑物内部构造的复杂程度和施工的具体要求，确定需绘制的图样的种类、数量及内容，并对各种图样及数量做全面规划、安排，方便前后对照读图，防止重复和遗漏，在保证施工需求的前提下，图样的数量尽量少。

2）选择合适的绘图比例

在保证图样能清晰表达其内容的情况下，根据各图样的具体要求和作用，尽量选用国家标准推荐的绘图比例。

3）合理组合与布置图样

图样组合就是在确定绘制图样的种类和数量之后，考虑哪几个图安排在同一张图纸上。在图幅大小许可的情况下，尽量保持各图之间投影对应关系。或将同类型的、内容关系密切的图样，集中在一张或顺序连续的几张图纸上，以便对照查阅。

相同比例的平面图、立面图、剖面图若绘制在同一张图纸上时，平面图与正立面图应长对正，平面图与侧立面图和剖面图应宽相等，正立面图与侧立面图和剖面图应高平齐。当房屋的体量较大时可把各层平面、各向立面和各个剖面按顺序连续绘制在几张图纸上，其相互对应的尺寸均应相同。

图样组合考虑完毕后，还要对每张图幅进行图面布置，包括图样、图名、尺寸、文字说明及表格等内容进行合理布置。使得每张图纸上主次分明、排列均匀紧凑，表达清晰，布置整齐。总之要根据房屋的复杂程度来进行合理安排和布置。

4）确定绘图顺序

绘制建筑施工图的顺序一般是按"平面图—立面图—剖面图—详图"的顺序进行，也可在画完平面图后，再画剖面图（或侧立面图），然后根据"长对正"和"高平齐"的投影关系再画正立面（背立面）图。

（2）建筑平面图的绘制步骤与方法

1）绘制定位轴线

绘制墙身定位轴线及柱网。画轴线时应该考虑布图的合理性和美观，先定最外两道横向定位轴线和纵向定位轴线，再根据开间和进深尺寸定出所有轴线。如图 14-7（a）所示。

2）绘制墙、柱等构件

根据墙体厚度绘制墙身轮廓线，根据柱截面尺寸绘制柱轮廓线。如图 14-7（b）所示。

3）绘制门、窗配件

先定门、窗洞的位置，应从轴线向两侧定出窗间墙宽，即可定出门、窗洞宽度位置，然后按门、窗图例绘制。如图 14-7（c）所示。

4）绘制卫生间、楼梯、阳台、台阶、散水等细部

绘制楼梯时，一般先绘制折断线，再画踏步、箭头。如图 14-7（d）所示。

5）加深、加粗图线

检查全图无误后，擦去多余的作图线，按现行国家标准规定的线型加粗、加深图线或上墨线。建筑平面图中被剖切的墙体、柱等构件的轮廓线以及剖切符号应采用粗实线；被剖切的门扇轮廓线、未被剖切的墙体轮廓线等应采用中实线；尺寸线、尺寸界限、索引符号、标高符号、指北针、引出线、地面的高差分界线等采用细实线。

6）标注轴线编号、标高、内部尺寸、外部尺寸、门窗编号、索引符号以及书写其他文字说明。

7）注写图名及比例

在平面图正下方注写图名及比例。在底层平面图中，还应绘制剖切符号及指北针。如图 14-7（e）所示。

(a)

图 14-7 平面图绘制步骤（一）

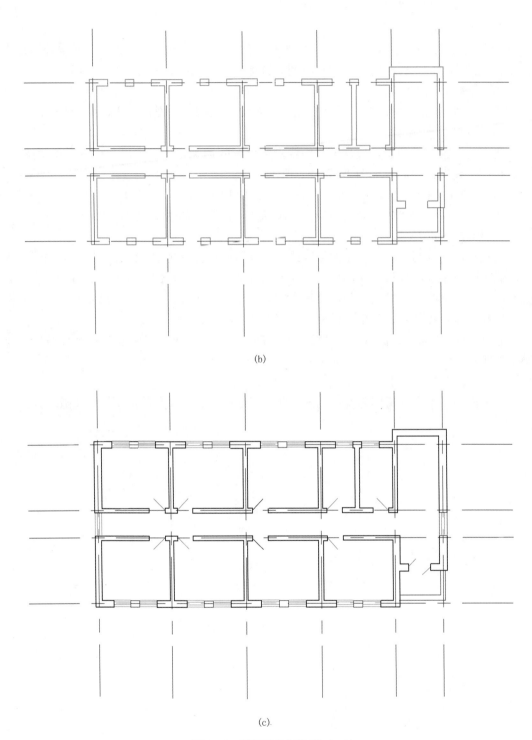

(b)

(c)

图 14-7　平面图绘制步骤（二）

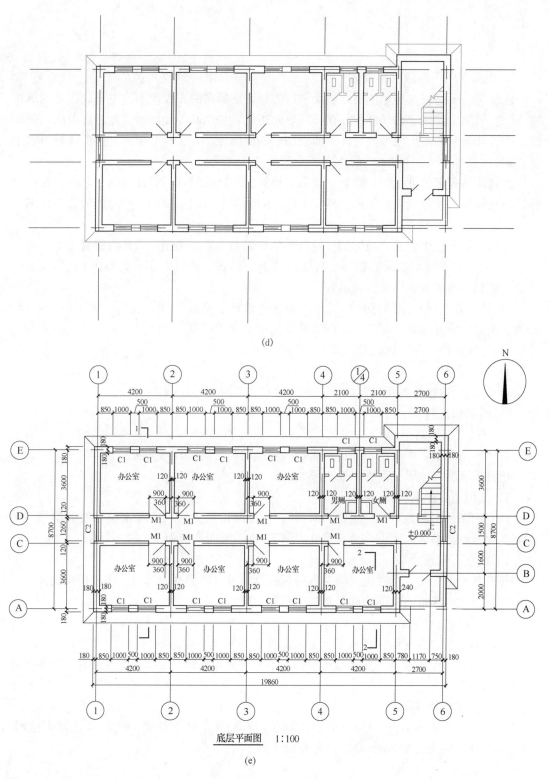

(d)

底层平面图 1:100

(e)

图 14-7 平面图绘制步骤（三）

14.3　建筑立面图

1. 建筑立面图的形成和命名

建筑立面图是在与房屋主要外墙面平行的投影面所做的正投影图，主要表达了建筑物的外轮廓形状、建筑立面局部构件在高度方向的位置关系和外墙面的装饰装修做法，是反映立面设计效果的重要图纸，是外立面造型、外墙面装修、工程概预算、施工备料等的重要依据。

当建筑物有定位轴线时，建筑立面图宜根据两端定位轴线号编注立面图名称；无定位轴线的建筑物可按建筑立面的朝向确定名称，如朝南的为南立面图，朝北的为北立面图。

2. 建筑立面图的图示内容

建筑立面图主要表达建筑物的外轮廓形状和墙面布置和做法，具体内容有：

1）室外地坪线及建筑的勒脚、台阶、花池、门窗、雨篷、阳台、室外楼梯、墙柱、檐口、屋顶、雨水管、墙面分格线等。

2）外墙各主要部位的标高与尺寸。如室外地面、台阶顶面、窗台、窗上口、阳台、雨篷、檐口、女儿墙顶、屋顶水箱间及楼梯间屋顶等的标高与尺寸。

3）建筑两端的定位轴线及其编号。

4）索引符号。

5）外墙面装修材料及其做法。

6）图名和比例。

3. 建筑立面图的识读

以××市某培训中心的培训楼阐述识读建筑立面图的步骤和方法。

（1）识读⑩—①轴立面图（图 14-8）

1）读图名、比例

该立面图的图名为"⑩—①轴立面图"，是按照建筑物底层两端定位轴线的编号命名的，若根据朝向命名，则图名为"北立面图"。该图绘图比例为 1∶100。

2）读立面轮廓

该建筑立面朝北，形状大致为左右两侧高的矩形，两侧高出部分为出屋面楼梯间的屋顶，屋顶形式为弧形。立面中间是建筑外廊和门窗。

3）读标高、尺寸

该立面图左、右两侧标高从下至上为室外地坪标高、室内地坪标高、门窗洞口标高、各层楼面标高、屋面标高、女儿墙压顶标高等，根据相关标高可读出高度尺寸，如相邻层标高差为层高。

4）读外墙面装修

底层外墙为贴规格为 200×300 的浅灰色仿石面砖，其他外墙面为浅黄色外墙涂料，楼面标高处分色线为 250mm 高灰白色外墙涂料。

5）读细部　·

该立面门窗洞口高度位置不一，门窗形式普通，二层楼盖处、屋盖处分别向外挑出两块装饰板，楼梯间弧形屋盖的圆弧半径为 34m。

（2）识读①—⑩轴立面图（图 14-9）

1）该立面图的图名为"①—⑩轴立面图"，是按照建筑物底层两端定位轴线的编号命名的，若根据朝向命名，则图名为"南立面图"。该图绘图比例为 1∶100。

2）底层外墙为贴规格为 200×300 的浅灰色仿石面砖，其他外墙面为浅黄色外墙涂料，楼面标高处分色线为 250mm 高灰白色外墙涂料。

3）图中左侧从下至上的标高依次为室外地坪标高、室内地坪标高、各层楼面标高、窗台标高、窗洞洞顶标高、屋面标高、女儿墙压顶标高。立面图右侧标高为卫生间窗台标高及窗洞洞顶标高。

4）出屋面楼梯间的门洞顶部设有板式雨篷，雨篷底部标高为 21.900m。

5）其他内容同正立面图。

（3）识读Ⓐ—Ⓓ立面图和Ⓓ—Ⓐ立面图（图 14-10）

1）这两个立面图是按照建筑物底层两端定位轴线编号命名的，Ⓐ—Ⓓ立面图按朝向命名应为"东立面图"，Ⓓ—Ⓐ立面图按朝向命名应为"西立面图"。两图的绘图比例为 1∶100。

2）图中看出该建筑东、西立面底层外墙为贴规格为 200×300 的浅灰色仿石面砖，其他外墙面为浅黄色外墙涂料，楼面标高处分色线为 250mm 高灰白色外墙涂料。

3）对照识读图中室外地坪标高、室内地坪标高、各层楼面标高、窗台标高、窗洞洞顶标高、屋面标高、女儿墙压顶标高。

4）其他内容与北立面图和南立面图相同。

4. 建筑立面图的绘制方法和步骤

（1）确定绘图位置和比例

图纸幅面可能的情况下，建筑立面图应位于平面图的上方，便于"长对正"对应画图。建筑立面图的比例应与平面图相同，常用 1∶100。

（2）绘制立面轮廓

立面轮廓线包括室外地平线、外墙轮廓线及屋脊线。根据图面部局先绘室外地坪线，室外地坪线应超出立面外墙边界线 10~15mm。绘制外墙轮廓线时，如果平面图和正立面图画在同一张图纸上，外墙轮廓线应由平面图的外墙外边线，根据"长对正"的原理向上投影而得。根据标高画出女儿墙压顶线或屋脊线，如图 14-11（a）所示。

（3）定门窗位置

确定层高、窗台、门窗顶、檐口等标高和平面图中的门窗洞口尺寸和位置，画出立面图中门窗洞口、阳台、檐口、雨篷、雨水管、花池等细部的外形轮廓。如图 14-11（b）所示。

（4）绘立面细部，画首尾轴线

画出门扇、窗扇、装饰线、墙面分格线等细部，在建筑物立面图上，相同的门窗、阳台、外檐装修、构造做法等可在局部重点表示，并应绘出其完整图形，其余部分可只画轮廓线。

建筑立面图只画两端的轴线并注出其编号，编号应与建筑平面图该立面两端的轴线编号一致。如图 14-11（c）所示。

（5）检查全图，无误后加深图线，标注必要的尺寸和注写图名等

室外地坪线用特粗实线 1.4b，建筑立面的外墙轮廓线、屋面檐口线或女儿墙压顶线

等采用粗实线 b 绘制。门窗、阳台、雨篷等构配件的轮廓应采用中粗实线。门窗细部分格线、墙面粉刷线等应采用细实线。

　　建筑物立面图上应标注挑檐板、雨篷板厚度等细部尺寸，标注室内外地坪、楼地面、地下层地面、阳台、平台、檐口、屋脊、女儿墙、雨篷、门、窗、台阶等处的完成面标高。平屋面等不易标明建筑标高的部位可标注结构标高，应进行说明。结构找坡的平屋面，屋面标高可标注在结构板面最低点，并注明找坡坡度。注写图名、比例、标题栏及相关文字说明。如图 14-11（d）所示。

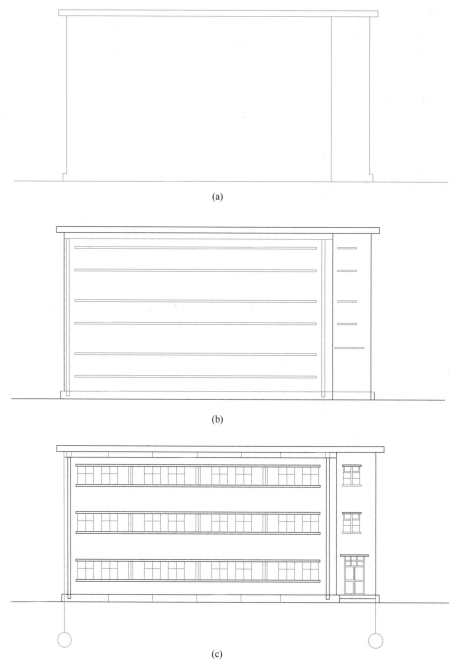

(a)

(b)

(c)

图 14-11　立面图绘制步骤（一）

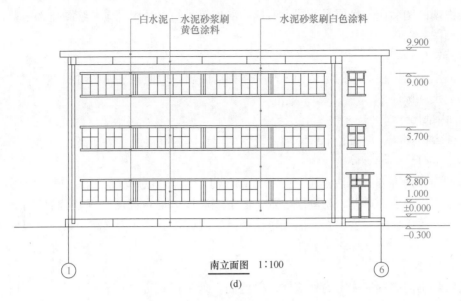

图 14-11　立面图绘制步骤（二）

14.4　建筑剖面图

1. 建筑剖面图的形成

建筑剖面图是按照建筑底层平面图中剖切符号表示的剖视方法所做的投影图，在立体层面上把建筑物的内部空间清晰地展示出来。剖面图用以表示建筑物内部的结构形式、构造层次、分层情况、竖向交通系统、层高、建筑物总高度、室内外高差及各部件竖向的相互关系等。

2. 建筑剖面图的图示内容

（1）剖面图中的内容包括剖切到的结构轮廓和未剖到的结构构件。

（2）剖面图最下面只绘出室内、外地坪线，地坪线以下用折断线省去不画。

（3）需在详图之处标注索引符号。

（4）主要建筑部位标高。

（5）地层、各楼层、屋面等的各层构造，一般可用引出线说明。

3. 建筑剖面图的图示要求

（1）剖切方法和位置

剖面图可以用一个剖切面剖切，也可用两个平行的剖切面剖切。剖切面一般均沿着建筑物的横向进行剖切，必要时也可沿建筑物的纵向剖切。

剖面图的剖切位置应选择在内部结构和构造比较复杂与典型的部位，并应通过门窗洞口。若为多层房屋，应选择在楼梯间或层高不同、层数不同的部位。

（2）剖面图的数量

剖面图的数量是根据建筑物的复杂程度和施工需要而定。"完整、准确地反映建筑竖向变化"是决定剖面图数量的基本原则。

（3）剖面图的图名与比例

剖面图的图名应与底层平面图上所标注剖切符号的编号相对应。绘图比例一般与平面图、立面图一致。

（4）定位轴线

剖面图中墙、柱对应的定位轴线与编号都需画出，以便与平面图对照。

（5）尺寸标注

1）内部尺寸

标注室内隔断、搁板、平台、墙裙及室内门窗等的高度及室内净高。

2）外部尺寸

沿剖面图高度方向标注三道尺寸：细部尺寸、层高、总高度。第一道尺寸为细部尺寸。表示室内外地面高差、防潮层位置、窗下墙高度（窗台高度）、门窗洞口高度、洞口顶面到上一层楼面的高度、女儿墙或挑檐板高度。第二道尺寸为层高。第三道尺寸为建筑高度。

（6）标高

建筑物剖面图宜标注室内外地坪、楼地面、地下层地面、阳台、平台、檐口、屋脊、女儿墙、雨篷、门、窗、台阶等处的完成面标高。平屋面等不易标明建筑标高的部位可标注结构标高；结构找坡的平屋面，屋面标高可标注在结构板面最低点，并注明找坡坡度。

建筑剖面图往往表达的不是建筑物的全高。当建筑物中间各层层高、结构类型相同时，为了节省图幅，常将中间各层只画出代表层，楼面标注各楼层的标高即可。窗洞口高度范围建筑构造少，也常省去部分高度，保留洞口底部、顶部构造，用连接符号相连。

（7）注写尺寸、标高、图名、比例及有关文字说明

建筑剖面图各部位标高及高度方向的尺寸应与立面图和平面图相一致。当有多个剖面图时，相邻剖面图宜绘制在同一水平线上，图内有关尺寸及标高，宜标注在同一竖线上。

4. 建筑剖面图的识读示例

以××市某培训中心的培训楼阐述识读建筑剖面图的方法，如图 14-11 所示。

（1）该图为 1—1 剖面图，绘图比例为 1：100，与平面图、立面图相同。

（2）在建筑底层平面图找到 1—1 剖切符号，观察剖视方向，与该图对照分析剖切到的和未被剖切到的部分。

（3）识读该图，该培训楼共五层，楼梯通向屋顶。

（4）该建筑各层层高均为 3.9m。建筑高度为 21.6m（突出屋面的楼梯间不计入建筑高度）。室外地坪标高为 -0.500，底层室内地坪标高为 ±0.000，二层楼面标高为 3.900，三层楼面标高为 7.800，四层楼面标高为 11.700，五层楼面标高为 15.600，屋面标高为 19.500，女儿墙压顶标高为 21.100。

（5）每层的层高 3900mm 由三部分组成，即窗台高度 900mm、窗洞高度 2100mm、洞顶过梁至楼面高度 900mm。

（6）该剖面图未完全按建筑全高绘制，中间楼层代表了二、三、四层的楼层。

5. 建筑剖面图的绘制步骤和方法

在绘制剖面图之前，根据底层平面图中的剖切符号，分析所要画的剖面图中剖切到的部分和未被剖切到的部分。

1）绘制室内、外地坪线、定位轴线、各层楼面线和屋面线，以及屋面檐口线或女儿

墙压顶线等，如图 14-12（a）所示。

2）画出柱和墙身轮廓线、楼板、屋顶的构造厚度，如图 14-12（b）所示。

3）绘制梁、板、梯段、楼梯平台、门窗洞、雨篷、阳台、花池、檐口、女儿墙、台阶等细部，如图 14-12（c）所示。

4）检查全图无误后，擦去多余的作图线，按现行国家标准规定的线型加粗、加深图线或上墨线。

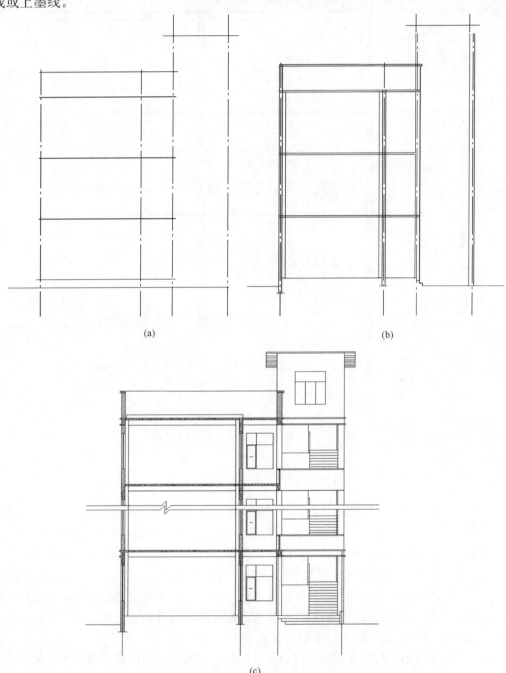

(a)　　　　　　　　　　　　　(b)

(c)

图 14-12　建筑剖面图绘图步骤（一）

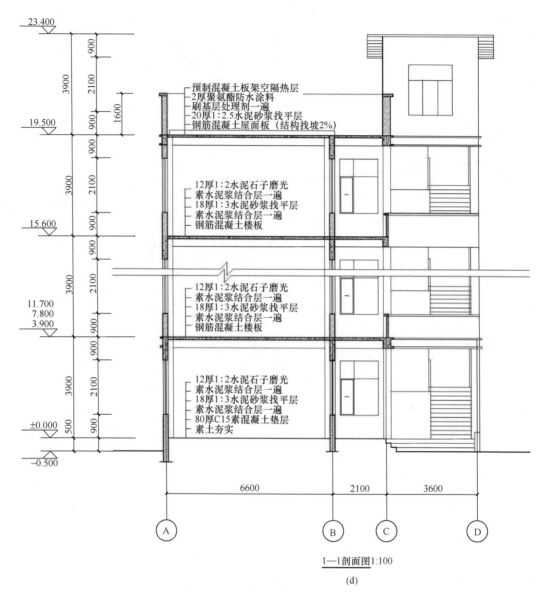

预制混凝土板架空隔热层
2厚聚氨酯防水涂料
刷基层处理剂一遍
20厚1:2.5水泥砂浆找平层
钢筋混凝土屋面板（结构找坡2%）

12厚1:2水泥石子磨光
素水泥浆结合层一遍
18厚1:3水泥砂浆找平层
素水泥浆结合层一遍
钢筋混凝土楼板

12厚1:2水泥石子磨光
素水泥浆结合层一遍
18厚1:3水泥砂浆找平层
素水泥浆结合层一遍
钢筋混凝土楼板

12厚1:2水泥石子磨光
素水泥浆结合层一遍
18厚1:3水泥砂浆找平层
素水泥浆结合层一遍
80厚C15素混凝土垫层
素土夯实

1—1剖面图1:100

(d)

图 14-12 建筑剖面图绘图步骤（二）

室外地坪线用特粗实线表示，被剖切的建筑构造（包括构配件）的轮廓线及剖切符号应采用粗实线，尺寸线、尺寸界限、索引符号、标高符号、详图材料做法引出线、粉刷线、保温层线、地面、墙面的高差分界线、图例填充线、家具线、纹样线等采用细实线。

建筑剖面图往往表达的不是建筑物的全高。当建筑物中间各层层高、结构类型相同时，为了节省图幅，常将中间各层只画出代表层，楼面标注各楼层的标高即可。窗洞口高度范围建筑构造少，也常省去部分高度，保留洞口底部、顶部构造，用连接符号相连。

5）注写尺寸、标高、图名、比例及有关文字说明。

建筑剖面图各部位标高及高度方向的尺寸应与立面图和平面图相一致。当有多个剖面图时，相邻剖面图宜绘制在同一水平线上，图内有关尺寸及标高，宜标注在同一竖线上，如图 14-12（d）所示。

14.5　建　筑　详　图

　　建筑详图是将建筑中构造复杂的部位、房间用较大的比例（一般为 1∶50～1∶20）绘制的详细图样，以便于指导施工。建筑详图主要有外墙详图、楼梯详图、门窗详图及厨房、浴室、卫生间详图等。为了正确理解详图在建筑中的位置，在建筑物的平、立、剖面图的对应位置应加注详图索引符号。

　　1. 外墙详图

　　外墙详图是外墙的剖面放大图，主要表达外墙与地坪层、楼板层、屋顶的连接构造及檐口、门窗过梁、窗台、雨篷、散水、勒脚、墙身防潮等的构造做法，是砌筑墙体、室内外装饰装修、安装门窗、材料准备、编制工程预算的重要依据。

　　（1）外墙详图的图示内容和方法

　　1）外墙详图宜用较大比例 1∶30～1∶20 绘制，其实质是外墙剖面详图，被剖切到的墙体和构件用粗实线绘制轮廓，内部用相应的材料图例填充，门窗用规定的图例表达。

　　2）外墙详图主要表达外墙的三个节点，墙脚节点、中间节点和檐口节点。

　　① 墙脚节点。主要表达一层窗台及以下勒脚、散水（明沟）、墙身防潮层、一层地坪层、踢脚等的细部构造做法和相互位置关系。

　　② 中间节点。主要表达建筑中间楼板层、门窗过梁、圈梁等的构造做法和相互位置关系。如果建筑的中间节点相同时，则不必将每层都画出，只画出具有代表性的一个，在楼面等相应位置标注各层标高。

　　③ 檐口节点。主要表达屋顶、檐口、女儿墙等的构造做法和相互位置关系。

　　3）外墙详图中的屋面、楼层和地面等多层构造，采用多层构造引出线加以说明。

　　4）每层窗洞口处的连接符号表示洞口沿高度将中间部分省去，但窗洞口标注的高度是设计高度，也是窗洞口的施工高度。

　　（2）外墙详图的识读方法

　　下面以××市某培训中心的培训楼的外墙详图为例（图 14-13），说明识读外墙详图的方法。

　　1）读图名、比例。该详图为Ⓐ轴线墙身详图，比例为 1∶20。

　　2）读墙脚构造。该外墙墙身厚度 200mm，砖墙，轴线居中；窗台高 900mm；采用混凝土散水，表面做 3%～5%排水坡；勒脚为水泥砂浆粘贴面砖；墙身材料为砖，墙身水平防潮层为配筋防水砂浆，低于室内地坪 60mm；地坪为水泥石子磨光面层。

　　3）读中间节点。该外墙窗洞口上过梁高 200mm，圈梁高 400mm，楼板层为水泥石子磨光面层。

　　4）读檐口节点。该屋顶采用 SBS 卷材防水，上部做了架空通风层；檐口为女儿墙檐口，高 1600mm，上部做了混凝土压顶。

　　5）该墙身外表面与柱子外表面相平。

　　2. 楼梯详图

　　虽然建筑剖面图一般会剖切到楼梯，但由于剖面图的绘图比例较小，反映不出楼梯详细构造，因此，建筑施工图一般应绘制楼梯详图。楼梯详图由楼梯平面图、楼梯剖面图、和楼梯节点详图（栏杆、扶手、踏步大样图）等组成，如图 14-14 所示。

（1）楼梯详图的图示内容和方法

1）楼梯平面图

①楼梯平面图是沿着本层窗台顶面（高于本层楼地面约 1.0m）作水平剖切后的水平投影图。一般每一层楼都要画一个楼梯平面图。三层以上的房屋通常只画首层、中间层和顶层三个平面图。三个平面图宜画在同一张图纸内，并互相对齐，以便于对照识读。

②各层平面图应画出楼梯间的平面及其定位轴线，并画出各段楼梯踏面的水平投影，在各梯段中间画出以楼层平台为基点行进方向的箭头，并标注"上""下"字样。

③各层上升的梯段被剖断位置用 45°折断线表示。

④楼梯平面图上开间、进深方向至少应各标注两道尺寸线，由内及外分别是细部尺寸、轴线尺寸。开间方向的细部尺寸需标注出楼梯井宽度、楼梯段宽度、定位轴线与墙（柱）表面的距离；进深方向的细部尺寸需标注出平台宽度、楼梯段水平投影长度、定位轴线与墙（柱）表面的距离，楼梯段水平投影长度的标注方式为"长度＝踏面宽×（踏步数目－1）"。

⑤标注各平台的标高和必要的细部尺寸。

⑥注意各层楼梯平面图的区别：

A. 楼梯底层平面图只能表达出上楼梯的第一跑梯段（上部用 45°折断线折断），并应标注出楼梯剖面图的剖切符号。如果该建筑有地下室，则需画出下地下室的楼梯段。

B. 楼梯标准层平面图既要画出上行梯段的投影，也要画出另一侧下行梯段与中间平台的投影。

C. 楼梯顶层平面图只有下行梯段与中间平台的投影，梯段中间画带箭头的细实线，并标注"下"字样。

2）楼梯剖面图

楼梯剖面图是假想用一铅垂面，通过某一梯段（在楼梯底层平面图中标出的剖切位置，并尽量通过门窗洞口）将楼梯间剖开，向未被剖到梯段方向投影，所形成的剖面投影图。楼梯剖面图的绘图比例应与楼梯平面图相同，表达的内容和方法如下：

① 若楼梯间的屋面没有特殊之处，一般不需画出。

② 在多层房屋中，若中间各层的楼梯构造相同时，剖面图可只画底层、标准层和顶层剖面，中间部分用折断线省略。

③ 被剖切到的梯段、平台轮廓用粗实线绘制，并填充相应的材料图例；未被剖切到的梯段和其他构造用细实线绘出其投影轮廓。

④ 表达建筑的楼地层、平台及其标高，梯段、栏板的高度尺寸。

⑤ 楼梯踏步、栏杆、扶手等另有详图时，需引注详图索引符号。

3）楼梯节点详图

楼梯第一梯段的起步、踏步、栏杆、扶手等节点采用特有设计做法时，需用较大比例，如 1∶5、1∶10、1∶20 画出节点详图。

（2）楼梯详图的识读方法与步骤

下面以图 14-14 所示的××市某培训中心培训楼的楼梯详图为例，说明识读楼梯详图的方法与步骤。

1）该楼梯为平行双跑楼梯，绘图比例为 1：50。两梯段等长，每个梯段踏步数为 13 级，故踏面数应为 12 个，踏面宽度为 280mm，梯段水平投影长度为 3360mm。

2）楼梯底层平面图，中间平台宽度为 1800mm，楼层平台宽度为 1040mm，楼层平台处标高为−0.020，在上行梯段另一侧标注有 A—A 剖切符号，投影方向朝向上行梯段。室外台阶设有 3 级，踏面宽度为 300mm，台阶平台宽度（即外走廊宽度）为 2000mm。

3）楼梯中间层平面图反映的是二、三、四、五层楼梯平面。中间平台上设有窗C-5。梯段宽度均为 1650mm，楼梯井宽度为 100mm。外走廊宽度为 2000mm。

4）楼梯顶层平面图为培训楼五层楼梯平面图，通向屋顶，故此设屋面出入口。出入口处设有台阶、门槛，及向外开启的平开门M-3。突出屋面的楼梯间封闭，设有窗 C-9。

5）该楼梯剖面图为 A—A 剖面图，与平面图中的剖切符号相对应。该楼梯各层层高均为 3.9m，室外地坪标高为−0.500。各楼地层走廊及楼梯间地面建筑标高均比相应楼层教室建筑标高低 20mm，以防止雨水流向室内。每跑梯段踏步数均为 13 级，踢面高度为 150mm，梯段的垂直投影高度为 1950mm；踏面数应为 12 个，踏面宽度为 280mm，梯段水平投影长度为 3360mm，与平面图一致。

6）由楼梯剖面图索引可知，该楼梯的楼梯段和栏杆扶手采用标准图，具体做法需查阅《中南地区工程建设标准建筑图集》11ZJ401 第 401 分册《楼梯分册》的相关内容。梯段应查阅第 12 页的 Y 图，楼梯扶手应查阅第 37 页的第 17 个详图；起步做法详见第 38 页的第 12 个详图，防滑做法详见第 39 页的第 1 个详图。

15　建筑结构施工图

学习目标

知识目标：通过学习，了解梁、板、柱等结构构件的受力特点和建筑结构施工图的组成，熟悉结构施工图的制图规定和钢筋混凝土结构平法表示方法，掌握钢筋混凝土梁、板、柱等结构构件的结构构造要求和钢筋混凝土结构施工图的识读方法。

能力目标：通过技能训练，能够理解混凝土梁、柱、板等常用构件的配筋要求，具备识读一套完整结构施工图的能力。

建筑施工图只表达了房屋的外形、内部布置、建筑构造等内容，并未表达承重构件的位置、材料、形状及大小等，而这些内容则需经过结构工程师设计，绘出结构施工图来表达，并作为施工的依据。

结构施工图是表示房屋建筑的基础、承重墙、柱、梁、板等承重构件布置、形状、尺寸、材料及相互关系的图样，此外，还应满足其他专业，如建筑、给水排水、暖通、电气等对结构的要求。结构施工图是制作、安装构件的依据，也是编制施工预算和进行施工组织设计的依据。建筑结构的类型不同，结构施工图的内容与表达也各不相同，但一般均包括结构设计说明、结构平面布置图及构件详图三部分内容。

1. 结构设计说明

结构设计说明以文字叙述为主，主要说明工程概况、设计依据、主要材料要求、构造要求及施工注意事项等。

2. 结构平面布置图

结构平面布置图是房屋承重结构的整体布置图，主要表示结构构件的位置、数量、型号及相互关系。常用的结构平面布置图有：基础平面图、楼层结构平面图、屋顶结构平面图等。

3. 构件详图

构件详图是表示单个构件形状、尺寸、材料、构造及工艺的图样。构件详图主要有：梁、柱、剪力墙、板及基础结构详图；楼梯结构详图；屋架结构详图等。

15.1　结构施工图概述

钢筋混凝土结构是指在混凝土中配置受力钢筋所形成的建筑结构，该结构是由梁、板、墙、柱、基础等基本构件按照一定组成规则，通过一定连接方式形成的空间结构骨架。钢筋混凝土结构中，钢筋主要承受拉力，混凝土主要承受压力，充分发挥了两种材料各自的力学性能优势，相对于其他结构而言，具有强度高、整体性好、耐久性与耐火性好、可模性良好等优点，因此，是目前建筑中采用最广泛的一种结构形式，但也存在自重大、抗裂性差、施工环节多、工期长等一些自身无法克服的缺点。

1. 钢筋混凝土结构施工图的制图规定

（1）制图规定

钢筋混凝土结构施工图是利用正投影法，按现行国家标准《房屋建筑制图统一标准》GB/T 50001—2017及《建筑结构制图标准》GB/T 50105—2010中的制图规定绘制的。绘制时，将混凝土假想成透明的，只画出其表面投影，钢筋用粗实线表达。结构施工图中，图线、线型、线宽应符合表15-1的规定。

结构施工图的图线规定　　　　　　　　　表 15-1

名称		线型	线宽	一般用途
实线	粗		b	螺栓、钢筋线、结构平面图中的单线结构构件线、钢木支撑及系杆线，图名下横线、剖切线
	中粗		$0.7b$	结构平面图及详图中剖到或可见的墙身轮廓线、基础轮廓线、钢、木结构轮廓线、钢筋线
	中		$0.5b$	结构平面图及详图中剖到或可见的墙身轮廓线、基础轮廓线、可见的钢筋混凝土构件轮廓线、钢筋线
	细		$0.25b$	标注引出线、标高符号、索引符号线、尺寸线
虚线	粗		b	不可见的钢筋线、螺栓线、结构平面图中不可见的单线结构构件线及钢、木支撑线
	中粗		$0.7b$	结构平面图中的不可见构件、墙身轮廓线及不可见钢、木结构构件线、不可见的钢筋线
	中		$0.5b$	结构平面图中的不可见构件、墙身轮廓线及不可见钢、木结构构件线、不可见的钢筋线
	细		$0.25b$	基础平面图中的管沟轮廓线、不可见的钢筋混凝土构件轮廓线
单点长画线	粗		b	柱间支撑、垂直支撑、设备基础轴线图中的中心线
	细		$0.25b$	定位轴线、对称线、中心线、重心线
双点长画线	粗		b	预应力钢筋线
	细		$0.25b$	原有结构轮廓线
折断线			$0.25b$	断开界线
波浪线			$0.25b$	断开界线

（2）结构施工图中的构件代号

在结构施工图中，结构构件一般采用简略画法，并在附近注明构件代号。构件代号通常以构件名称的汉语拼音第一个大写字母表示，并应符合《建筑结构制图标准》GB/T 50105—2010的规定，常用结构构件的代号见表15-2。

构件名称及代号   表 15-2

序号	名称	代号	序号	名称	代号	序号	名称	代号
1	板	B	19	圈梁	QL	37	承台	CT
2	屋面板	WB	20	过梁	GL	38	设备基础	SJ
3	空心板	KB	21	连系梁	LL	39	桩	ZH
4	槽形板	CB	22	基础梁	JL	40	挡土墙	DQ
5	折板	ZB	23	楼梯梁	TL	41	地沟	DG
6	密肋板	MB	24	框架梁	KL	42	柱间支撑	ZC
7	楼梯板	TB	25	框支梁	KZL	43	垂直支撑	CC
8	盖板	GB	26	屋面框架梁	WKL	44	水平支撑	SC
9	挡雨板或檐口板	YB	27	檩条	LT	45	梯	T
10	吊车安全走道板	DB	28	屋架	WJ	46	雨篷	YP
11	墙板	QB	29	托架	TJ	47	阳台	YT
12	天沟板	TGB	30	天窗架	CJ	48	梁垫	LD
13	梁	L	31	框架	KJ	49	预埋件	M—
14	屋面梁	WL	32	刚架	GJ	50	天窗端壁	TD
15	吊车梁	DL	33	支架	ZJ	51	独立基础	DJ
16	单轨吊车梁	DDL	34	柱	Z	52	条形基础	TJ
17	轨道连接	DGL	35	框架柱	KZ			
18	车挡	CD	36	构造柱	GZ			

（3）钢筋混凝土结构材料及其表达

1）钢筋的种类、级别和符号

钢筋混凝土结构常用的钢筋主要是热轧钢筋，热轧钢筋是用加热钢坯轧成的条形成品钢筋，是建筑工程中用量最大的类型，按外形可分为光圆钢筋和带肋钢筋，如图 15-1 所示。热轧光圆钢筋是经热轧成形，横截面为圆形，表面光滑的成品钢筋。热轧带肋钢筋是横截面为圆形，表面带肋的钢筋，具有强度高，应力集中敏感性小，抗疲劳性强，与混凝土共同工作效果好等优良特性，是混凝土结构中的主要钢筋类型。

建筑工程中常用的热轧钢筋见表 15-3。

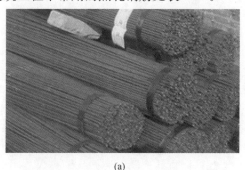
(a)

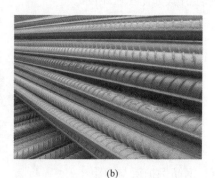
(b)

图 15-1 热轧钢筋

（a）热轧光圆钢筋；（b）热轧带肋钢筋

常用热轧钢筋的种类、代号及强度　　　　　　　　　表 15-3

种类		符号	常用直径（mm）	抗拉强度（N/mm²）
热轧钢筋	HPB300	Φ	8～20	300
	HRB335	Φ	6～50	335
	HRB400	Φ	6～50	400
	HRB500	Φ	8～40	500

2）钢筋的图示方法

结构施工图中，被剖到的钢筋横断面用涂黑的小圆点表示，钢筋沿长度方向的投影用粗实线表示，钢筋端部、接头的表示方法见表 15-4。

结构施工图中钢筋的表示方法　　　　　　　　　表 15-4

序号	名称	图例	说明
1	无弯钩的钢筋端部	———	下图表示长、短钢筋投影重叠时，短钢筋的端部用45°斜画线表示
2	带半圆形弯钩的钢筋端部	⊏	
3	带直钩的钢筋端部	⌐	
4	带丝扣的钢筋端部	///—	
5	无弯钩的钢筋搭接	✓—➤	
6	带半圆弯钩的钢筋搭接	⊏—⊐	

3）钢筋的标注

结构施工图中，一般采用引出线标注钢筋的详细信息，包括钢筋的编号、种类、直径、根数或间距等，编号采用阿拉伯数字，写在引出线端部直径为 6mm 的细实线圆中。具体标注方式如图 15-2 所示。

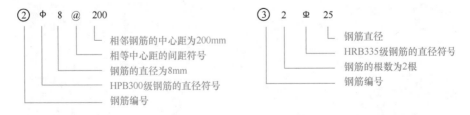

②　Φ 8 @ 200
　　　　　　相邻钢筋的中心距为200mm
　　　　　相等中心距的间距符号
　　　　钢筋的直径为8mm
　　　HPB300级钢筋的直径符号
　　钢筋编号

③　2 Φ 25
　　　　　　钢筋直径
　　　　　HRB335级钢筋的直径符号
　　　　钢筋的根数为2根
　　　钢筋编号

图 15-2　钢筋的标注

4）钢筋保护层与净距

为防止钢筋锈蚀和保证钢筋与混凝土间的黏结，钢筋表面必须有足够的混凝土保护层，如图 15-3(a) 所示。保护层厚度为钢筋外缘至构件混凝土表面的距离，应根据构件的类型和环境条件等因素确定，并应符合混凝土规范的要求。

为了便于混凝土浇筑，梁上部纵向钢筋的水平净距不应小于 30mm，且不小于钢筋直径的 1.5 倍；下部纵向钢筋的水平净距不应小于 25mm，且不小于钢筋直径；当梁下部纵向钢筋多于两层时，两层以上钢筋的水平中距应比下面两层的中距增大一倍。各层钢筋间的净距不应小于钢筋直径，并且不小于 25mm，如图 15-3（b）所示。

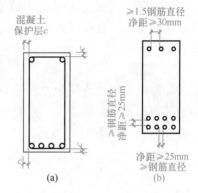

图 15-3 钢筋保护层厚度和净距
（a）钢筋保护层厚度；（b）钢筋的净距

2. 钢筋混凝土梁

（1）梁的受力分析

在工业和民用建筑中，钢筋混凝土梁是应用最为普遍的一种构件，以承受弯矩为主，是典型的受弯构件。受弯构件在外荷载作用下，截面同时承受弯矩和剪力的作用，在弯矩较大的区段可能发生由弯矩引起的混凝土正截面受弯破坏，在剪力较大的区段可能发生由弯矩和剪力共同作用而引起的斜截面受剪破坏，如图 15-4 所示。

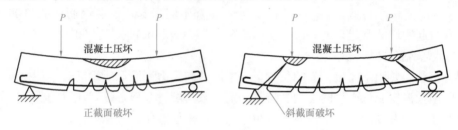

图 15-4 梁的破坏形式

为了防止梁发生上述破坏，需在梁中合理地配置一定数量的纵向钢筋和箍筋构成钢筋骨架，此时，混凝土主要承受压力，钢筋主要承受拉力。

（2）钢筋混凝土梁中钢筋的构造要求

梁中通常配置有纵向受力钢筋、箍筋、弯起钢筋及架立钢筋，如图 15-5（a）所示。当梁的截面腹板高度 $h_w \geqslant 450$mm 时，还应在梁侧设置构造钢筋，如图15-5（b）所示。

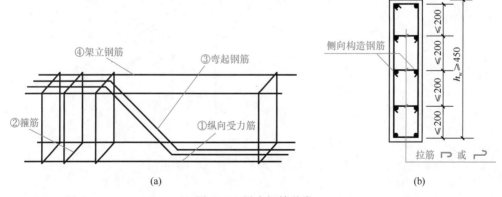

图 15-5 梁中钢筋种类
（a）梁中钢筋种类；（b）梁中构造筋

1）纵向受力钢筋

纵向受力钢筋通常布置于梁的受拉区，承受弯矩在梁中产生的拉力。当弯矩较大时，可在梁的受压区也布置受力钢筋。梁中纵向受力钢筋的直径和根数应通过计算来确定，钢筋直径一般为 12～25mm，根数不应少于 2 根。

2）箍筋

箍筋主要用来承受剪力和弯矩在梁中引起的主拉应力，并固定受力钢筋的位置，和其他钢筋共同形成钢筋骨架。梁中的箍筋应根据计算确定，有双肢箍、三肢箍、四肢箍、六肢箍等形式，如图 15-6 所示。

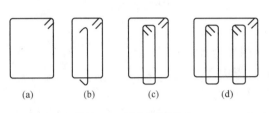

图 15-6　梁中箍筋形式

（a）双肢箍；（b）三肢箍；（c）四肢箍；（d）六肢箍

3）弯起钢筋

弯起钢筋由纵向受力钢筋向上弯起而成，除在跨中承受由弯矩产生的拉力外，在靠近支座的弯起段承受弯矩和剪力产生的主拉应力。弯起钢筋的数量、位置由计算确定，其弯起的顺序一般是先内层后外层、先内侧后外侧，梁底层钢筋中的角部钢筋不应弯起，顶层钢筋中的角部钢筋不应弯下。弯起钢筋的弯起角度一般为 45°，当梁高 $h > 800$mm 时弯起 60°。

4）架立钢筋

架立钢筋主要用于固定箍筋的位置，与梁底纵向受力钢筋形成钢筋骨架，并承受由于混凝土收缩及温度变化产生的拉力。架立钢筋一般需配置 2 根，设置在梁的受压区外缘两侧；如受压区配有纵向受压钢筋时，可由纵向受压钢筋兼作架立钢筋。

3. 钢筋混凝土柱

（1）柱的受力分析

钢筋混凝土柱以承受纵向压力为主，是典型的受压构件。根据柱所受纵向压力与其截面形心的相互关系，分为轴心受压和偏心受压等工作状态，如图 15-7 所示。根据柱偏心矩的大小和纵筋多少，又分为大偏心受压（偏心矩 e 较大）和小偏心受压两种类型。

（2）钢筋混凝土柱的构造要求

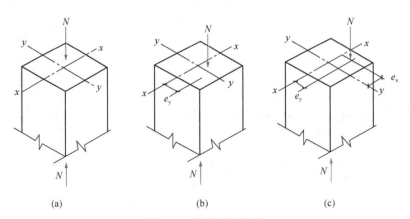

图 15-7　柱的受力分析

（a）轴心受压；（b）单向偏心受压；（c）双向偏心受压

1）截面形状和尺寸

考虑制作方便，轴心受压柱通常采用正方形截面，也可采用矩形截面或圆形截面；偏心受压柱通常采用矩形、工字形截面，柱的截面尺寸不宜过小。非抗震设计时矩形柱截面边长不宜小于 250mm，圆形截面柱直径不宜小于 350mm，当柱截面的边长在 800mm 以下时，一般以 50mm 为模数，边长在 800mm 以上时，以 100mm 为模数。

2）柱中钢筋

钢筋混凝土柱中的钢筋主要由纵筋和箍筋组成，如图 15-8 所示。

图 15-8　柱中钢筋

① 纵筋

纵筋是纵向受力钢筋的简称，主要承受由于弯矩、偶然偏心矩、混凝土收缩、温度变化引起的拉应力，并协助混凝土承受压力，防止脆性破坏；对受压偏心较大的柱，截面受拉区的纵筋则用来承受拉力。柱中纵筋的净距不应小于 50mm，选配时宜掌握大直径、少根数的原则，直径 d 不宜小于 12mm，根数不得少于 4 根，沿截面的四周均匀放置；圆形截面纵筋不宜少于 8 根，宜沿周边均匀布置。

② 箍筋

箍筋形状有矩形和螺旋形两种，如图 15-9（a）所示。其作用是固定纵筋，与之形成骨架，防止纵筋受压时压屈，并有效约束核心区混凝土变形，

构造柱中的钢筋构造

柱偏心受压时还可承受剪力。柱中箍筋应采用封闭式，末端应做 135°弯钩，弯钩末端平直段长度不应小于 5 倍箍筋直径（有抗震要求时，不应小于 10 倍箍筋直径），如图 15-9(b) 所示。箍筋直径不应小于 $d/4$（d 为纵筋的最大直径），且不

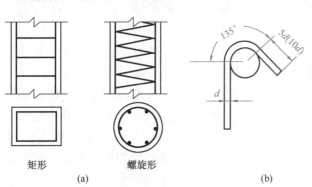

矩形　　　螺旋形
（a）　　　　　　　（b）

图 15-9　柱中箍筋的形状和末端弯钩
（a）柱中箍筋的形状；（b）箍筋末端弯钩

小于 6mm。箍筋间距与钢筋骨架形成方式有关，绑扎钢筋骨架时不应大于 15d（d 为纵筋最小直径），焊接钢筋骨架时不应大于 20d（d 为纵筋最小直径），且不应大于 400mm 和柱截面的短边尺寸。

4. 钢筋混凝土楼板

（1）钢筋混凝土楼板简介

钢筋混凝土板属于受弯构件，根据其支撑方式和长短边比例不同，可分为单向板和双向板。单向板指仅在或主要在一个方向受弯的板。双向板指两个方向均受弯的板。

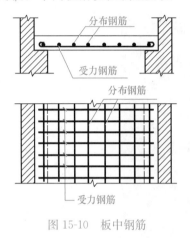

图 15-10　板中钢筋

（2）钢筋混凝土板中的钢筋构造

单向板沿短边方向布置受力钢筋，与短边垂直布置分布钢筋，如图 15-10 所示。双向板两个方向布置的均为受力钢筋。

1）受力钢筋

受力钢筋的配筋由计算确定，常用直径为 6、8、10、12mm 等，间距一般在 70～200mm 之间；当板厚 h＞150mm 时，受力钢筋的间距不应大于 1.5h，且不应大于 250mm。当板端支座为简支时，下部受力筋伸入支座的长度不应小于 5d（d 为受力钢筋直径）。

单向板的配筋方式有弯起式和分离式，如图 15-11 所示。弯起式配筋是将承受跨中正弯矩的一部分钢筋在支座附近弯起，并伸过支座后作负弯矩钢筋使用。弯起钢筋的弯起角度一般为 30°，当板厚 h＞120mm 时可为 45°。弯起式配筋整体性好，但施工不便。分离式配筋是将承担跨中正弯矩的钢筋全部伸入支座，在支座上另设负弯矩钢筋。分离式配筋整体性稍差，但施工方便，故在工程实际中使用非常普遍。

板支座处的负弯矩钢筋直径不应小于 8mm，对嵌固在承重砌体墙内的板，伸入板中的长度不宜小于板短边跨度的 1/7，端部做 90°弯钩，施工时撑在模板上。

2）分布钢筋

单向板中垂直于受力钢筋的为分布钢筋，应位于受力钢筋内侧。分布钢筋的起步位置应设在受力钢筋的转折处，并沿受力钢筋直线段均匀布置（在梁的宽度范围内不必布置）。分布钢筋按构造要求设置，直径不宜小于 6mm，间距不宜大于 250mm。

3）板面构造钢筋

板面构造钢筋，俗称扣筋。板面构造筋是考虑了可能的受力，但按规范要求不需计算，而按构造要求配置的钢筋。板面需要设置构造钢筋的主要有以下几种情况：

① 当钢筋混凝土板嵌固在承重墙内时，板的嵌固端因受约束而存在负弯矩，易沿平行于墙面方向产生裂缝，在板角产生斜向裂缝。为防止上述裂缝的出现，应在板端上部设置与板边垂直的板面构造钢筋。其配筋要求为：钢筋量不宜小于 Φ 8@200，钢筋伸入板内的长度从墙边算起不宜小于板短边跨度的 1/7；相邻两边嵌固在墙内的板角部分应配双向板面构造钢筋，该钢筋伸入板内的长度不宜小于 1/4，如图 15-12 所示。

② 周边与混凝土梁或墙整浇的单向板，应设置垂直于板边的板面构造钢筋。构造钢筋的截面积不宜小于板跨中相应方向纵向钢筋截面积的 1/3，且不宜小于 Φ 8@200，钢筋

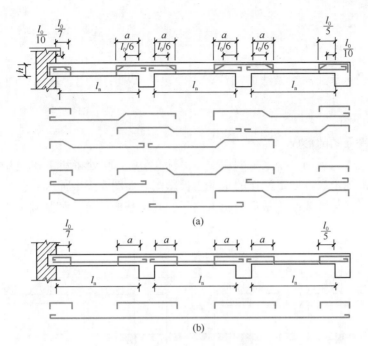

图 15-11 钢筋混凝土板的配筋方式

（a）弯起式配筋；（b）分离式配筋

从混凝土梁边、柱边、墙边伸入板内的长度不宜小于 $l_0/4$。砌体墙支座处钢筋伸入板内的长度不宜小于 $l_0/7$（l_0 为计算跨度，单向板按受力方向考虑，双向板按短边方向考虑）。构造钢筋在板角处应沿两个方向正交、斜向平行或放射状布置附加钢筋。

③ 当钢筋混凝土板的受力钢筋与梁平行时，应沿梁长度方向配置不少于 Φ 8@200 的板面构造钢筋（构造钢筋与梁垂直）。构造钢筋伸入板内的长度，从梁边算起每边不宜小于板净跨的 1/4，如图 15-13 所示。

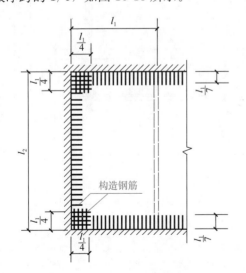

图 15-12 板面构造钢筋

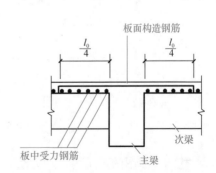

图 15-13 板面与梁垂直的构造钢筋

15.2 钢筋混凝土基础图

基础图是表达基础详细做法的图样，一般包括基础平面图、基础详图和必要的文字说明。

1. 基础平面图

（1）基础平面图的形成

基础平面图是假想用一个水平剖切面，沿标高±0.000 处将建筑物剖开，移去上部的房屋结构及其周围土层，向下所作的水平正投影图，如图 15-14 所示。它主要表示基础的平面布置及墙、柱与轴线的关系，为施工放线、开挖基槽（坑）和基础施工提供依据。

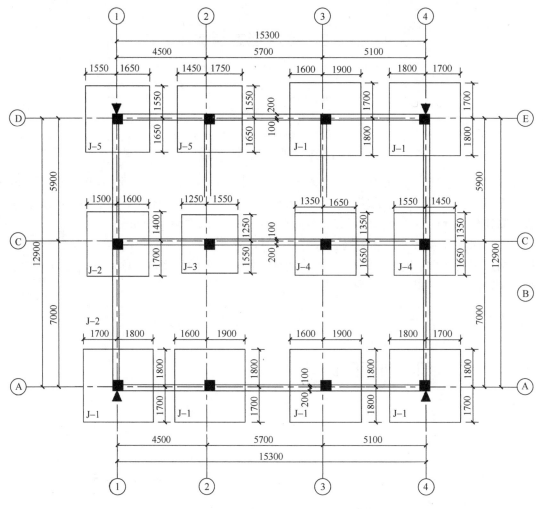

图 15-14 某框架结构独立基础平面图

（2）基础平面图的图示内容和方法

基础平面图主要包括：

1）图名、比例。基础平面图的比例一般与对应建筑平面图一致，常用 1∶100。

2）纵、横向定位轴线及编号。

3）基础墙、柱以及基础梁等构件

4）基础编号、基础断面图的剖切位置线及编号。

5）施工说明。即基础所用材料及强度等级、防潮层做法及施工注意事项等。

基础平面图的布局、大小、方向须与建筑平面图的一致，以便于对照识读。基础墙、基础梁的轮廓线为中粗实线，基础底面的轮廓线为细实线，柱子的断面一般涂黑，基础细部的轮廓线通常省略不画，各种管线及其出入口处的预留孔洞用虚线表示。

2.基础详图

（1）基础详图的形成

基础详图是假想用一个垂直剖切面在指定位置剖切基础得到的断面图，如图 15-15 所

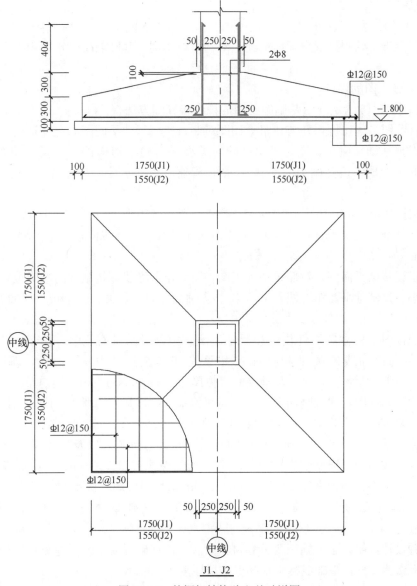

图 15-15　某框架结构独立基础详图

示。它主要反映基础的形状、尺寸、材料、配筋及埋置深度等详细情况。建筑中不同构造的基础均应分别画出其详图。当基础构造相同，而仅部分尺寸不同时，可用一个详图表示，但需标出不同部分的尺寸。

（2）基础详图的图示内容和方法

1）图名。一般用剖断编号或基础代号与编号来表示。

2）基础断面的形状、尺寸及配筋。

3）基础墙的厚度、防潮层的位置和做法。

4）基础梁或圈梁的尺寸及配筋。

5）与基础平面图相对应的定位轴线及编号。

6）室内外地面标高及基础底面的标高。

7）垫层的尺寸及做法。

8）施工说明等。

钢筋混凝土基础则只画出配筋情况，不画材料图例，基础混凝土轮廓用细实线，钢筋用粗实线。

3. 基础施工图的识读

下面以图 15-16 为例介绍基础施工图的识读步骤和方法。

（1）查看图名、比例，并与建筑平面图对照，校核基础平面图的定位轴线。

（2）根据基础平面布置图，了解基础的类型，明确结构构件的种类、位置和代号。从图 15-16 中看出，该基础形式为墙下条形基础；基础平面图中，涂黑的表示构造柱 GZ1。

（3）根据基础平面布置图，了解基础的布置情况。该基础位置由定位轴线确定，横向轴线间距分别为 2400mm、3600mm、10800mm、3600mm 和 2400mm，纵向轴距为 3000mm、3000mm 和 9000mm。

（4）识读基础平面图，对照设备施工图，明确设备管线穿越基础的准确位置和洞口的形状、大小。该基础平面布置图左下角 ①、②轴线之间预留洞口 500mm×400mm，洞口底面标高−0.750m。

（5）识读图中标注的构件代号和尺寸。该图中条形基础有 J-01、J-02、J-03 三种规格，它们和定位轴线的关系和具体尺寸见右侧详图。以 JC-01 为例，基础宽度为 1500mm，基础墙厚为 370mm，基础墙的定位尺寸 250mm 和 120mm 偏内布置。

（6）读基础详图，注意竖向尺寸与标高间关系，计算基础的埋置深度。从该基础详图可以看出，基础高度为 500mm，基础底部标高为−1.250m，基础埋置深度 1.25m。

（7）读基础详图，了解基础底板钢的直径、间距与位置，以及地圈梁、防潮层的位置、做法等。该基础垫层厚度为 100mm，垫层每边宽出基础 100mm；基础底板配筋为双向钢筋网片，一个方向为直径 12mm，间距 150mm 的 HPB300 级钢筋；另一个方向采用直径为 12mm，间距为 150mm 的 HRB335 级钢筋；基础圈梁高度 240mm，梁顶位于±0.000处。

（8）看设计说明，了解施工要求和材料做法。该基础混凝土强度等级为 C30，垫层混凝土强度等级为 C15；基础混凝土钢筋保护层厚度为 40mm。

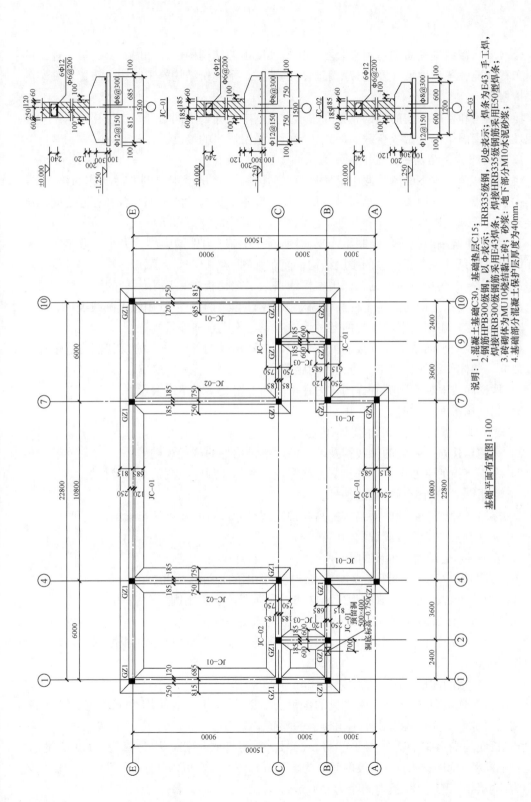

说明：1. 混凝土基础C30，基础垫层C15；HRB335级钢，以Φ表示；
2. 钢筋HPB300级钢，焊接HRB300级钢筋采用E43焊条，焊接HRB335级钢筋采用E50型焊条；
3. 砖砌体为MU10烧结黏土砖，地下部分混凝土保护层厚度为40mm。

基础平面布置图1:100

图 15-16 某基础平面图及详图

15.3　楼（屋）盖结构平面图

　　楼（屋）盖结构平面图是用来表示各楼层和屋顶的结构构件，如墙、梁、板、柱等的平面布置情况、各构件尺寸及楼板配筋情况的图纸，是建筑结构施工时构件布置、安装的重要依据。

　　屋顶结构和楼层结构的结构布置和图示方法基本相同，不同之处是当屋顶结构采用结构找坡时，屋面梁一般做成变截面形式，屋面板做出适当的坡度。

　　1. 楼（屋）盖结构平面图的图示方法

　　楼（屋）盖结构平面图是假想沿楼板面（屋面板）将房屋水平剖开后所作的楼（屋）盖结构水平投影图，用来表示每层梁、板、柱、墙等承重构件的平面布置和相互之间的结构关系，以及现浇楼板的尺寸和配筋。绘制结构平面图应注意以下要点：

　　1）多层建筑一般应分层绘制结构平面图，但如各层构件的类型、大小、数量、布置均相同时，可只画一个标准层的楼层结构平面布置图。

　　2）结构平面图中板的可见轮廓用中粗线表示，被楼板挡住而看不见的墙、柱和梁的轮廓用中虚线表示。钢筋混凝土柱断面需涂黑表示，梁的中心位置用粗点画线表示。

　　3）楼（屋）盖结构平面图中的各种构件用规定的代号和编号标记。

　　4）现浇板的平面图主要画板的配筋详图，表示出受力筋、分布筋及其他构造钢筋的配置情况，并注明编号、规格、直径、间距等。

　　5）楼梯间或电梯间因另有详图，可在平面图上用交叉对角线表示。

　　6）如结构平面对称时，应采用对称画法。

　　2. 楼（屋）盖结构平面图的图示内容

　　1）标注与建筑图一致的轴线网及墙、柱、梁等构件的位置和编号。

　　2）在现浇板的平面图上，画出其钢筋配置，并标注预留孔洞的大小及位置。

　　3）注明圈梁或门窗洞过梁的编号。

　　4）标注各种梁、板的底面结构标高和轴线间尺寸，有时还可注出梁的截面尺寸。

　　5）标注有关剖切符号或详图索引符号。

　　3. 楼（屋）盖结构平面图的识读

　　下面以图 15-17 为例介绍楼（屋）盖结构平面图的识读步骤与方法。

　　（1）识读图名、比例。该图为××层楼板配筋图，绘图比例为 1∶100。

　　（2）核对轴线编号及其间距尺寸是否与建筑图相一致。

　　（3）明确现浇板的厚度和标高。该图表达的是标高 17.560m 的楼板配筋图，楼板结构厚度 120mm。

　　（4）明确板的配筋情况，了解未标注分布筋的情况。

　　本图为某现浇单向板配筋图，板的配筋方式为分离式，钢筋均为 HPB300 级钢筋。由于结构对称，下面主要识读左下角楼板的配筋。

　　1）板底的受力钢筋有①号、②号、③号、④号四种规格，均为直径 8mm 的钢筋。只是在不同板中间距不同，B1 板内间距为 150mm；B2、B3 板内间距为 170mm；B4 板内间距为 180mm；B5、B6 板内间距为 200mm。

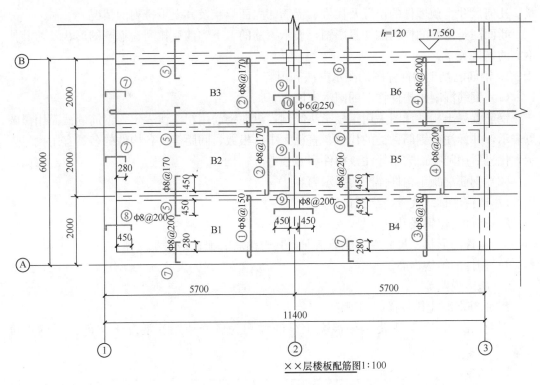

图 15-17 某现浇单向板配筋详图

2）板面的受力钢筋有⑤号、⑥号两种规格，是支座负筋，沿次梁长度方向设置，均为扣筋形式。⑤号筋直径 8mm，间距 170mm；⑥号筋直径 8mm，间距 200mm。两种钢筋从次梁边伸入板内的长度均为 450mm。

3）板面构造筋沿四周墙边、垂直于主梁设置。四周嵌入墙内的板面构造筋为⑦号钢筋扣筋，直径 8mm，间距 200mm，钢筋伸出墙边长度为 280mm；板角部分双向设置⑧号钢筋扣筋，直径 8mm，间距 200mm，钢筋伸出墙边长度为 450mm；垂直于主梁的板面构造筋为⑨号钢筋扣筋，直径 8mm，间距 200mm，钢筋伸出主梁两侧边的长度均为 450mm。

4）板中分布钢筋⑩号钢筋直径为 6mm，间距 250mm，从墙边开始沿板的纵向布置，位于板底受力筋的上方，和板底受力筋绑扎成钢筋网片。分布钢筋在梁宽范围内不设。

（5）阅读结构设计说明或施工说明，明确板的材料及等级。

15.4 钢筋混凝土构件详图

钢筋混凝土构件详图是表达构件配筋详细情况的图样，是构件钢筋翻样、制作、绑扎、现场支模、设置预埋件、浇筑混凝土的主要依据。钢筋混凝土梁、柱的详图包括立面图、断面图和配筋详图。

立面图是将构件中的混凝土假想为透明体而画出的正投影图，主要表达构件的外部形状、几何尺寸、预埋件的位置及代号、钢筋的立面形状及其上下排列的情况。

断面图是构件的横向剖切投影图，表示钢筋的上下和前后排列、箍筋的形状及与其他钢筋的连接关系。

1. 钢筋混凝土构件详图的图示方法和内容

（1）钢筋混凝土构件详图的图示方法

钢筋混凝土构件详图采用正投影法绘制，纵向钢筋用粗实线表示，钢筋的截面用黑圆点表示，并标注出钢筋种类的代号、直径大小、根数、间距等。各构件的名称宜用代号表示，代号后用阿拉伯数字标注该构件型号或编号。

（2）钢筋混凝土构件详图的图示内容

1）构件名称或代号、绘图比例。

2）构件定位轴线及其编号。

3）构件的形状、尺寸以及配筋情况，其中钢筋的配置是主要内容。

4）构件的结构标高。

5）施工说明等。

2. 钢筋混凝土构件详图的识读

下面以图 15-18 某现浇钢筋混凝土梁的详图为例介绍钢筋混凝土构件详图的识读方法。

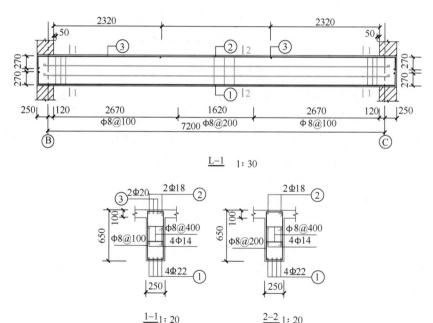

图 15-18　某现浇钢筋混凝土梁的详图

识读钢筋混凝土构件详图时，一般按照先看图名，再看立面图和断面图的顺序进行。

（1）图名和比例。从图中可以看出，该图为梁 L-1 的详图，立面图绘图比例1：30，断面图绘图比例1：20。

（2）识读构件的几何尺寸。从立面图中看出梁长 7200mm。从 1—1、2—2 断面图中可看出梁高 650mm，梁宽 250mm。

（3）读梁上下纵筋。将立面图和断面图对照，可以看出梁下部①号钢筋为 4 Φ 22 的钢筋；②号筋为 2 Φ 18 的钢筋，位于梁上部角部；在梁端上部有③号 2 Φ 20 支座负钢筋，位于梁上部第一排的内侧，其断点位置在距支座外缘 2320mm 处。

（4）读箍筋直径及间距。箍筋采用 HPB300 级钢筋，自支座边缘 50mm 处开始设置，其中靠近轴线各 2670mm 范围内箍筋间距为 100mm，其余跨中部分箍筋间距为 200mm。

（5）读侧向构造钢筋及拉筋。梁中部为 4 Φ 14 的侧向构造钢筋，Φ 8 @ 400 的拉筋。

15.5　混凝土结构平面整体表示方法简介

目前，我国建筑结构施工图全面推行平面整体表示方法，简称平法，其制图依据是我国推出的国家标准图集《混凝土结构施工图平面整体表示方法制图规则和构造详图》。它是把结构构件的尺寸和配筋等，按照平面整体表示方法的制图规则，整体直接表达在各类构件的结构平面布置图上，并与标准构造详图相配合，构成一套完整的结构施工图样。

采用平法绘制结构施工图是对传统结构施工图的重大改革。传统结构平面图是在一张图上反映该层所有承重构件的平面布置情况，另外绘制详图来表示构件的详细信息，图样内容重复、离散、繁琐，识读时缺乏整体感；平法施工图是在分别绘制的柱、梁、板结构平面布置图上直接表达构件的详细信息，改变了传统将构件从结构平面布置图中索引出来，再逐个绘制配筋详图的繁琐方法，使结构设计表达得更方便、全面、准确，大大简化了绘图过程。

平法经过十几年的发展，已在设计、施工、造价和监理等诸多建筑领域得到了广泛的应用，制图规则和结构构造也在不断完善中，目前，最新的平法结构图集为 G101 系列，包括 16G101-1（现浇混凝土框架、剪力墙、梁、板）、16G101-2（现浇混凝土板式楼梯）、16G101-3（独立基础、条形基础、筏形基础及桩基承台）等。

下面通过介绍柱、梁平法施工图学习建筑结构施工图平面整体表示方法。

1. 柱平法施工图简介

柱平法施工图是在柱平面图上采用列表注写方式或截面注写方式表达柱的截面尺寸、配筋、代号、平面位置等信息的平面图。

（1）柱列表注写方式

列表注写方式采用三项内容来表达框架柱的详细信息，如图 15-19 所示。

1）柱平面布置图。在柱平面布置图上，分别在同一编号的柱中选择一个或几个截面标注出柱子的几何参数和代号。

2）柱表。在柱平面布置图下方画出柱表，注写柱号、柱段起止标高、几何尺寸及配筋的具体数值。

3）柱截面形状及其箍筋类型图。在柱平面布置图和柱表之间画出柱截面形状及其箍筋类型图。

（2）柱的截面注写方式

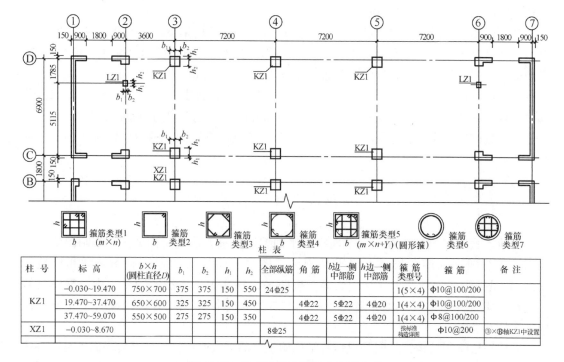

柱 号	标　高	$b \times h$ (圆柱直径D)	b_1	b_2	h_1	h_2	全部纵筋	角筋	b边一侧中部筋	h边一侧中部筋	箍筋类型号	箍筋	备注
KZ1	−0.030~19.470	750×700	375	375	150	550	24Φ25				1(5×4)	Φ10@100/200	
	19.470~37.470	650×600	325	325	150	450		4Φ22	5Φ22	4Φ20	1(4×4)	Φ10@100/200	
	37.470~59.070	550×500	275	275	150	350		4Φ22	5Φ22	4Φ20	1(4×4)	Φ8@100/200	
XZ1	−0.030~8.670						8Φ25				按标准构造详图	Φ10@200	③×Ⓑ轴KZ1中设置

图 15-19　柱平法施工图列表注写方式

柱截面注写方式是在柱平面布置图的柱截面上，分别从相同编号的柱中选择一个截面，按原位放大比例绘制柱截面配筋图，在各配筋图上注写截面尺寸 $b \times h$、角筋或全部纵筋（当纵筋采用一种直径且能够图示清楚时）、箍筋的具体数值，并标注柱截面与轴线关系 b_1、b_2、h_1、h_2 的具体数值。当纵筋采用两种直径时，须再注写截面各边中部筋的具体数值（对于采用对称配筋的矩形截面柱，可仅在一侧注写中部筋），如图 15-20 所示。

2. 梁的平法施工图简介

梁平法施工图是在梁平面布置图上采用平面注写方式或截面注写方式表达梁截面尺寸和配筋信息的图样。

（1）梁的平面注写方式

梁的平面注写方式是在梁平面布置图上，在不同编号的梁中分别选一根梁，在其上注写截面尺寸和配筋具体数值的方式来表达梁平法施工图，如图 15-21 所示。梁的平面注写方式包括集中标注与原位标注。

1）集中标注

梁的集中标注可以从梁的任意一跨引出，表达的是梁的通用信息，如梁的编号、截面尺寸、箍筋、上部通长筋、侧面纵向构造钢筋或受扭钢筋配置等内容。

2）原位标注

梁的原位标注主要表达梁的特殊数值，如梁支座上部纵筋、梁下部纵筋、附加箍筋或吊筋等内容。当集中标注的某项数值不适用于梁的某部位时，则将该数值原位标注，施工时，原位标注取值优先。

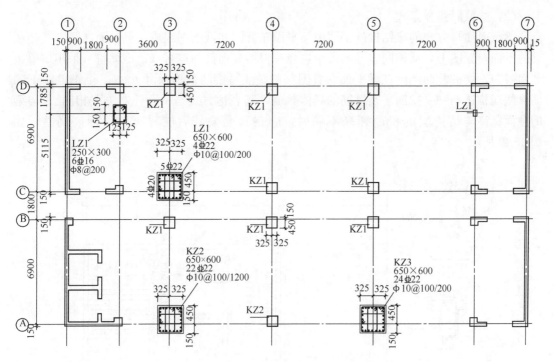

图 15-20　柱平法施工图截面注写方式

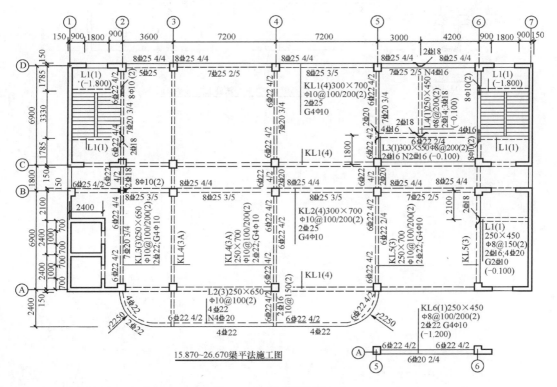

15.870~26.670梁平法施工图

图 15-21　梁平面注写方式

（2）梁截面注写方式

梁截面注写方式的梁结构施工图由梁平面布置图和截面图组成。梁截面注写方式是在梁的平面布置图上，从相同编号的梁中选择一根梁画出截面符号（该截面符号采用"单边截面号"）；梁的截面图画在梁平面布置图一侧，注写梁的截面尺寸 $b \times h$、上部筋、下部筋、侧面构造筋（受扭筋）及箍筋的具体数值（其表达方式与平面注写方式相同）。当梁的顶面标高与结构层的楼面标高不同时，应在其梁编号后注写梁顶面标高高差，如图 15-22 所示。

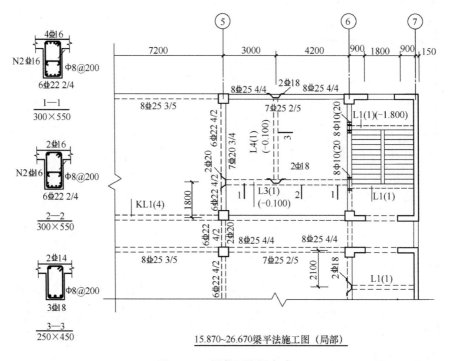

15.870~26.670梁平法施工图（局部）

图 15-22　梁截面注写方式

16　建筑电气施工图

知识目标：通过学习，了解建筑电气工程施工图中的基本文字符号，熟悉建筑电气工程施工图的识图步骤，掌握建筑电气工程施工图的表达内容和识读方法。

能力目标：通过技能训练，能够正确理解建筑电气施工图中符号、文字的含义，具备识读建筑电气工程施工图的基本技能。

　　建筑电气工程主要包括：建筑供配电、建筑设备电气控制、电气照明、防雷、接地与电气安全、现代建筑电气的智能化、自动化技术、现代建筑信息及传输技术等。传统意义上建筑电气分为强电和弱电。强电（电力）工程的处理对象是能源（主要指电力），其特点是电压高、电流大、功率大、频率低，主要考虑的问题是减小损耗、提高效率以及安全用电；弱电（信息）工程的处理对象主要是信息，即信息的传送与控制，其特点是电压低、电流小、功率小、频率高，主要考虑的问题是信息传送的效果，诸如信息传送的保真度、速度、广度和可靠性等。

　　建筑电气工程施工图，是用规定的图形符号和文字符号表示电气系统的组成、连接方式、线路的布置位置和走向的图纸，是建筑安装工程的技术文件之一。建筑电气工程施工图按功能和表达内容可分为电气系统图、内外线工程图、动力工程图、照明工程图、弱电工程图、防雷平面图及各种电气控制原理图。各种类型的图纸有各自的特点和表达方式，为了使电气工程技术人员能够顺利地进行技术交流，建筑电气工程施工图必须按照《建筑电气制图标准》GB/T 50786—2012 的要求进行绘制。

16.1　建筑电气施工图的识读基础

　　建筑电气施工图是表达电气导线的布置及所连接的设备、器具、元器件等的整体图样，为了简化作图和便于识读，图样内容大多是采用统一的图形符号并加注文字符号进行表达的。

　　1. 电气线路的图示方法

　　建筑电气施工图一般采用粗实线表示电气管线，并在电气管线标注必要的文字说明。为了理解其布置位置和突出重点，建筑电气施工图一般绘制在用细实线绘制的建筑平面图上。

　　（1）常用线路及设备端子的标注

　　1）常用线路的文字标注

　　常用线路按所接负荷性质的不同，可分为照明负荷与动力负荷，如果该负荷在应急情况下（如火灾发生时）仍然要继续使用，那么又将其称之为应急负荷，相应地，所接线路也称为照明线路、电力（动力）线路以及应急线路。常用线路的文字标注方法见表 16-1。

常用线路的文字标注　　　　　　　　　　　　　　表 16-1

名称	文字符号	名称	文字符号
电力（动力）线路	WP	应急电力（动力）线路	WPE
照明线路	WL	应急照明线路	WLE

2）设备端子和导体的标志和标识

建筑电气系统多为三相系统，根据系统接地形式的不同，往往还会引接出中性线、PE 线（保护线）或者 PEN 线等，在配电箱和设备的接线盒内都需要对这些线缆进行区分，以方便接线。三根相线分别标注为 L1、L2、L3，如果这些相线连接于设备端子上，则分别标注为 U、V、W；中性线用 N 表示；保护线则用 PE 表示。设备端子和导体的标志和标识方法见表 16-2。

设备端子和导体的标志和标识　　　　　　　　　表 16-2

导体		文字符号	
		设备端子标志	导体和导体终端标识
交流导体	第 1 线	U	L1
	第 2 线	V	L2
	第 3 线	W	L3
	中性导体	N	N
保护导体		PE	PE
PEN 导体		PEN	PEN

（2）常用线路的图形符号与敷设标注

1）常用线路的图形符号

在电气施工图中，电气线路除了需标注以上文字外，还应以图形表示电气线路的特征。图形中的图线表示线缆的走向、根数，图形符号表示电力电缆井、手孔的具体位置和线缆在不同位置的敷设方式等内容。常见的图形符号见表 16-3 所示。

常用线路的图形符号　　　　　　　　　　　　　表 16-3

序号	常用图形符号		说明
1	形式 1 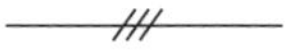 ——///——	形式 2 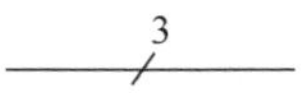 ——／³——	导线组（示出导线数，如示出三根导线）
2	形式 1 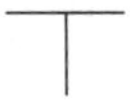 ⊥	形式 2  ●⊥	T 形连接
3	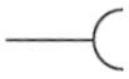	⊂	阴接触件（连接器的）、插座

序号	常用图形符号	说明
4		阳接触件（连接器的）、插头
5	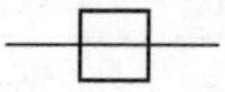	电力电缆井
6	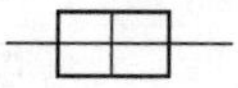	手孔
7	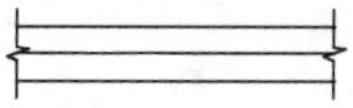	电缆梯架、托盘和槽盒线路
8	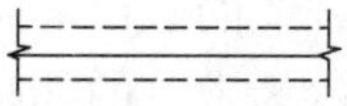	电缆沟线路
9		中性线
10	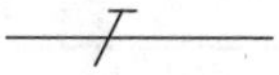	保护线
11	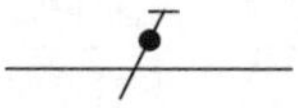	保护和中性共用线
12		带中性线和保护线的三相线路
13	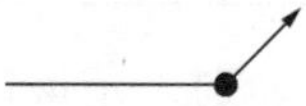	向上配线或布线
14	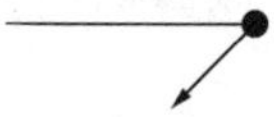	向下配线或布线
15		垂直通过配线或布线
16	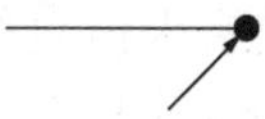	由下引来配线或布线
17	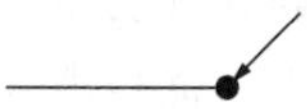	由上引来配线或布线

2）标注线缆敷设方式的文字符号

在电气平面图中的图线能够表示出线缆的走向，但却不能表达出线缆的具体敷设方式，这就需对其敷设方式标注以文字说明。线缆的敷设方式主要有直埋敷设、电缆排管敷设、电缆沟敷设、桥架敷设及最常见的穿管敷设等。根据线缆所穿管材的不同，可分为焊接钢管、可挠金属电线保护管、硬塑料管等。标注线缆敷设方式的文字符号见表16-4。

标注线缆敷设方式的文字符号 表 16-4

名称	文字符号	名称	文字符号
穿低压流体输送用焊接钢管（钢导管）敷设	SC	电缆梯架敷设	CL
穿普通碳素钢电线管敷设	MT	金属槽盒敷设	MR
穿可挠金属电线保护套管敷设	CP	塑料槽盒敷设	PR
穿硬塑料管导管敷设	PC	钢索敷设	M
穿阻燃半硬塑料导管敷设	FPC	直埋敷设	DB
穿塑料波纹电线管敷设	KPC	电缆沟敷设	TC
电缆托盘敷设	CT	电缆排管敷设	CE

3）线缆敷设部位的文字符号

在确定了线缆的敷设方式之后，还需要标注线缆的敷设部位。一般地，线缆敷设分为明敷和暗敷。根据具体敷设位置，再分别标注，较为常见的如暗敷设在墙内、暗敷设在顶板内和暗敷设在地板下等。线缆敷设部位的文字符号见表 16-5。

标注线缆敷设部位的文字符号表 表 16-5

名称	文字符号	名称	文字符号
沿或跨梁（屋架）敷设	AB	暗敷设在顶板内	CC
沿或跨柱敷设	AC	暗敷设在梁内	BC
沿吊顶或顶板面敷设	CE	暗敷设在柱内	CLC
吊顶内敷设	SCE	暗敷设在墙内	WC
沿墙面敷设	WS	暗敷设在地板或地面下	FC
沿屋面敷设	RS		

如某一回路标注为 WL1-BV 3×2.5-SC15 CC，则表示该回路为 1 号照明线路，导线型号为铜芯聚氯乙烯绝缘线（BV），3 根导线线芯截面积均为 2.5mm^2，穿直径为 15mm 的焊接钢管，在顶板内暗敷设。

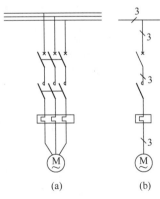

图 16-1 电气线路的多线
与单线表示

（a）多线表示；（b）单线表示

在建筑电气工程施工图中，有时管线会非常多，为了表达清晰且整齐美观，各类管线应尽可能水平和垂直绘制，并尽量减少交叉。明敷设的线路一般要求横平竖直，暗敷设的管线要求沿直线最短距离连接。当线路交叉不可避免时，应将连接关系表达清楚，可以将自身打断或将与其交叉的导线打断（打断的目的是表明在该处出现了导线的交叉，而不是真的将导线断开）。导线可采用多线和单线表示方法，每根导线均绘出的称为多线表示方法，如图 16-1（a）所示；用一条图线表示两根或两根以上导线的方法称为单线表示法，如图 16-1（b）所示。采用单线表示法要求将导线的根数用标注或文字说明的方法来表达。图中导线上的短斜线的根数表示导线的根数，也可用短斜线加数字的方法来表示。

2. 建筑电气施工图中的基本文字符号

建筑电气施工图的基本文字符号主要用来描述各种基本电气系统参数，如额定电压、功率因数、需要系数、计算电流等，常用的基本文字符号见表16-6。

建筑电气施工图中的基本文字符号

表 16-6

文字符号	名称	单位	文字符号	名称	单位
U_n	系统标称电压，线电压（有效值）	V	S_c	计算视在功率	kVA
U_r	设备的额定电压，线电压（有效值）	V	S_r	额定视在功率	kVA
I_r	额定电流	A	I_c	计算电流	A
f	频率	Hz	I_{st}	启动电流	A
P_r	额定功率	kW	I_k	稳态短路电流	kA
P_n	设备安装功率	kW	i_p	短路电流峰值	kA
P_c	计算有功功率	kW	$\cos\varphi$	功率因数	—
Q_c	计算无功功率	kvar	K_d	需要系数	—

3. 照明灯具的标注形式

在某一空间内安装照明灯具，应表明灯具的数量、安装方式、安装高度以及灯具规格等内容。照明灯具的标注形式为：

$$a - b \times \frac{c \times d \times l}{e} \times f$$

式中　a——灯具的数量；

b——灯具的型号或代号；

c——灯具内的灯泡（光源）数；

d——单个灯泡（光源）的容量（W）；

e——灯具的安装高度（m）。指灯具底部距地面的距离，如果是吸顶式安装则用"—"表示；

f——灯具安装方式，详见表16-7；

l——光源的种类，一般很少标。

例如：某照明灯具标注 $10 - YG_{2-2}\dfrac{2 \times 40}{2.5}CS$，表示需安装10盏型号为YG2-2的双管荧光灯，链吊式安装，安装高度为2.5m。

标注灯具安装方式的文字符号

表 16-7

名称	文字符号	名称	文字符号
线吊式	SW	吊顶内安装	CR
链吊式	CS	墙壁内安装	WR
管吊式	DS	支架上安装	S
壁装式	W	柱上安装	CL
吸顶式	C	座装	HM
嵌入式	R		

4. 电气设备的图示方法

电气施工图中会有大量的电气元件和电器设备，为了表达简洁明了，这些电气元件和电器设备应采用规定的图形符号进行表达，见表 16-8。要想准确、熟练地识读和绘制电气施工图，须熟识这些图形符号。

电气施工图中常用的图形符号   表 16-8

序号	常用图形符号	说 明	序号	常用图形符号	说 明
1		断路器，一般符号	10	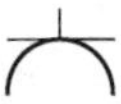	带保护极的电源插座
2		熔断器，一般符号	11		单相二、三极电源插座
3		避雷器	12		带保护极和单极开关的电源插座
4	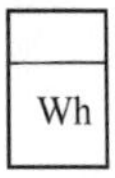 Wh	电度表（瓦时计）	13		开关，一般符号
5	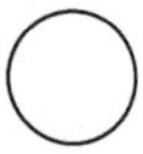	变电站、配电所，规划的（可在符号内加任何有关变电站详细类型说明）	14		双联单控开关
6	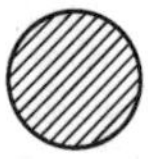	变电站、配电所，运行的	15		三联单控开关
7	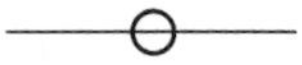	架空线路	16		n 联单控开关
8		电源插座、插孔，一般符号（用于不带保护极的电源插座）	17		带指示灯的开关
9		多个电源插座（符号表示 3 个电源插座）	18		单极限时开关

序号	常用图形符号	说　明	序号	常用图形符号	说　明
19		双控单极开关	29		二管荧光灯
20		风机盘管三速开关	30		三管荧光灯
21		灯，一般符号	31	n	多管荧光灯
22	E	应急疏散指示标志灯	32		单管格栅灯
23		应急疏散指示标志灯（向右）	33		双管格栅灯
24		应急疏散指示标志灯（向左）	34		三管格栅灯
25		应急疏散指示标志灯（向右、向左）	35		投光灯，一般符号
26		专用电路上的应急照明灯	36		风扇；风机
27		自带电源的应急照明灯	37		可作为电气箱（柜、屏）的图形符号，当需要区分其类型时，宜用相关文字进行标识
28		荧光灯，一般符号			

16.2　建筑电气施工图的识读

1. 建筑电气施工图的组成

建筑电气施工图一般由目录、设备材料表、设计说明、系统图及平面图组成。

（1）目录

表示一套电气施工图纸的数量、编号和名称。当工程较简单，图纸数量较少时，常将电气施工图目录列入整套工程图纸的总目录中。

（2）设备材料表

设计者将本套电气施工图中所采用的设备、材料及图形符号，用表格的形式列出，便于读图人员识读、统计。

（3）施工图设计说明

对图纸中不能在图中表明但与施工有关的，如对工程有特殊技术要求和必须交代的技术数据等内容，一般通过文字加以说明补充。

（4）系统图

系统图一般表示供配电系统的组成及其连接方式，通常用粗实线表示。该图通常不表示电气设备的具体安装位置，但反映了整个工程的供配电全貌和连接关系，表明了供配电系统所用的设备、元件和连接管线的型号、规格及敷设方式和部位等。

（5）平面图

平面图用来表示电气线路的具体走向及电气设备和器具的位置（平面坐标），并通过图形符号和文字标注的方法，将系统图中无法表达的设计意图表达出来。

2. 电气工程施工图的识读步骤

（1）读图纸目录

对照图纸目录核对图纸张数。电气施工图的种类因工程性质不同有多有少，有的工程如工业厂房，除照明工程外，可能还包括变配电工程、外线工程、动力工程、防雷接地等图纸；有的工程则只有其中的一种或几种，如多层住宅楼一般有照明工程图、防雷接地工程图等，识图时可根据图纸种类分类阅读。

（2）读施工图设计说明

施工图设计说明是识图的导向，阅读施工图设计说明可以了解工程概况、设计意图、施工要求和图中使用的特殊图例等，有助于正确理解图纸。

（3）读电气总平面图

通过识读电气总平面图了解建筑物的具体位置、与其他建筑物之间的关系及外线的布置和进户点等内容。

（4）读电气系统图

识读电气系统图可以了解供配电线路的接线方式、回路个数、电气配电箱（柜）内的电器设备型号、规格等内容，通过对照识读平面图，可对电气系统建立起总体印象。

（5）读电气平面图

阅读电气平面图要先找出电源引入端，顺着线路识读各用电器具，对照标注及说明中各电器的安装高度，明确电气设备所在空间的准确位置。

（6）了解标准图集

为了提高电气安装工程的标准化水平，国家编制了各种电气的安装做法标准图集。设计者若采用了标准图集中的做法，在图纸中须注明标准图集的名称和图号。

此外，还应结合其他专业施工图来查阅电气施工图，了解各种管线、设备等的空间位置，发现相互之间交叉、重叠等关系。

3. 电气工程施工图识读示例

下面以一栋住宅楼为例，说明电气工程图的识读过程。在此省去图纸目录和施工图设计说明的识读。

（1）电气系统图

如图 16-2 所示为某户内照明配电箱系统图，配电箱尺寸为 390mm×500mm×80mm（宽×高×厚），底边距地 1.8m 嵌墙安装，箱内总开关采用隔离开关，额定电流 32A，2极，并安装过电压、欠电压保护装置。配电箱共设置了 8 个出线回路，其中 WL8 为备用。WL1 照明回路采用 1 极断路器保护，额定电流 16A，出线选用 3 根 BV 2.5mm² 穿直径16mm 的 PVC 管沿墙、顶板暗敷设，WL2～WL5 插座回路均采用剩余电流保护器（漏电断路器）保护。

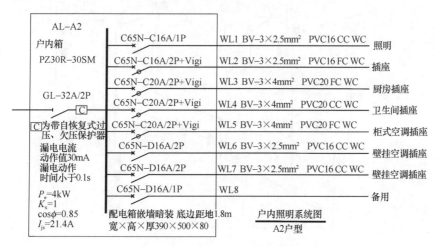

图 16-2　电气系统图

（2）照明平面图

如图 16-3 的照明平面图给出了灯具、开关以及插座的安装位置，线路走向，标明了回路编号和导线的根数。图中各设备电源线均由照明配电箱 AL-A2 引出，开关、插座均为嵌墙暗装，图中未标注导线根数时，均表示 3 根。

（3）防雷工程平面图

现代建筑物的建造高度越来越高，越容易遭受雷击。根据建筑物的重要性、使用性质、发生雷电事故的可能性和后果，可将建筑物的防雷等级分为三类，针对不同分类的建筑物，采用不同的措施。一般建筑首先应考虑直击雷的防护，直击雷的防护装置由接闪器、引下线和接地装置三部分组成。

1）接闪器

接闪器包括避雷针、避雷带、避雷网及用作接闪的金属屋面和金属构件等。一般建筑物多

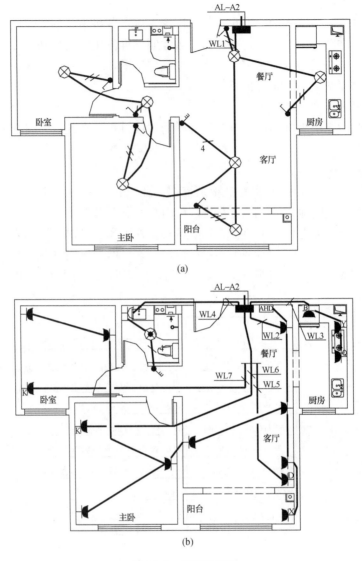

图 16-3　照明平面图

通过在屋面布设镀锌圆钢或者镀锌扁钢作为接闪器，图纸上用粗实线或者点画线表达。

　　2）引下线

　　引下线分为明敷引下线和暗敷引下线，目前多利用柱主筋作为暗敷引下线，并在防雷平面图中标记出引下线位置。

　　3）接地装置

　　接地装置分为自然接地极和人工接地极，自然接地极包括混凝土结构中的钢筋、金属构筑物、金属管道（可燃液体或气体、供暖管道除外）、深井金属管壁、电缆金属外皮等，目前多利用基础钢筋网作为主要接地装置。当采用自然接地极不能满足设计要求时，则应采用人工接地极。人工接地极通常采用水平敷设的圆钢、扁钢，垂直敷设的角钢、圆钢、钢管等。工程中一般较少绘制专门的接地平面图，如果需要布置人工接地极，则应在图纸中绘制出人工接地极的具体位置及接地干线的走向。

　　相对而言，防雷工程施工图比较简单，组成图纸的内容仍然包括图形符号、文字符号、标注及文字说明等内容。只要掌握了电气照明平面图的绘制、识读要点和步骤，防雷平面图的识读与绘制就容易掌握了。

　　1）防雷设计说明

　　防雷设计说明是对防雷工程所采用材料、施工要求的文字说明，某建筑防雷工程的设计说明示例如下：

　　① 本建筑防雷按三类防雷建筑物设计，用 $\phi10$ 镀锌圆钢在屋顶周边设置避雷带（网），并每隔 1m 设置一处支持卡子。

　　② 利用柱主筋作为防雷引下线，共设十处。要求作为引下线的主筋自上而下通长焊接，上端与避雷网连接，下端与基础主筋连接，施工中注意与土建密切配合。在建筑物四周由引下线主筋引出测试板，接地电阻实测值应不大于 4Ω，若不满足应另做人工接地极。

　　③ 所有凸出屋面金属管道及构件均应与避雷网可靠焊接。

　　2）防雷工程平面图

　　以图 16-4 所示的防雷平面图为例，介绍防雷工程平面图表达的内容。

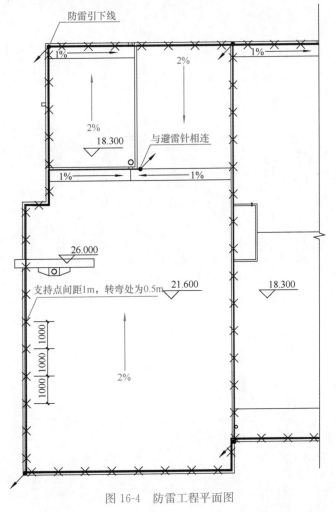

图 16-4　防雷工程平面图

①屋顶接闪器采用避雷带，用镀锌圆钢沿屋顶周边明敷设。具体做法详见有关标准图集。

②利用柱内的主筋作为引下线。

③利用基础钢筋网作为接地极，这是目前广泛采用的方法，应考虑接地电阻的测试。

④要求屋顶所有金属构件均应与避雷带焊接。

（4）建筑弱电施工图

随着我国居民生活水平的提高，除家用电器使用量大大增加外，电话、网络通信、安全防范及楼宇自控等弱电系统已越来越深入人们的生活，成为不可缺少的部分。弱电施工图主要由设备材料表、设计说明、系统图以及平面图组成。系统图和平面图大多按弱电系统的类型分别绘制。

弱电施工图的表示方法与供配电系统图、平面图表示方法类似，主要区别在于设备符号的差异。

17 建筑给水排水施工图

知识目标: 通过学习,了解建筑给水排水工程的组成,熟悉建筑给水排水施工图的图示方法和图例符号,掌握建筑给水排水施工图的表达内容和识读方法。

能力目标: 通过技能训练,能够正确理解建筑给水排水施工图中图线、符号、文字的含义,具备识读建筑给水排水工程平面图、系统图的基本技能,并能对管道进行定位。

建筑给水排水施工图是用规定的图形符号和文字符号表达给水排水系统的组成、给水排水管道的布置和走向的图纸,包括建筑给水(有生活、生产及消防给水、热水、中水、直饮水供应)、建筑排水(污废水、雨水)工程施工图。当给水排水管道种类较多,在一张平面图内表达不清楚时,可将给水排水、消防或直饮水管分开,分别绘制相应的平面图。为了简化制图和便于识读,建筑给水排水施工图应按《建筑给水排水制图标准》GB/T 50106—2010 的相关规定进行绘制。

17.1 建筑给水排水施工图的识读基础

给水排水工程是城市建设的基础设施之一,分为给水工程和排水工程。给水工程分为室外给水工程和室内给水工程。室外给水工程是自水源取水,将水净化处理后,经输配水管网送到各个用水区域;室内给水工程是将室外给水管网的水引入建筑物内,经室内配水管网送至各种卫生器具、用水嘴、生产装置和消防设备。排水工程也分为室外排水工程和室内排水工程。室内排水工程是将人们在室内的生活和生产中使用过的、受污染的水,和屋面的雨、雪水收集起来,通过室内排水管网排至室外排水系统;室外排水工程是利用室外排水管网收集各用户产生的污水,送入污水处理厂处理达标后,排入河道或再利用。

建筑给水排水工程主要指的是室内给水工程和室内排水工程。

1. 建筑给水排水系统的组成

(1)给水系统(图 17-1)

建筑给水系统一般由引入管、水表节点、给水管道、给水附件及给水设备组成,如图 17-1所示。

1)引入管

引入管是室内给水的首段管道,一般又称进户管,指由室外给水管网的接管点引至建筑物内的管段,是室外给水管网与室内给水管网之间的连接管道。

2)水表节点

水表节点是安装在引入管上的水表及其前后的阀门和泄水装置的总称,一般设在水表

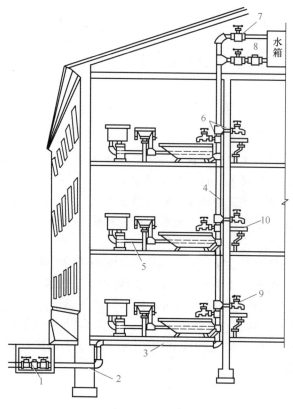

图 17-1　建筑生活给水系统的组成

1—水表井；2—引入管；3—水平干管；4—立管；5—横管；
6—支管；7—阀门；8—止回阀；9—水龙头；10—洗涤盆

井中。建筑物的引入管上安装水表节点作为进户装置，便于控制和计量整个系统的用水量。水表前、后均设阀门以便检修，水表与表后阀之间设泄水装置，以便泄空系统。当建筑物只有一条引入管时，宜设旁通管。

3）给水管道

给水管道是将水输送和分配至各用水点的管道，室内给水管道包括水平干管（送水到各立管）、立管（送水到各层）、横管（送水到各用水房间）和支管（送水到各用水设备）。

4）给水附件

给水附件包括控制附件、配水附件和水表等。

①控制附件：指管道系统中控制水流开关，调节水量、水压、水流方向，便于管道、仪表和设备检修的各类阀门和设备，如闸阀、截止阀、蝶阀、止回阀及减压阀等。

②配水附件：指给水管网的终端用水点上的设施，如生活给水系统中卫生器具的供水、冲洗配件或配水龙头，消防给水系统中室内消火栓、消防卷盘或喷头。

③水表：在建筑给水系统中，除了在引入管上安装水表外，在需要计量的某些管段和设备的配水管上也要安装水表，如住宅每户的进水管上均应安装分户水表，便于计量每户的用水量。

5）给水设备

给水设备包括贮水设备、升压设备和气压给水设备等。

①贮水设备——水箱、水池：水箱设在建筑物给水系统的最高处（如屋顶水箱间）或高层建筑的设备层，可用热镀锌钢板、不锈钢板、玻璃钢板等材料制成，它具有贮水、稳压和调节用水量的作用。水池可设于室外单独的水房内，也可设于建筑物的地下室内，可用钢筋混凝土砌筑而成。

②升压设备——水泵：水泵用于提升和输送水，一般设于建筑物地下室水池旁边或设备层中，也可在室外单独设水泵房。

③气压给水设备——气压罐：气压罐是内部充有压缩空气的密闭钢罐，利用常温下空气体积与压力成反比的特性，来贮存和调节供水流量，并利用压缩空气给水提供能量。

（2）排水系统

建筑排水系统一般由污废水收集设备、排水管网、清通设备、通气系统及提升设备组成，如图 17-2 所示。

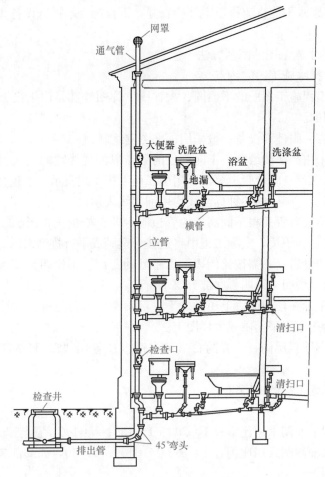

图 17-2　建筑内部排水系统的组成

1）污废水收集设备

用来收集和排出日常生活产生的污废水的各种卫生器具。如大便器、大便槽、小便器、洗脸盆、盥洗槽、浴盆、淋浴器、洗涤盆、污水盆、地漏等。

2）排水管网

排水管网是排水系统的主体框架。从卫生器具开始依次为器具排水管（含存水弯）、横支管、立管、埋地干管和排出管。

3）清通设备

建筑排水管道属于无压流，且水中污染物较多，特别容易堵塞，故需设清通设备保障排水畅通。清通设备包括有清扫口、检查口和检查井，清扫口一般设置在每层横支管起点上，检查口设置在立管上，检查井设在室内较长的埋地干管上。

4）通气系统

通气系统的作用是使排水管内空气和大气相通，稳定压力，避免因水压波动使有毒有害气体进入室内。通气系统由通气管道系统及专用附件组成。

5）提升设备

在民用建筑的地下室、高层建筑的地下技术层、人防建筑和地铁等标高较低处，建筑物产生、收集的污废水不能自流排至室外检查井，需设污废水提升设备排出污废水，如潜水排污泵等。

2. 建筑给水排水施工图的图示方法

（1）建筑给水排水施工图的特点

1）给水排水工程施工图中的平面图、大样图、详图等都是用正投影绘制的，系统图是用轴测投影绘制的。

2）图中的管道、附件和设备一般采用标准图例绘制。

3）管道一般采用粗实线绘制，不同管径的管道以同样线宽的线条表示。对于某些不可见管道，如埋地管道、暗装管道等，不用虚线而以粗实线表示。建筑物的轮廓线及卫生器具等用细实线表示。图中的各种标注线均用细实线表示。

4）同一平面位置布置几根不同高度的管道时，若严格按正投影法绘制，会使管道重叠在一起，影响表达和识读，实际工程中将这些管道画成平行排列来示意。

5）靠墙敷设的管道，不需按比例表示出距墙的距离，不论明装或暗装，一律画在墙外，但需在设计施工说明中说明哪些部分要求暗装。

6）各种管道不论在楼地面之上还是之下，都不考虑其可见性，本层使用但安装在下层空间的管道均绘于本层平面图或大样图上。

7）系统图中不同楼层同一位置的管道可在适当位置用"S"形折断符号表示，以示省略。

（2）给水排水施工图的文字符号

1）比例

建筑给水排水平面图常用比例有 1∶200、1∶150、1∶100，宜与建筑专业一致。

建筑给水排水轴测图常用比例有 1∶150、1∶100、1∶50，如局部表达有困难时，该处可不按比例绘制。

2）标高

建筑给水排水施工图中标高一般应标注相对标高，一般压力管道应标注管中心标高，重力流管道宜标注管内底标高，沟渠宜标注沟内底标高。标高以 m 为单位，可注写到小数点后第二位。管道标高的标注方法如图 17-3 所示。

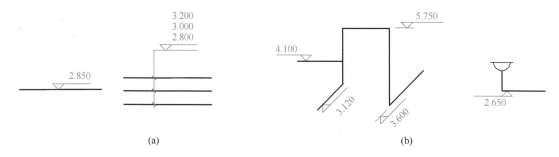

图 17-3　管道标高标注法

（a）平面图中管道标高标注法；（b）系统图中管道标高标注法

3）管径

管径尺寸应以 mm 为单位。镀锌或非镀锌钢管、铸铁管等管材，管径宜以公称直径 DN 表示（如 $DN15$、$DN50$ 等）；无缝钢管等管材，管径宜以外径 $D×$壁厚表示（如 $D108×4$ 等）；建筑给水排水塑料管材，管径宜以公称外径 dn 表示（如外径 $dn32$）；复合管、结构壁塑料管等管材，管径应按产品标准的方法表示。管径的标注方法如图 17-4 所示。

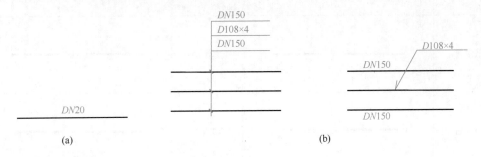

图 17-4 管径的标注方法

（a）单管管径标注；（b）双管管径标注

4）编号

①当建筑物的给水引入管或排水排出管的数量超过一根时，应进行编号。表示方法是在直径为 10～12mm 的圆圈内过中心画一条水平线，圆和水平线均用细实线绘制，线上面用大写汉语拼音字母表示管道类别（给水用 J，排水用 W），线下面用阿拉伯数字表示该系统的编号，如图 17-5 所示。

②建筑物内穿越楼层的立管，其数量超过一根时，应进行编号。编号由管道类别代号和序号组成，如 3 号给水立管为"JL-3"，如图 17-6 所示。

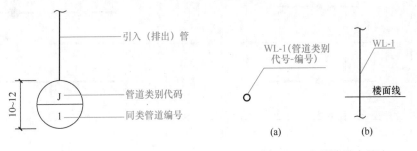

图 17-5 给水引入（排水排出）
管编号表示法

图 17-6 立管编号表示法

（a）平面图中的立管编号；（b）剖面图、系统图、
轴测图中的立管编号

③ 在总图中，当同种给水排水构筑物，如阀门井、水表井、检查井、化粪池等的数量超过一个时，应进行构筑物编号，表示方法是"构筑物代号－编号"，如 1 号阀门井标记为"FJ-1"。

3. 建筑给水排水施工图的图例符号

建筑给水排水施工图中的管道、阀门、卫生器具、附件等应用规定的图例符号表达，常用图例见表 17-1。

建筑给水排水工程常用图例　　　　　　　　表 17-1

名称	图例	名称	图例
生活给水管	—— J ——	中水给水管	—— ZJ ——
污水管	—— W ——	压力污水管	—— YW ——
通气管	—— T ——	雨水管	—— Y ——
管道立管	XL-1 平面　XL-1 系统	管道固定支架	—*——*—
柔性/刚性防水套管		可曲挠橡胶接头	单球　　双球
闸阀		截止阀	
球阀		蝶阀	
止回阀		角阀	
自动排气阀		浮球阀	平面　　系统
延时自闭冲洗阀		感应式冲洗阀	

续表

名称	图例	名称	图例
水表		Y型过滤器	
卧式水泵	平面　　　系统	立式水泵	平面　　　系统
立管检查口		清扫口	平面　　　系统
通气帽	成品　　蘑菇形	圆形地漏	平面　　　系统
水龙头	平面　　　系统	浴盆带喷头混合水嘴	
厨房洗涤盆		台式洗脸盆	
坐式大便器		蹲式大便器	
壁挂式小便器		立式小便器	
污水池		浴盆	
淋浴喷头		存水弯S形/P形	

17.2　建筑给水排水施工图的识读

1. 建筑给水排水施工图的组成

建筑给水排水工程施工图主要由首页、系统图、平面图、详图四部分组成。

（1）首页

首页一般由图纸目录、设计与施工总说明两部分组成。

1）图纸目录

将全部施工图纸按编号（如水施—1）、图名，顺序填入图纸目录表格，同时在表头上标明建设单位、工程项目、分部工程名称、设计日期等，装订于封面，以便核对图纸数量和识图时查找。

2）设计与施工总说明

一般用文字表明工程概况，复杂的工程有各系统情况简介，说明设计中用图形无法表示的一些设计要求。主要内容有：

① 设计依据的各种规范；

② 建筑物概况，层数、层高、用途等；

③ 管道的布置形式、管道材料及连接方式；

④ 管道防腐及涂色、保温材料及厚度要求；

⑤ 管道及设备的敷设要求、试压要求及管道的消毒冲洗要求；

⑥ 附件及设备的类型和规格；

⑦ 设备型号及安装要求等施工中应遵循和采用的规范及标准图号、应特别注意的事项等。

小型工程的图例、主要设备与材料明细表一般也放在首页上。

（2）系统图

给水排水工程系统图是表示给水排水系统管道之间的连接关系、空间走向及管道上附设的阀门、水表等附件的类型及位置的图样，给水、排水系统图应分别绘制，一般用轴测图表达。

（3）平面图

给水排水工程平面图是将建筑物连同给水排水系统水平剖切后，自上而下投影的水平投影图，是给水排水工程施工最基本图样，是确定给水排水管道及设备的平面位置，为管道、设备安装定位的依据。

（4）详图

给水排水工程详图包括大样图、节点详图及标准图，可由设计人员在图纸上绘出，也可引自有关安装图集。

1）节点详图

节点详图是小比例绘制的平面图及系统图中无法清楚表达的关键部位或连接复杂部位，采用大比例绘制而成的图样，以便清楚表达设计意图，指导施工。

2）大样图

对设计采用的某些非标准加工件如管件、非标准设备等，应采用较大比例如 1：5、

1：10等绘出其大样图，以满足加工、装配、安装的要求。

3）标准图

标准图又称通用图，是选自标准图集中的图样，不需设计人员在图纸中绘出，只需在图上引注出所选标准图号，施工时按指定图号的图样进行，如卫生器具的安装、供热系统的入口装置等。

2. 建筑给水排水施工图的识读方法和步骤

1）了解建筑概况。如建筑面积、层数、建筑功能、建筑的结构类型、建筑布局等，重点查找用水房间或用水点的位置、用水设备及其位置、有无管道井及其位置、泵房和水箱间位置等。

2）看设计施工说明。了解该建筑给水排水系统的类型，一般建筑通常都有给水、排水系统，再查看是否有消防、热水、喷淋等系统。

3）看图例。图例相当于文章中的文字，要看懂图纸，必须记住图例代表的涵义。

4）看系统图。建筑给水排水施工图中包含的系统不止一种，更不止一个，识读时必须看清图名，分清系统，切不可混淆。

给水系统图：先找引入管，然后沿水流方向，用"枝＋叶"的方法理解识读。由引入管、干管、立管组成的框架为"枝"，由立管上引出的各支管为"叶"，读懂"枝"后，再分别识读各个支管。

排水系统图：先找排出管，然后逆水流方向，也用"枝＋叶"的方法理解识读。先读排出管、干管、立管组成的框架，再分别识读各个支管。

5）看平面图。对照系统图，在相应的平面图上找对应管线。可按立管编号先找对应立管，再在对应层的平面图上找与立管相连的管线。一般情况下，给水入口、干管对应于地下室或底层平面图，支管对应于标准层平面图或卫生间大样图等。系统图中一般不绘制卫生器具，故在看支管时，应找出支管上的每个器具支管对应的卫生器具或用水设备。与系统图反复对照理解，在头脑中建立起完整的给水排水系统。

6）管道定位。在前面识图的基础上，查看标高、尺寸线、坡度等信息，明确每一条管道的具体位置。

3. 给水排水系统图

（1）图示特点

1）给水系统图以每根引入管为一个系统单独绘制，排水系统图以每根排出管为一个系统单独绘制。系统图视其大小可绘制在一张图纸上，也可绘制在不同图纸上。

2）给水系统只绘出卫生器具配水的水龙头、淋浴器喷头、冲洗水箱等，或仅绘出与配水附件连接的阀门或短支管，卫生器具不在系统图上绘出；排水系统只绘出卫生器具下的存水弯或排水支管。有时为了表达清楚，也会在卫生器具对应处标上卫生器具名称或代码。

3）当系统图中局部表达不清时，可用切断符号断开，用索引符号或索引线引出详图。

4）实际工程中，为了读图方便，常将系统图简化为系统原理图，系统原理图的内容基本与系统图相同，但不表示各管道之间的空间关系。

（2）主要内容

1）各系统的编号及立管编号。

2）管道系统及各个管段的标高、管径、坡度。

3）设备、附件的种类及其在管网中的位置。

4）用水设备及卫生器具的名称或代码。

（3）识读方法

给水排水系统图识读重点在于读懂管道走向、管道的标高及管径等内容，下面以图 17-7和图 17-8 为例，说明系统图的识读方法。

图 17-7、图 17-8 是某食堂的给水系统图，其中图 17-7 为给水系统图，反映的是给水主干管道（引入管、干管及立管）的走向，而横支管的走向局部表达不清，需由图 17-8 的 2 号卫生间给水排水系统图来详细说明。

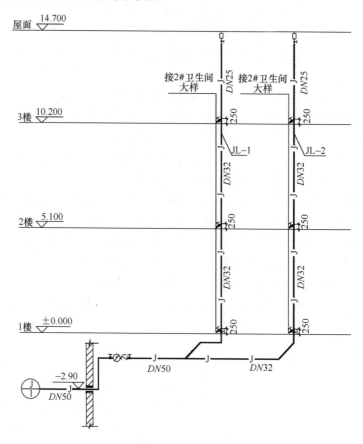

图 17-7　某食堂给水系统图

1）识读图 17-7

① 从图 17-7 可以看出某食堂给水系统所有管道的走向、标高、管径及附件的设置情况。

② 图中 DN50 的给水引入管从室内地坪以下 2.9m 穿地下室外墙进入室内，入室后即向上翻引出 DN50 的给水干管，干管通过两根 DN32 的立管（JL-1 与 JL-2）送水至每层，在每层距地面 250mm 处引出本层的横支管，送水至每层的卫生器具。横支管的走向、标高及管径见图 17-8 的 2 号卫生间给水排水系统图。

③ 给水系统进户后在干管上设置了 DN50 的截止阀两个、止回阀及水表各一个，JL-1 与 JL-2 始端各设一个 DN32 的截止阀，顶端各设一个自动排气阀，每层横支管的始端各设一个截止阀。

2）识读给水排水系统图（图 17-8）

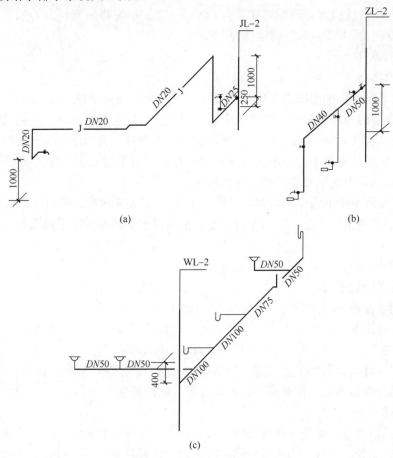

图 17-8 2 号卫生间给水排水系统图

(a) 给水系统图；(b) 中水系统图；(c) 排水系统图

① 从图 17-8 可以看出 2 号卫生间给水、排水横支管的走向、标高及管径的变化。

② 图 17-8(a) 为给水系统 JL-2。结合图 17-10 2 号卫生间平面布局来看，在距本层地面 250mm 处引出本层给水横管，横管先由北向南敷设，在男卫洗脸盆中心处接出支管送水至洗脸盆，然后向上翻 1m，继续向南敷设至③轴线与①轴线夹角处，然后向西、向南敷设绕过 WL-2，继续向西敷设至污水池中心，接出支管送水至污水池，污水池水龙头距地 1m。

该系统从立管引出 DN25 横管，接出支管送水至洗脸盆，然后横管变径为 DN20，直到末端均为 DN20。

③图 17-8(b) 为中水系统 ZL-2。在距本层地面 1000mm 处引出本层中水横管，横管由北向南敷设，依次送水至男卫小便器及两个蹲便器。

该系统从立管引出 DN50 横管，接出支管送水至小便器及第一个蹲便器，然后横管

变径为 $DN40$，直到末端均为 $DN40$。

④图 17-8(c) 为排水系统 WL-2。排水横支管敷设在距本层地面－400mm 处，立管右侧横管由北向南敷设，收集男卫的洗脸盆、地漏、小便器与蹲便器的污水后，与左侧由西向东的横管汇合，然后继续向南流向立管。

该系统右侧接洗脸盆、地漏的横管为 $DN50$，连接小便器后变径为 $DN75$，连接第一个蹲便器后变径为 $DN100$，左侧横管为 $DN50$。

4. 给水排水平面图

（1）图示特点

1）建筑给水排水平面图是在建筑平面图上表达给水排水系统相关的内容，用于给水排水管道及设备的布局和定位，图中的建筑轮廓线应与建筑平面图一致，但建筑结构构件如墙身、柱、门窗、楼梯等用细实线绘制，给水排水设备、管道用粗实线绘制。

2）多层房屋的管道平面图原则上应分层绘制，管道系统布置相同的楼层平面图可以绘制一个平面图，但底层平面图仍应单独画出。

3）给水排水系统平面图一般在一个图中表达，自动喷淋系统平面图需单独绘制，消火栓系统平面图视情况而定：当简单时与生活给水排水绘制在同一平面图上，复杂时单独绘制。

（2）主要内容

1）建筑平面的形式。

2）各用水设备及卫生器具的平面位置、类型。

3）给水排水系统的出、入口位置及编号，地沟位置及尺寸，干管走向、立管位置及其编号，横支管走向、位置及管道安装方式（明装或暗装）等。

4）管道附件及设备的平面位置，如阀门、水表、消火栓、地漏、清扫口等。

5）管道及设备安装预留洞位置、预埋件等方面的要求。

（3）识读方法

按给水系统和排水系统分系统分别识读，同系统中按编号依次识读。给水系统从引入管开始，经过干管、立管、横支管沿水流方向识读，最后到达用水设备。排水系统从用水设备开始，经过横支管、立管、排出管沿水流方向识读，最后到达室外检查井。

下面以图 17-9 和图 17-10 为例，说明给水排水平面图的识读方法。图 17-9 和图 17-10 为某食堂给水排水平面图，与图 17-7 某食堂给水系统图为同一工程。图 17-9 为地下室给水排水平面图，反映的是给水、排水主干管道（引入管、干管及立管）的平面位置，图 17-10 为 2 号卫生间平面图，反映的是给水、排水横支管的平面位置。

1）识读地下室给水排水平面图（图 17-9）

从图中可以看出给水、排水系统的出入口位置及给水、排水干管的平面位置。

① 给水系统：给水引入管从Ｅ轴线南侧，室内地坪以下 2.9m 处穿越①轴线墙进入室内，进入后即向上翻至室内地坪以下 1.1m 引出给水干管，干管由西向东敷设，将水送至 JL-1（给水立管 1）与 JL-2。

② 中水系统：中水引入管从Ｅ轴线南侧，室内地坪以下 2.9m 处穿越①轴线墙进入室内，进入后即向上翻至室内地坪以下 1.2m 引出中水干管，干管由西向东敷设，将水送至 ZL-1（给水立管 1）与 ZL-2。

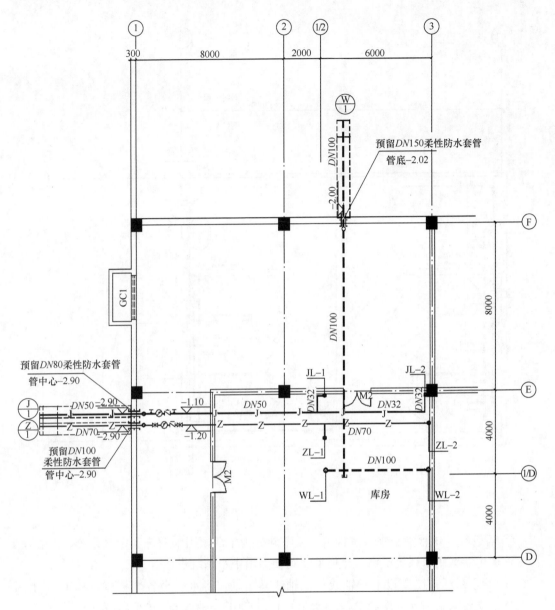

图 17-9 某食堂地下室给水排水平面图

③排水系统：排水设有一个系统，WL-1（污水立管 1）、WL-2 在地下室汇合后，由南向北敷设，于室内地坪以下 2.0m 处穿越Ⓕ轴线墙出去。

2）识读卫生间平面图（图 17-10）

从图中可以看出卫生间各用水设备的平面位置及给水、排水立管和横支管的平面位置。

①了解建筑布局。该食堂各层 2 号卫生间平面布局一样，左边房间为女卫，外间靠⑫轴线墙设一个洗脸盆，里间靠⑫轴线墙设一个污水池，两个蹲便器；右边房间为男卫，外间靠③轴线墙设一个洗脸盆，里间靠③轴线墙设一个小便器，两个蹲便器，门对面夹角处设一个污水池。

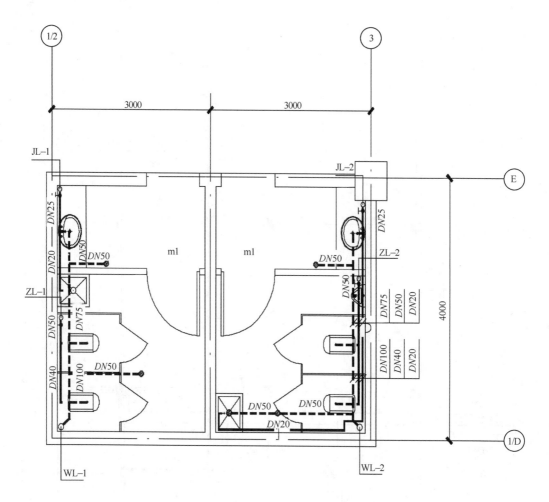

图 17-10　某食堂 2 号卫生间平面图

② 看管线。该食堂给水系统根据水质不同分为生活饮用水系统和中水系统，洗脸盆、污水池由生活饮用水系统供水，小便器、蹲便器由中水系统供水。

A. 给水系统：JL-1 设于⑫轴线与Ⓔ轴线夹角处，将水引至各个楼层，从 JL-1 上引出各层横支管送水至女卫洗脸盆与污水池；JL-2 设于③轴线与Ⓔ轴线夹角处，将水引至各个楼层，从 JL-2 上引出各层横支管送水至男卫的洗脸盆与污水池，各横支管起端均设一个截止阀。

B. 中水系统：ZL-1 设于女卫污水池与蹲便器之间，将水引至各个楼层，从 ZL-1 上引出各层横支管送水至女卫蹲便器；ZL-2 设于男卫小便器与墙夹角处，将水引至各个楼层，从 ZL-2 上引出各层横支管送水至男卫的小便器与蹲便器，各横支管起端均设一个截止阀。

C. 排水系统：女卫的排水横支管收集洗脸盆、污水池、两个蹲便器及地漏的污水排入 WL-1，WL-1 设于⑫轴线与⑪轴线夹角处；男卫的所有卫生器具及地漏的污水均排入排水横支管，横支管的水排入 WL-2，WL-2 设于③轴线与⑪轴线夹角处。

18 建筑采暖施工图

知识目标： 通过学习，了解建筑采暖工程的组成，熟悉建筑采暖施工图的表示方法和图例符号，掌握建筑采暖施工图的表达内容和识读方法。

能力目标： 通过技能训练，能够正确理解建筑采暖施工图中符号、文字的含义，具备识读建筑采暖工程平面图、系统图的基本技能，并能对管道进行定位。

建筑采暖施工图是用规定的图形符号和文字符号表示采暖系统的组成、管道的布置和走向的图样，为采暖管道、附件及设备的敷设与安装提供依据。为了简化制图和便于识读，建筑采暖施工图绘制时应执行《暖通空调制图标准》GB/T 50114—2010 的相关规定。

18.1 建筑采暖施工图的识读基础

在冬季，由于室内温度过低，为了保证室内温度适宜人们工作和生活，需设置采暖系统向室内提供热量。采暖系统由热源、室外热力管网和室内采暖系统组成。建筑采暖系统即室内采暖系统。

1. 采暖系统的组成及形式

（1）采暖系统的分类

采暖系统根据热媒的不同分为热水采暖（将水烧成热水供热）、蒸汽采暖（将水烧成蒸汽供热）和热风采暖（将空气加热到 30~50℃送入房间采暖）。从卫生和节能等因素考虑，民用建筑一般应采用热水采暖。

根据散热方式不同分为对流采暖和辐射采暖。对流采暖以对流换热为主要方式，其散热设备是散热器；辐射采暖以辐射传热为主，其散热设备是塑料盘管、金属辐射板或以建筑物部分顶棚、地板或墙壁作为辐射散热面。

根据采暖范围的大小分为局部采暖和集中采暖。集中采暖是由热源向一个城镇或较大区域供热，目前被广泛使用。

（2）采暖系统的组成

以传统的散热器系统为例，室内热水采暖系统一般由热力入口、采暖管道、散热器、设备及附件组成。

1）热力入口

采暖系统的入口是室外供热网路向热用户供热的连接节点，是为用户分配、转换、调节供热量，监测并控制热媒参数，计量热媒流量和用热量的关键节点。热力入口供、回水管上均设关断阀门、温度计和压力表，在供、回水阀门前设旁通管，在供水管上设过滤器，在回水管上安装热量表。此外，还应根据室外管网水力平衡要求和建筑物内采暖系统的调节方式，决定是否设置静态水力平衡阀、自力式流量控制阀和自力式压差控制阀等阀件。

较大的引入口宜设在建筑物底层专用房间或独立建筑内，较小的引入口可设在建筑物入口地沟内或地下室。

2）采暖管道

采暖管道是输送热水并分配至各散热设备，然后将散热后的冷却水输送至热源继续加热的管道。室内采暖管道包括供水主立管、供水干管、供水立管、供水横支管，回水横支管、回水立管、回水干管。

热水由热力入口经供水主立管、供水干管、供水立管、散热器供水支管进入散热器，放出热量后经散热器回水支管、回水立管、回水干管流出系统。

3）散热器

散热器是最常见的末端散热装置，将采暖系统的热媒所携带的热量传给房间，使室内保持需要的温度。目前，散热器种类繁多，样式新颖，按其构造主要有柱型、翼型、板型、管型和装饰性散热器等，按其材质主要有铸铁、钢、铝合金、铜铝复合散热器等。铸铁散热器造价低廉，耐腐蚀性好，热稳定性好，但承压低，单片出厂，需现场组装；钢制散热器美观，安装方便，耐压强度高。

4）设备及附件

① 膨胀水箱。膨胀水箱用来贮存热水采暖系统加热的膨胀水量，并恒定系统压力。在重力循环上供下回式系统中还起着排气作用。膨胀水箱一般用钢板制成，有圆形和矩形两种。箱上连有膨胀管、溢流管、信号管、排水管及循环管等管路。

② 排气设备。排气设备的作用是排出管道和散热器内积存的空气，可以是手动，也可以是自动。目前常用的排气设备有集气罐、自动排气阀和冷风阀。集气罐一般用 $\phi100\sim250$ 的钢管焊制而成，顶部连接 $\phi15$ 的排气管，应设在各环路的供水干管末端最高处，定期手动打开阀门排除聚集在罐内的空气。自动排气阀也设在系统的最高点，安装检修方便，美观，自动排气，应用较广。冷风阀旋紧在散热器上部，手动排气，多用于下供式系统和水平式系统。

③ 补偿器。采暖管道上需设置补偿器，用来调节管道的热胀冷缩变形，减弱或消除因热膨胀而产生的应力，避免管道因温度变化引起的应力破坏。补偿器的种类有自然补偿、方形补偿器、波纹补偿器及套筒补偿器、球形补偿器等。

④ 热量表。热量表是测量用户热能消耗量的仪表，根据热表上显示的数据可对用户进行计量收费。它由积分仪、温度传感器和热水流量计组成，目前使用的大多数热表是根据管路中的供、回水温度、热水流量与仪表的采样时间，得出供给用户的热量。

⑤ 控制附件。控制附件指采暖系统中安装的，用以控制水流开关，调节水量、水压、水流方向，方便管道、仪表和设备检修的各类阀门和设备，如锁闭阀、散热器温控阀、平衡阀、安全阀等。

（3）热水采暖系统的形式

室内热水采暖系统按照管道敷设方式的不同可分为垂直式和水平式系统。

1）垂直式系统

垂直式系统是将各楼层的水平位置相同的各散热器用立管进行连接的采暖系统。按照供、回水干管布置位置的不同，分为上供下回式、下供下回式、下供上回式、上供上回式和中供式系统，前两种形式在实际工程中最常用。

① 上供下回式。上供下回式系统的供水干管位于顶层散热器之上，回水干管位于底层散热器之下，通常敷设于地沟中或地下室。上供下回式系统管道布置合理，是最常用的一种布置形式。

图 18-1 所示为上供下回式系统，立管 Ⅰ、Ⅱ 为双管式，各组散热器可以单独调节；立管 Ⅲ 为单管顺流式，热水顺序流经各散热器，不能单独调节；立管 Ⅳ 为单管跨越式，可通过跨越管阀门调节各组散热器；立管 Ⅴ 为顺流、跨越组合式。

②下供下回式。下供下回式双管系统的供回水干管都位于底层散热器之下，通常敷设于地沟中或地下室，如图 18-2 所示。在设有地下室的建筑物，或平屋顶建筑顶层难以布置干管时，常采用下供下回式系统。下供下回式系统排气较困难，可通过顶层散热器的冷风阀或专设空气管排气。

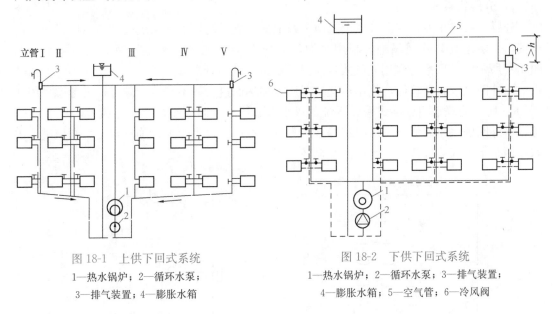

图 18-1　上供下回式系统
1—热水锅炉；2—循环水泵；
3—排气装置；4—膨胀水箱

图 18-2　下供下回式系统
1—热水锅炉；2—循环水泵；3—排气装置；
4—膨胀水箱；5—空气管；6—冷风阀

2）水平式系统

水平式系统是用水平管连接同楼层各散热器的采暖系统，分为水平顺流式和水平跨越式。水平式系统管路简单，穿楼板管道少，无沿墙立管，节省管材，不影响室内美观，但排气困难。水平式系统常用于楼堂馆所等公共建筑，用于住宅时便于设计成分户计量的形式。

① 水平顺流式。水平顺流式系统也叫水平串联式，是用一条水平管把同楼层的各组散热器串联在一起，热水按先后顺序流经各组散热器，水温由近及远逐渐降低，如图18-3所示。

② 水平跨越式。水平跨越式系统也叫水平并联式，是用一条水平管把同楼层的各组散热器并联在一起，通过设在每组散热器上的阀门来调节进入散热器的流量，如图 18-4 所示。

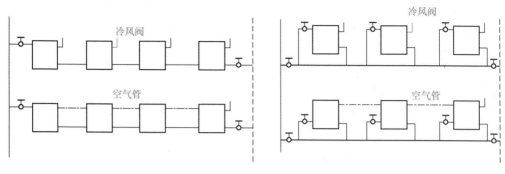

图 18-3　水平顺流式系统　　　　　　　　图 18-4　水平跨越式系统

（4）高层建筑热水采暖形式

目前高层建筑热水采暖形式有分层式系统、双线式系统、直连（静压隔断）式系统和单、双管混合式系统。

1）分层式系统

分层式系统在垂直方向分两个或两个以上的独立系统，下层系统通常与室外管网直接连接，上层建筑与外网隔绝，利用水加热器使上层系统的压力与外网的压力隔绝，如图 18-5 所示。上层系统采用隔绝式连接是目前常用的一种形式。

当外网供水温度较低，使用热交换器所需加热面过大而不经济合理时，可考虑采用如图 18-6 所示的双水箱分层式采暖系统。双水箱分层式采暖系统的上层系统与外网直接连接，当外网供水压力低于高层建筑静水压力时，在用户供水管上设加压水泵，利用进、出水箱两个水位高差进行上层系统的水循环。

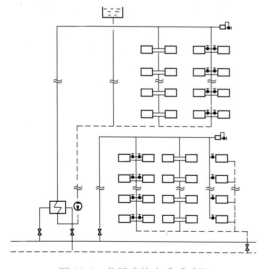

图 18-5　分层式热水采暖系统

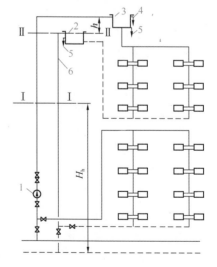

图 18-6　双水箱分层式热水采暖系统

1—加压水泵；2—回水箱；3—进水箱；4—进水箱溢流管；5—信号管；6—回水箱溢流管

2）双线式系统

双线式系统有垂直式和水平式两种形式。

垂直双线式单管热水采暖系统的散热器立管由上升立管和下降立管组成，如图18-7所示，各层散热器的平均温度基本相同，这对于高层建筑来说，有利于避免系统垂直失调。水平双线式系统在水平方向各组散热器的平均温度基本相同，有利于避免冷热不均的问题，如图18-8所示。此外，水平双线式可以在每层设置调节阀，进行分层调节。

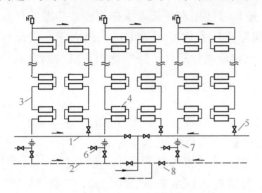

图18-7 垂直双线式单管热水采暖系统

1—供水干管；2—回水干管；3—双线立管；

4—散热器；5—截止阀；6—排水阀；

7—节流孔板；8—调节阀

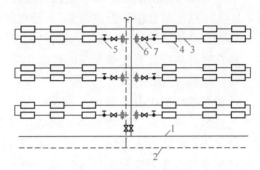

图18-8 水平双线式热水采暖系统

1—供水干管；2—回水干管；3—双线水平管；

4—散热器；5—截止阀；6—排水阀；

7—调节阀

3）直连（静压隔断）式系统

高层建筑直连式系统的热媒从低区管网供水经泵加压（并止回）送至高区，在散热器散热后，回水减压并回到低区回水管网，如图18-9所示。该系统在回水管上安装上、下端静压隔断器，用来缓冲减压，使回水在保持合理压力的情况下流回低区管网。这样，在供水上有泵后止回阀，回水上有上、下隔断器，能保证系统直连高区与低区相互隔绝。

4）单、双管混合式系统

单、双管混合式系统是将散热器沿垂直方向分为若干组，每组内采用双管形式，组与组之间采用单管连接，如图18-10所示。此系统可避免双管系统因楼层过多导致竖向严重失调问题，克服散热器支管管径过粗的缺点，散热器还能进行局部调节。

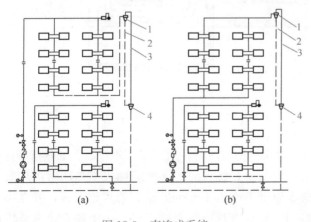

图18-9 直连式系统

（a）同程顺流式；（b）同程倒流式

1—上端静压隔断器；2—导流管；3—恒压管；4—下端静压隔断器

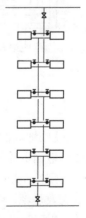

图18-10 单、双管
混合式系统

（5）低温热水地板辐射采暖系统

低温热水地板辐射采暖简称地暖，是以不超过60℃的热水作为热媒，通过热水在楼地板下敷设的加热管内循环流动来加热楼地面，楼地面以辐射散热方式向室内供暖的系统。

采用地暖可减少能耗，增加室内舒适性，还具有使用寿命长，维护简便，热源使用灵活，能实现"按户计量、分室调温"，避免散热器占用室内空间的优点，但由于在楼层埋设加热管，增加了建筑的层高。地暖除用于住宅和公用建筑外，还广泛用于空间高大的厂房、场馆和对洁净度有特殊要求的建筑。

1）地暖系统的组成

地暖系统一般由分户供回水管道，分、集水器，加热盘管和附件（锁闭阀、热表、排气阀、过滤器等）组成。热水由热力入口经供水干管、立管、分户供水管道进入分水器，由分水器分出支路后向加热盘管供水，散热后经集水器收集各支路的回水，由分户回水管道进入回水立管、干管流出系统，如图18-11所示。

地暖管道走向动画

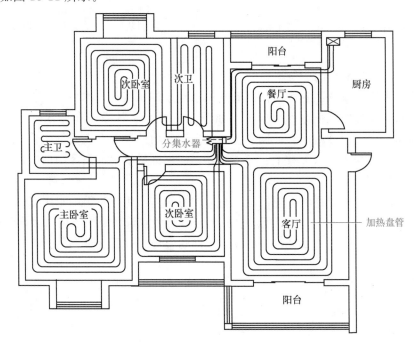

图 18-11　地暖平面布置示意图

2）地暖楼地面的构造

地暖楼地面的管道安装需与土建协调配合进行，对施工要求较高。加热盘管应设在稳定性较好的刚性垫层或钢筋混凝土楼板上，铺设时，下面需铺设绝热层阻挡热量向下传递，减少无效热耗。绝热层一般为厚度不小于20mm的聚苯乙烯泡沫板，并在保温板上敷设铝箔反射层，将热量向上辐射。加热盘管用管卡固定后，由土建专业人员协助浇筑C15的豆石混凝土填充层，厚度不小于50mm。上面层次采用楼地面常规做法，如图18-12所示。

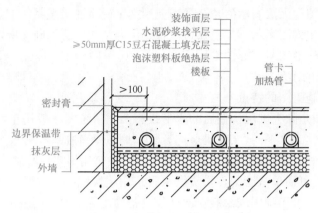

图 18-12　地暖楼地面构造示意图

2. 采暖施工图的组成

建筑采暖工程施工图一般由设计和施工说明、平面图、系统图、详图等组成。

（1）设计和施工说明

设计和施工说明用文字说明图样中反映不出的内容，是设计图纸的重要补充。一般包括以下内容：

1）热源情况、热媒参数、设计热负荷。

2）散热器的种类、型号、形式及安装要求。

3）管道系统的形式，管材及连接方式。

4）设备、附件的种类、形式。

5）防腐保温措施、水压试验要求、套管施工要求等。

6）安装和调试运行应该遵循的规范、标准及采用的标准图号等。

有时，采暖施工图的图纸目录、图例、主要设备材料明细等也与设计和施工说明放在同一张图纸中。

（2）平面图

采暖施工图的平面图主要表示建筑物各层采暖管道与设备的平面布置，一般采用与建筑平面图相同的比例绘制。主要内容包括：

1）建筑布局、房间名称。

2）热力入口位置、入口管道的管径及入口地沟情况。

3）采暖干、立、支管的平面位置、走向、管径、坡度及立管编号。

4）散热器平面位置与数量。

5）各附件及设备的平面位置，如补偿器位置、固定支架位置、阀门与集气罐位置、型号等。

6）管道及设备安装所需预留洞、管沟等与土建施工的要求。

（3）系统图

系统图是采暖系统的整体图形，表明系统的组成及设备、管道、附件等的空间关系。主要内容包括立管编号、管段直径、管道标高、坡度和散热器数量。

（4）详图

平面图和系统图中无法表示清楚，又不能用文字说明的采暖系统节点与设备的详细构造和安装尺寸，可用详图表示，如引入口位置、保温结构、管沟断面等，如选用标准图时可直接引注选用的标准图号。详图常用比例是 1：10～1：50。

3. 采暖施工图的图示方法

（1）建筑采暖施工图的特点

1）采暖平面图是除去上层构造后的水平投影图。系统图一般用正面斜轴测投影法绘制，令轴测轴 OX 轴为水平向，OZ 轴竖向，OY 轴与 OX 轴成 45°夹角。

2）采暖平面图中的建筑轮廓应与建筑施工图一致，用细实线绘制。

3）水、汽管道可用单线绘制，采暖供水管道用粗实线，回水管道用粗虚线。采暖地沟、过门地沟的位置可用细虚线绘制。部件及设备均用规定的图例表示。

4）平面图应标明定位轴线编号、轴线间尺寸、房间名称，标注室外地坪标高和各层地面标高。热力入口的定位尺寸，应为管中心距所邻墙面或轴线的距离。

5）系统图宜按管道系统分别绘制，以免管道重叠和交叉。且系统编号应与平面图中的系统编号一致。

6）当空间交叉管道在图中相交时，在相交处将被挡的管线断开。重叠、密集处可断开引出绘制，相应的断开处宜用相同的小写拉丁字母注明。

（2）建筑采暖施工图的制图规定

1）比例

采暖施工图的总平面图、平面图的比例，宜与建筑专业一致，其余可按表 18-1 选用。

采暖施工图的绘图比例　　　　　　　　　　　　　　表 18-1

图名	常用比例	可用比例
剖面图	1：50、1：100	1：150、1：200
局部放大图、管沟断面图	1：20、1：50、1：100	1：25、1：30、1：150、1：200
索引图、详图	1：1、1：2、1：5、1：10、1：20	1：3、1：4、1：15

2）标高

在无法标注垂直尺寸的图样中，应标注标高。标高应以 m 为单位，并应精确到小数点后两位。当标准层较多时，可只标注相对本层楼地面的标高。水、汽管道标注管外底或顶标高时，应在数字前加"底"或"顶"字样，如果所标注标高未予说明时，为管道中心标高。

3）管径

低压流体输送用焊接管道规格应标注公称通径或压力。公称通径由字母 DN 加管径数值（单位 mm）组成，如 $DN40$。公称压力的代号为 PN。输送流体用无缝钢管、螺旋缝或直缝焊接钢管、铜管、不锈钢管，需注明外径和壁厚时，用 D（或 ϕ）×壁厚表示。塑料管用外径 de 表示，如 $de40$。

水平管道的规格宜标注在管道的上方，竖向管道的规格宜标注在管道的左侧，如图 18-13(a) 所示。多条管线的规格标注方法如图 18-13(b) 所示。

4）编号

① 一个工程设计中若同时有供暖、通风、空调等两个或两个以上专业系统时，应进

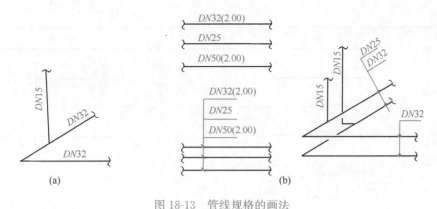

图 18-13 管线规格的画法

(a) 管线规格的标注方法；(b) 多条管线规格标注的示例

行系统编号。系统编号、入口编号由系统代号和顺序号组成，系统编号宜标注在系统总管处。系统代号用大写拉丁字母表示，如供暖系统代号为 N，空调系统代号为 K，顺序号用阿拉伯数字表示，如图 18-14(a) 所示。当一个系统出现分支时，可采用图 18-14(b) 的表示方法。

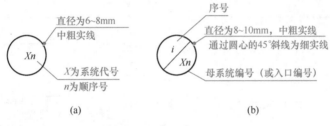

图 18-14 系统编号的画法

(a) 无分支系统的编号；(b) 有分支系统的编号

② 竖向布置的垂直管道系统，应标注立管号，如图 18-15 所示。在不致引起误解时可只标注序号，但应与建筑轴线编号有明显区别。

(3) 建筑采暖施工图的图例符号

建筑采暖施工图管道复杂、附件多。为了图示清晰和表达方便，通用的管道、附件等应用规定的图例表达。采暖施工图常用的图例符号见表 18-2。

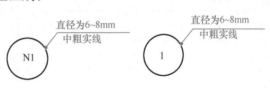

图 18-15 立管号的画法

建筑采暖工程常用图例　　　　表 18-2

名称	图 例	名称	图 例
采暖热水供水管	RG或 ————————	采暖热水回水管	RH或 — — — — — — —
介质流向	——→ 或 ⟹	坡度	$i=0.003$ 或 ——→ $i=0.003$

续表

名称	图　例	名称	图　例
变径管		管封	
导向支架		固定支架	
散热器及手动放气阀	15　平面　　15　剖面　　15　系统	散热器及温控阀	15　　15
截止阀		闸阀	
球阀		止回阀	
蝶阀		三通阀	
平衡阀		减压阀	（左高右低）
自动排气阀		集气罐、放气阀	
定流量阀		定压差阀	
安全阀		疏水器	
方形补偿器		套管补偿器	
波纹管补偿器		弧形补偿器	
球形补偿器		Y形过滤器	

名称	图例	名称	图例
橡胶软接头		活接头	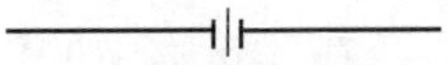
温度计		压力表	
节流孔板	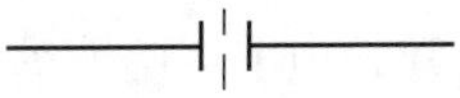	水泵	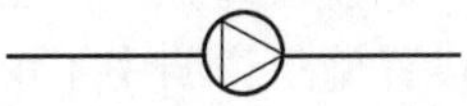

18.2　建筑采暖工程施工图的识读

以某三层办公楼为例，内容包含设计施工说明及相关采暖施工图（图 18-16～图 18-20）。

1. 建筑采暖施工图的识读方法与步骤

识读室内采暖工程施工图，要先读图纸目录和设计施工说明，了解图样内容和工程概况，在此基础上将平面图和系统图对照结合起来识读，以了解系统全貌。

（1）查看图纸目录

识读施工图时，成套的专业施工图纸要先看其图纸目录，了解图纸的组成、张数，再看具体图纸。

（2）识读设计施工说明和图例

了解工程名称和建筑概况，了解有关卫生标准、热负荷量等数据，弄清采暖系统形式和设计对施工提出的具体要求，熟悉相关图例符号的含义。

（3）识读系统图

从采暖的用户入口处开始，分清供水干管和回水干管，判断系统形式，顺着水流方向来看。具体看以下内容：

1）干管、立管、横支管的空间位置、走向、管径、标高。

2）管道与散热器的连接、散热器的数量。

3）各种阀门、热表在管道中的位置。

（4）识读平面图

识读采暖平面图一般从采暖用户入口开始，按照"供水总管—干管—立管—支管—散热器—回水支管—立管—干管—总回水管—用户入口"的水流方向来识读。重点查看以下内容：

1）热力入口位置、装置及地沟情况。热力入口装置若采用标准图集，则根据标注的标准图号查阅标准图；当有热力入口详图时，按图中所注详图编号查阅详图；当没有热力入口详图时，平面图中一般将入口装置如阀门、过滤器、压力表、温度计等图示出来，并注明规格、流向等。

2）供回水干管的平面位置、规格，立管的数量及平面位置，支管的位置。

3）散热器的位置和数量。

4）干管上设置的各种阀门、补偿器、固定支架等附件和设备的位置、规格等。

（5）对照识读

将平面图和系统图相互对照，既要看清采暖系统本身的全貌和各部位的关系，也要搞清采暖系统在建筑物中的位置。此外，还应注意支架及散热器安装时的预留孔洞、预埋件等对土建的要求，以及与装饰工程的密切配合。

2. 建筑采暖施工图的识读实例

下面以某办公楼采暖工程施工图为例，说明采暖施工图的识读方法。

（1）识读设计施工说明

从设计施工说明中了解建筑概况：本工程为办公楼，地下一层为车库，地上三层为办公楼。本工程采用散热器供暖。

（2）识读系统图

从采暖系统图中可看出采暖系统的形式、供回水管道的走向、标高及管径的变化。

1）该采暖管道系统的布置采用上供下回式系统。

2）看走向、看标高：采暖供水入户管从室内地坪以下 1.6m 进入室内，由一条供水总立管直接向上引至三层顶棚下 10.2m 处，然后分别向西、向东引出了供水干管。向西的供水干管沿途引出了 01、02、03、04、05、06 六根供水立管，向东的供水干管沿途引出了 07、08、09、10、11、12、13 七根供水立管，然后由供水立管通过每层的供水横支管向散热器供水。

向西的供水管道流经立管底层散热器后，开始回水。通过回水横支管、回水立管将回水送入室内地坪以下 0.75m 处的回水干管，回水干管顺序收集立管 01、02、03、04、05、06 的回水后，与东侧顺序收集立管 07、08、09、10、11、12、13 的回水干管汇合，向北敷设，下翻至室内地坪以下 1.6m，穿墙排出室外。

3）看管径：供水入户管管径 DN70，上翻后向西、向东引出了 DN50 的供水干管，向西的供水干管引出立管 01 后变径为 DN40，引出立管 02 后变径为 DN32，引出立管 04 后变径为 DN25，向东的供水干管引出立管 09 后变径为 DN40，引出立管 10 后变径为 DN32，引出立管 12 后变径为 DN25。立管 01、02、04、05、10、12、13 管径为 DN25，其余立管管径均为 DN20，所有连接散热器的供、回水横支管管径均为 DN20。

从立管 01 向西的回水干管管径 DN25，连接了立管 02 后变径为 DN32，连接了立管 05 后变径为 DN40，连接了立管 06 后变径为 DN50，从立管 07 向东的回水干管管径 DN25，连接了立管 10 后变径为 DN32，连接了立管 12 后变径为 DN40，连接了立管 13 后变径为 DN50，两根 DN50 的回水干管汇合后变径为 DN70。

4）看阀门的设置：供水干管的始端各设置一个截止阀，末端各设置一个截止阀和一个自动排气阀。回水干管的汇合处各设置一个截止阀。每一根立管的始端和末端各设置一个截止阀。每组散热器横支管上各设置一个三通阀。

（3）识读地下室采暖平面图

从地下室采暖平面图中可看出热力入口的位置、回水干管的平面位置及回水干管与立管的连接关系。

热力入口在⑤轴线与①轴线的夹角处，供水入户管由北向南穿越①轴线墙进入室内，然后由供水总立管直接向上引至三层。

向西的回水干管从④轴线与Ⓓ轴线夹角处开始，沿着Ⓓ轴线、①轴线及Ⓐ轴线墙顺序敷设至⑥轴线与Ⓐ轴线夹角处，向东的回水干管从⑥轴线与Ⓓ轴线夹角处开始，沿着Ⓓ轴线、⑩轴线及Ⓐ轴线墙顺序敷设至⑥轴线与Ⓐ轴线夹角处，与向西的干管汇合后沿着⑥轴线墙向北敷设至Ⓓ轴线墙，再向西敷设至热力入口，回水出户管由南向北穿越Ⓓ轴线墙排出室外。

（4）识读一层、二层采暖平面图

从一层、二层采暖平面图中可看出各房间散热器的布置情况、数量以及立管、横支管的平面位置。

由于一层、二层的采暖供水直接由各立管供应，故一、二层采暖平面图直接从各立管开始识读。立管01～13分别布置在各房间的墙角处，由立管引出散热器横支管。

（5）识读三层采暖平面图

从三层采暖平面图中可看出供水干管的平面位置及供水干管与立管的连接关系。

向西的供水干管沿着Ⓓ轴线、①轴线及Ⓐ轴线墙顺序敷设，至⑤轴线与Ⓐ轴线夹角处结束，向东的干管沿着Ⓓ轴线、⑩轴线及Ⓐ轴线墙顺序敷设，至⑦轴线与Ⓐ轴线夹角处结束。

（6）对照识读

将平面图和系统图相互对照，将每根管道准确定位，看清管道系统的空间布置关系。

设计施工说明

一、设计依据

1. 《民用建筑采暖通风与空气调节设计规范》GB 50736—2012
2. 《建筑设计防火规范》GB 50016—2014
3. 《建筑给水排水及采暖工程施工质量验收规范》GB 50242—2002
4. 《公共建筑节能设计标准》GB 50189—2015
5. 《汽车库、修车库、停车场设计防火规范》GB 50067—2014
6. 《供热计量技术规程》JGJ 173—2009
7. 《暖通空调·动力——技术措施》2009

二、工程概况

本工程为山西省某市某办公楼。地下一层为车库，地上三层为办公楼。建筑面积为1938.20m²，建筑高度为12.30m，室内外高差：0.300m。

三、采暖系统

1. 本建筑住宅采暖按公共建筑节能标准设计。主要热工参数如下：
屋顶传热系数 $K=0.4W/(m^2 \cdot K)$　外墙传热系数 $K=0.45W/(m^2 \cdot K)$
地面　$K=1.0W/(m^2 \cdot K)$　　窗户传热系数 $K=2.2W/(m^2 \cdot K)$
冬季供暖室外计算温度：$-10℃$
冬季供暖室内设计温度：办公室 $18℃$
2. 本工程采用低温热水供暖系统。供水温度 $75℃$，回水温度 $50℃$。热媒来自小区换热站。
3. 本工程供暖各系统热负荷及阻力损失见下表。

系统编号	热负荷	阻力损失	面积热指标	采暖部位
系统 La	110.5kW	15kPa	57W/m²	办公

4. 散热采用 TDDl-600-8 型定向对流铸铁散热器（内腔光洁无砂型）。

散热器类型	散热面积（m²）	标准散热器（W）
TDDl-600-8	0.45	170

图中标注为散热器片数。散热器组对后进行水压试验，试验压力为

0.6MPa，2～3min 为压力不降且不渗不漏为合格。

5. 管道均采用焊接钢管，管径大于 DN32 者采用焊接，管径小于等于 DN32 者采用丝接。排气阀选用 E121 型自动排气阀，采暖系统入口处的回水干管上均安装 KPF 平衡阀。

6. 供回水干管一般沿墙安装。坡度为 0.003。干管用管支架支承。支架的安装及制作详见《山西省给排水专业标准设计图集》晋标 12S10（2012版），系统进口装置参见《山西省暖通专业标准设计图集》晋标 12N1-P14（2012版）。

7. 管道穿墙及楼板处应设钢制套管。管道穿过沉降缝做法参见晋标 12N1-P232。

8. 系统安装完毕后进行水压试验，试验压力为 0.6MPa，10 分钟内压力降不大于 0.02MPa，外观检查无渗漏为合格。

9. 明装管道、铸铁散热器、支架及铁件除锈后刷红丹防锈漆两道，非金属面漆两道，室外部分及不采暖房间内的管道在刷完红丹防锈漆后采取保温措施。保温材料选用离心玻璃棉。$DN=15～50mm$ 时，保温厚度为 60mm；$DN=70～150mm$ 时，保温厚度为 70mm。

10. 卫生间防回流排风扇，排风量 850m³/h。

11. 管道清洗：供暖系统安装工程竣工经试压合格后，应进行通水清洗。冲洗水流速度宜大于 2m/s，直至排出水中不含泥沙、铁屑等杂质，且水色不浑浊方为合格。合格后进行充水加热，进行试运行和调试，及时向设计人员协商，以保证今后安装工作的顺利进行。

12. 采暖管道穿墙、穿楼板做法见《山西省给排水专业标准设计图集》晋标 12N1（2012版）。

13. 设备安装单位在土建施工时应及早配合，仔细核对设备、管道预留孔洞，如发现问题及时向设计人员协商，以保证今后安装工作的顺利进行。

14. 凡本说明未详尽之处，均应严格按照暖通专业有关施工及验收规范执行。

本图未经审图中心审查，不得作为施工依据。

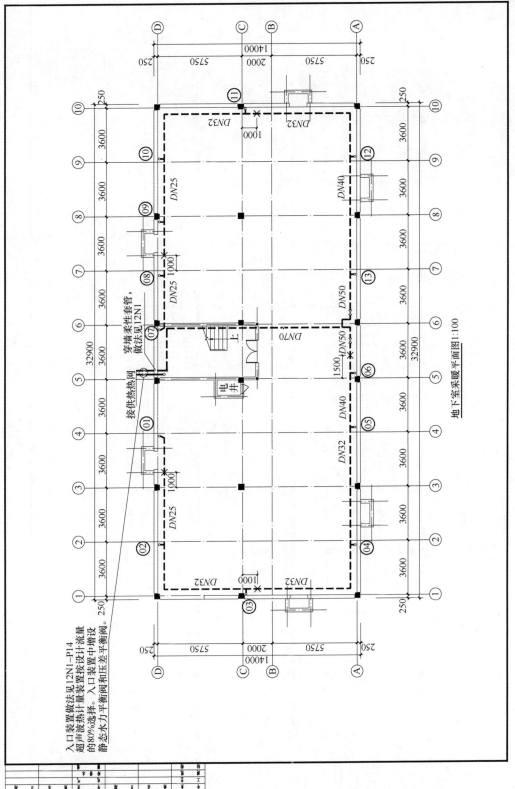

地下室采暖平面图1:100

图18-16 地下室采暖平面图

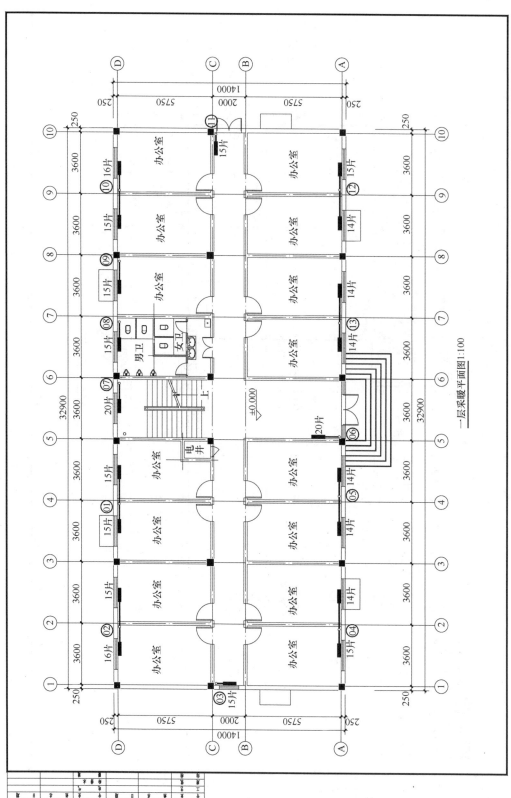

图18-17 一层采暖平面图

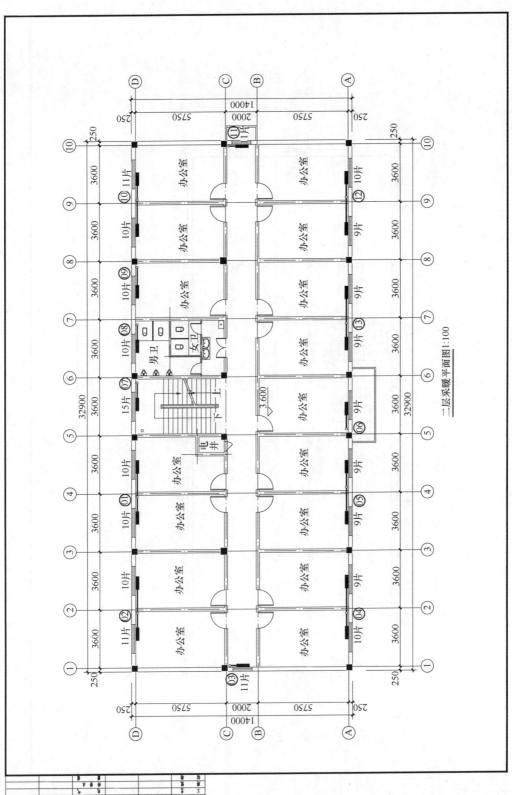

二层采暖平面图1:100

图18-18 二层采暖平面图

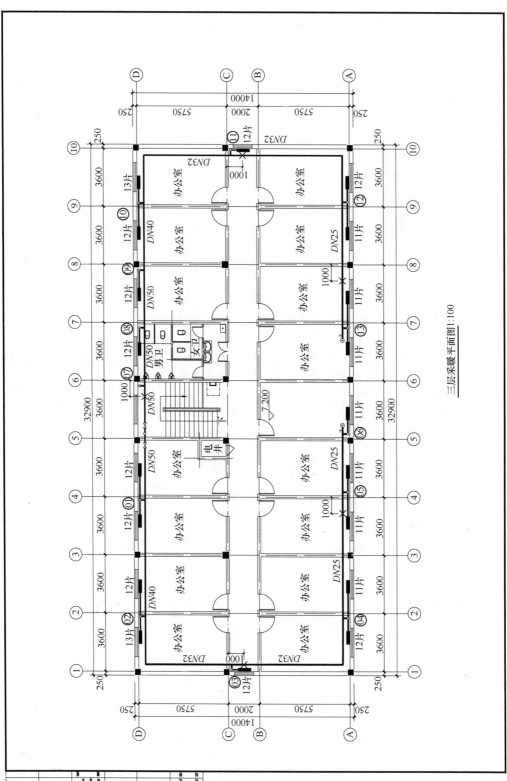

三层采暖平面图1:100

图 18-19　三层采暖平面图

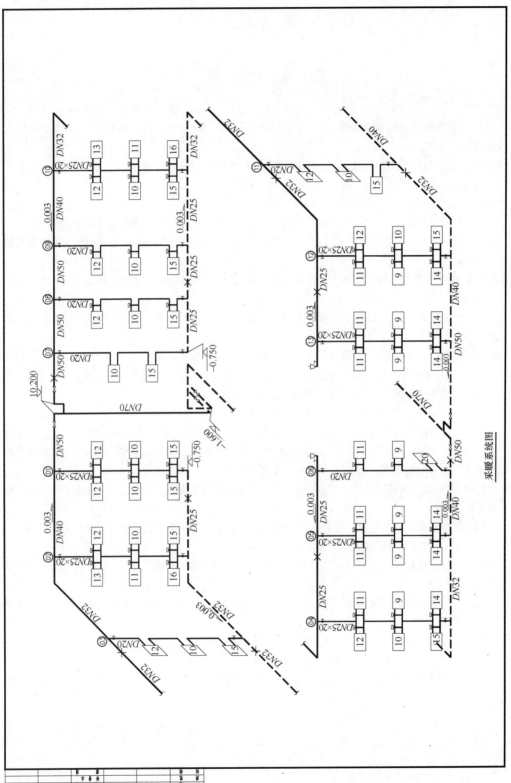

采暖系统图

图 18-20　采暖系统图

参 考 文 献

[1] 中华人民共和国住房和城乡建设部. GB 50001—2010 房屋建筑制图统一标准[S]. 北京：中国计划出版社，2010.

[2] 中华人民共和国住房和城乡建设部. GB 50352—2005 民用建筑设计通则[S]. 北京：中国建筑工业出版社，2005.

[3] 中华人民共和国公安部. GB 50016—2014 建筑设计防火规范[S]. 北京：中国计划出版社，2014.

[4] 中国建筑设计研究院. GB 50096—2011 住宅设计规范[S]. 北京：中国建筑工业出版社，2011.

[5] 山西建筑工程(集团)总公司等. GB 50345—2012 屋面工程技术规范[S]. 北京：中国建筑工业出版社，2012.

[6] 中国建筑防水协会. GB 50693—2011 坡屋面工程技术规范[S]. 北京：中国建筑工业出版社，2011.

[7] 中国建筑标准研究院. 12 系列建筑标准设计图集(建筑专业)[M]. 北京：中国建材工业出版社，2012.

[8] 李必瑜，王雪松. 房屋建筑学[M]. 武汉：武汉理工大学出版社，2012.

[9] 西安建筑科技大学等七校合编. 房屋建筑学[M]. 北京：中国建筑工业出版社，2006.

[10] 魏明. 建筑构造与识图[M]. 北京：机械工业出版社，2013.

[11] 徐秀香，刘英明. 建筑构造与识图[M]. 北京：化学工业出版社，2015.

[12] 杨太生. 建筑结构基础与识图(第三版)[M]. 北京：中国建筑工业出版社，2013.

[13] 中国建筑标准设计研究院. 混凝土结构施工图平面整体表示方法制图规则和构造详图(现浇混凝土框架、剪力墙梁、板)(16G101-1)[M]. 北京：中国建筑工业出版社，2010.

[14] 中国建筑标准设计研究院. GB/T 50786—2012 建筑电气制图标准[S]. 北京：中国建筑工业出版社，2012.

[15] 工程建设标准设计强电专业专家委员会. 建筑电气工程设计常用图形符号和文字符号(09DX001)[M]. 北京：中国计划出版社，2010.

[16] 中国建筑标准设计研究院. GB/T 50106—2010 建筑给水排水制图标准[S]. 北京：中国建筑工业出版社，2010.

[17] 中国建筑标准设计研究院. GB/T 50114—2010 暖通空调制图标准[S]. 北京：中国建筑工业出版社，2010.

[18] 贾永康. 建筑设备[M]. 北京：中国建筑工业出版社，2010.

[19] 贺平，孙刚，王飞. 供热工程[M]. 北京：中国建筑工业出版社，2009.

[20] 李社生. 钢结构工程施工[M]. 北京：化学工业出版社，2010.